凯里学院创业实训类课程

实用综合化学实验

主　编◎邹　勇　胡秀虹
副主编◎张文华　邹　波　刘文峰　胡腾顺
编　委◎王绍云　曹　晖　欧阳开霞　张　杨
周　志　王子曦　张廷辉　吴明强
顾怀章　贺仲兵　阮运飞

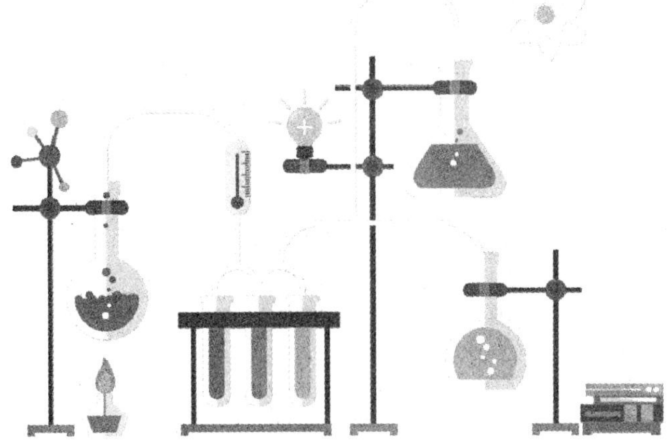

西南交通大学出版社
·成都·

图书在版编目（CIP）数据

实用综合化学实验 / 邹勇，胡秀虹主编. —成都：西南交通大学出版社，2017.9

ISBN 978-7-5643-5806-8

Ⅰ. ①实… Ⅱ. ①邹… ②胡… Ⅲ. ①化学实验－高等学校－教材 Ⅳ. ①O6-3

中国版本图书馆 CIP 数据核字（2017）第 240164 号

实用综合化学实验

主 编 邹 勇 胡秀虹

责任编辑 牛 君
助理编辑 黄冠宇
封面设计 何东琳设计工作室

出版发行 西南交通大学出版社
（四川省成都市二环路北一段 111 号
西南交通大学创新大厦 21 楼）
邮政编码 610031
发行部电话 028-87600564 028-87600533
官网 http://www.xnjdcbs.com
印刷 四川森林印务有限责任公司

成品尺寸 185 mm×260 mm
印张 17
字数 412 千
版次 2017 年 9 月第 1 版
印次 2017 年 9 月第 1 次
定价 42.00 元
书号 ISBN 978-7-5643-5806-8

课件咨询电话：028-87600533
图书如有印装质量问题 本社负责退换

前言

时代的发展要求当今高等教育必须重视实践教学，改变过去只注重理论教学的传统模式。教学中既要注重学生知识、能力和素质的协调发展，又要注重对学生科学思维和实践创新能力的培养。搞好实践教学，其首要任务就是实践教材的建设。然而，传统的化学实践教材建设还存在着许多不足：如教材体系缺乏自身的系统性、科学性和完整性；教学内容偏重于理论验证性实验，综合设计性实验偏少，实习实训和创新实践的教材缺乏，学科间交叉不够，与实际生活联系不足等。而且多数化学实验仅仅局限于强化课堂所学知识，无法充分调动学生的科学思维，提高学生的能动性，不利于学生综合素质和创新能力的培养。因此，我们立足于创新创业教育的理念，从高校人才培养的目标出发，结合化学专业特色，在考虑到化学实践教材建设现有不足的情况下，组织编写了《实用综合化学实验》这本教材。

"实用综合化学实验"是为那些已完成基础化学实验学习的高年级学生开设的一门实践教学类实验课程。本课程教材由凯里学院、黔东南州环境监测中心站、黔东南州农产品质量安全检测中心、黔东南州食品药品检验检测中心和黔东南州土壤肥料站等单位合作编写，是"凯里学院实践教学创业实训系列教材"之一。在高等院校设置实用型的综合化学实验是化学实验教学体系的一项重要改革，是化学实践教学理念的教育创新。通过实用综合化学实验的学习、训练，能培养学生综合分析和解决实际问题的能力，培养学生的科学思维和创新意识，促进学生的个性化发展及综合素质的提高，为学生今后创新创业及就业打下坚实的基础。

本书将原各专业实验教材中各自独立的无机化学、有机化学、分析化学、物理化学、高分子化学、材料化学和生物化学实验等分散的实验内容与环保、农业、药监、质监等部门实际紧密结合，经过"去伪存真""去粗取精""去旧取新"，根据它们内在的规律和联系，进行重组、交叉和融合，形成一个实用型综合化学实验体系。实验项目设置"接地气"，实验内容由浅入深，基础与进阶并重，经典内容与前沿问题有机结合，各学科领域相互交叉。通过几个系列的综合化学实验，建立以学生为中心的实验教学模式，使学生充分认识到科学研究思路的通用性，充分感受到检测工作的科学性和严谨性，激发学生学习先进科学知识的积极性。

全书分为五部分，第一部分为环境监测综合实验，包括 18 个实验；第二部分为食品药品检测综合实验，包括 15 个实验；第三部分为土壤、植株检测综合实验，包括 17 个实验；第四部分为农产品检测综合实验，包括 16 个实验；第五部分为附录，介绍相关现代大型仪器的使用及操作。在实验项目的设置上，力求突出专业特色，着力体现学科交叉、融合的特点，充分应用最实用有效的实验方法和先进的手段进行实验研究，做到化学实验教学内容与科研、社会应用实践的密切联系。

本书可供全国高等院校及职业技术院校化学、生物、药学、制药、农学及其相关学科专业的师生选用。使用时可根据院校具体情况，选择实验项目。

本书在编写过程中得到了各参编单位的大力支持，在此一并表示衷心感谢。

在编写过程中，我们竭尽所能，但由于参编单位多，编写作者多，涉及的交叉学科多，时间仓促，加之化学实践教学目前还存在一些问题有待探讨与不断总结，因此，书中错误与疏漏之处恐难避免，恳请专家和读者提出宝贵意见，以利进一步提高、修改和完善。

《实用综合化学实验》编委会

2017 年 8 月

目录

第一部分　环境监测综合实验

实验一　水体硬度的测定（EDTA 法）

一、实验目的

（1）学习 EDTA 法测定水体中钙、镁离子的原理。

（2）掌握 EDTA 滴定法的操作和钙、镁离子含量的计算。

（3）了解水样的采集及处理。

二、实验原理

总硬度是指钙、镁离子的总量。在 pH = 10 时，EDTA 能与钙和镁离子形成稳定的配合物。用铬黑 T 作指示剂，与钙离子和镁离子络合生成紫红色或紫色溶液。由于 EDTA 与钙和镁离子形成的络合物其稳定性比铬黑 T 与镁和镁离子形成的配合物的稳定性强，所以滴定过程中，游离的钙和镁离子首先与 EDTA 溶液反应，而跟指示剂络合的钙和镁离子随后与 EDTA 溶液反应，到达终点时溶液的颜色由紫色变为天蓝色。本实验适用于地下水和地面水的测定，不适用于含盐量高的水，如海水的测定。

三、实验仪器与试剂

1. 仪　器

（1）50 mL 滴定管（分刻度至 0.10 mL）。

（2）恒温干燥箱。

（3）电炉。

2. 试　剂

（1）缓冲溶液（pH = 10）：精密称取 16.9 g 氯化铵（NH_4Cl）和 1.25 g EDTA 二钠镁（$C_{10}H_{12}N_2O_8Na_2Mg$），溶解于 143 mL 浓氨水中，再用去离子水定容至 250 mL。

（2）EDTA 二钠标准溶液（10 mmol/L）：取一份 EDTA 二钠二水合物（$C_{10}H_{14}N_2O_8Na_2 \cdot 2H_2O$）于烘箱内 80℃干燥 2 h，取出，置干燥器中冷却至室温。精密称取 1.862 g 溶解于少量去离子水中，移入容量瓶中用去离子水定容至 500 mL，摇匀并盛放于聚乙烯瓶内，定期校对其浓度。

（3）钙标准溶液（10 mmol/L）：精密称取 1.001 g 事先在 150℃干燥 2 h 并在干燥器内冷却至室温的碳酸钙（$CaCO_3$），放入 500 mL 锥形瓶中，用少量的去离子水湿润，然后逐滴加入 4 mol/L 盐酸至碳酸钙完全溶解（切勿滴入过量的酸）。加入 200 mL 水，煮沸数分钟以赶除二氧化碳，待冷至室温后，加入数滴 0.1%甲基红乙醇溶液，并逐滴加入 3 mol/L 氨水至溶液变成橙色，将溶液转移至容量瓶中定容至 1 000 mL。此溶液 1.00 mL 含 0.400 8 mg（0.01 mmol）钙。

（4）铬黑 T 指示剂：称取 0.5 g 铬黑 T，溶于 100 mL 三乙醇胺$[N(CH_2CH_2OH)_3]$并盛放在棕色瓶内（为了减少溶液的黏性，常以不超过 25 mL 的乙醇代替三乙醇胺）。

（5）铬黑 T 指示剂干粉：称取 0.5 g 铬黑 T 与 100 g 氯化钠充分混合，研磨并过 40 ~ 50 目筛，然后盛放在棕色瓶中，紧塞，待用。

（6）0.1%甲基红乙醇溶液：精密称取 0.1 g 甲基红，溶于少量的 60%乙醇，并定容至 100 mL。

（7）浓氨水（28%）。

（8）3 mol/L 氨水：准确量取 20.3 mL 浓氨水，用水稀释至 100 mL。

（9）氢氧化钠溶液（2 mol/L）：称取 8 g 氢氧化钠，溶于 100 mL 新鲜蒸馏水中，盛放于聚乙烯瓶内，以避免空气中二氧化碳的污染。

（10）氰化钠（NaCN）。

（11）三乙醇胺$[N(CH_2CH_2OH)_3]$。

3. 材　料

自来水或井水或江、河、湖等地面水（采集自来水或有抽水设备的井水时，应先放水数分钟再取样；采集无抽水设备的井水或江、河、湖等地面水时，应采集水面下 20 ~ 30 cm 处的水样。水样采集于聚乙烯瓶内，并于 24 h 内完成测定，否则，每升水样中应加 2 mL 浓硝酸作保存剂使 pH 值降至 1.5 左右）。

四、实验步骤

1. EDTA 溶液的标定

量取 20.0 mL 钙标准溶液，加水稀释至 50 mL，按实验步骤 3 来标定配制好的 EDTA 二钠溶液，并按下式：$c_1 = c_{Ca}V_{Ca}/V_1$ 计算 EDTA 二钠溶液的浓度 c_1（mmol/L）（c_{Ca} 为钙标准溶液的浓度，V_{Ca} 为钙标准溶液的体积，V_1 为标定中消耗的 EDTA 二钠溶液体积）。

2. 水样的处理

一般样品不需预处理，若样品中存在大量微小颗粒物，则需用 0.45 μm 水系滤膜过滤；若试样中钙和镁离子的总量超出 3.6 mmol/L 时，应稀释至低于此浓度，记录稀释因子 F；若试样经过酸化保存，则要用 2 mol/L 氢氧化钠溶液中和，计算结果时，应考虑由于加酸或碱而产生的稀释因子。

3. 水样硬度的测定

吸取水样 50.0 mL，移入 250 mL 锥形瓶中，加入 4 mL 缓冲溶液，2 ~ 4 滴铬黑 T 指示剂（或 50 ~ 100 mg 指示剂干粉），此时溶液应呈紫红或紫色，pH 值为 10.0 ± 0.1。立即用 10 mmol/L EDTA 二钠标准溶液滴定至溶液由紫红或紫色转变为天蓝色即为终点，整个滴定过程控制在 5 min 内完成，记录消耗 EDTA 二钠溶液的体积。

五、结果与讨论

1. 结果与计算

（1）EDTA 二钠溶液的浓度 c_1（mmol/L）用下式计算。

$$c_1 = c_2 \times \frac{V_2}{V_1}$$

式中：c_2—— 钙标准溶液的浓度，mmol/L；

V_2—— 钙标准溶液的体积，mL；

V_1—— 标定中消耗的 EDTA 二钠溶液体积，mL。

（2）钙和镁总量 c_0(mmol/L)用下式计算。

$$c_0 = c_1 \times \frac{V_1}{V_0}$$

式中：c_1——EDTA 二钠溶液浓度，mmol/L；

V_1——滴定中消耗 EDTA 二钠溶液的体积，mL；

V_0——试样体积，mL。

如试样经过稀释，采用稀释因子 F 修正计算。

（3）硬度的计算。

1 mmol/L 的钙镁总量相当于 100.1 mg/L 以 $CaCO_3$ 表示的硬度。

2. 注意事项

（1）为防止产生沉淀，当水样中加入缓冲溶液和铬黑 T 指示剂，溶液呈紫红色时，应立即进行滴定，且刚开始滴定速度宜稍快，接近终点时应稍慢，并充分振摇，最好每滴间隔 2 ~ 3 s。

（2）若水样中含铁 铝等干扰测定时，可加 250 mg 氰化钠或（1+1）三乙醇胺 1 ~ 3 mL 加以掩蔽。

（3）若水样中含有少量的锌离子，取样后可加 0.5 mL β-氨基乙硫醇加以掩蔽，若锌含量高，则另测锌含量，最后从总硬度中减去。

（4）水样含正磷酸盐超出 1 mg/L，在滴定的 pH 值条件下会使钙生产沉淀。如滴定速度太慢或钙含量超出 100 mg/L 会析出正磷酸钙沉淀，影响测定。

（5）氰化钠是剧毒品，取用和处置时须谨慎小心，含氰化钠的溶液不可酸化。

3. 思考题

（1）简述水质总硬度的定义。

（2）在测定水质总硬度时，哪些离子可能会对结果造成较大的干扰？

（2）用 EDTA 二钠标准溶液滴定水样时，从开始至滴定终点出现哪些颜色变化？

实验二　水体中氨氮的测定

一、实验目的

（1）学习可见分光光度计的使用方法。

（2）掌握分光光度法测定水中氨氮的原理及方法。

（3）了解水样的处理及氨氮含量的计算方法。

二、实验原理

以游离态的氨或铵离子等形式存在的氨氮与碘化汞和碘化钾的碱性溶液反应生成淡红棕色胶态化合物，该络合物在较宽的波长内具有强烈吸收，其吸光度与氨氮含量成正比，在波长 420 nm 处测量吸光度。适用于地表水、地下水、生活污水和工业废水中氨氮的测定。

三、实验仪器与试剂

1. 仪　器

（1）可见分光光度计。

（2）氨氮蒸馏装置：由 500 mL 凯式烧瓶（蒸馏烧瓶）、氮球、直形冷凝管和导管组成，冷凝管末端可连接一段适当长度的滴管，使出口尖端浸入吸收液液面下。

（3）具塞比色管（50 mL）。

（4）纯水器。

（5）pH 计。

2. 试　剂

（1）无氨水（用市售纯水器直接制备）。

（2）轻质氧化镁（MgO）：不含碳酸盐，于 500 °C 下加热氧化镁，以除去碳酸盐。

（3）盐酸（$\rho = 1.18$ g/mL）。

（4）纳氏试剂[碘化汞-碘化钾-氢氧化钠（HgI_2 -KI-NaOH）溶液]：称取 16.0 g 氢氧化钠（NaOH），溶于 50 mL 水中，冷至室温。称取 7.0 g 碘化钾（KI）和 10.0 g 碘化汞（HgI_2），溶于水中，在搅拌下，将溶液缓慢加入到上述 50 mL 氢氧化钠溶液中，再用水稀释至 100 mL 即得。溶液保存于聚乙烯瓶内盖紧，暗处存放。

（5）酒石酸钾钠溶液（$\rho = 500$ g/L）：称取 50.0 g 酒石酸钾钠（$KNaC_4H_6O_6 \cdot 4H_2O$），溶解于 100 mL 水中，加热煮沸以排除氨，待冷却后再补加水至 100 mL。

（6）硫代硫酸钠溶液（$\rho = 3.5$ g/L）：称取 3.5 g 硫代硫酸钠（$Na_2S_2O_3$），加水溶解并定容至 1 L。

（7）硫酸锌溶液（$\rho = 100$ g/L）：称取 10.0 g 硫酸锌（$ZnSO_4 \cdot 7H_2O$），加水溶解并定容至 100 mL。

（8）氢氧化钠溶液（$\rho = 250$ g/L）：称取 25 g 氢氧化钠，加水溶解并稀释至 100 mL。

（9）氢氧化钠溶液（$c = 1$ mol/L）：称取 4 g 氢氧化钠，加水溶解并稀释至 100 mL。

（10）盐酸溶液（$c = 1$mol/L）：量取 8.5 mL 盐酸（$\rho = 1.18$ g/mL），加水定容至 100 mL。

（11）硼酸（H_3BO_3）溶液（$\rho = 20$ g/L）：称取 20 g 硼酸溶于水，并稀释至 1 L。

（12）溴百里酚蓝指示剂（$\rho = 0.5$ g/L）：称取 0.05 g 溴百里酚蓝，溶于 50 mL 水中，加入 10 mL 无水乙醇，再用水定容至 100 mL。

（13）淀粉-碘化钾试纸：称取 1.5 g 可溶性淀粉于烧杯中，用少量水调成糊状，加入 200 mL 沸水，搅拌混匀放冷。加 0.50 g 碘化钾（KI）和 0.50 g 碳酸钠（Na_2CO_3），用水稀释至 250 mL。将滤纸条浸渍后，取出晾干，于棕色瓶中密封保存。

（14）氨氮标准溶液。

① 氨氮标准贮备溶液（$\rho_N = 1000$ μg/mL）：称取 3.8190 g 氯化铵，加水溶解，并定容至 1 L，2 °C ~ 5 °C 保存。

② 氨氮标准工作溶液（$\rho_N = 10$ μg/mL）：吸取 5.00 mL 氨氮标准贮备溶液（$\rho_N = 1000$ μg/mL），加水定容至 500 mL，临用时现配。

（15）NH_4Cl（优级纯，于 100 °C ~ 105 °C 干燥 2 h）。

3. 材　料

水样（装于聚乙烯瓶或玻璃瓶内，24 h 内完成分析，或加硫酸使水样酸化至 pH<2，2 ~ 5 °C 下可保存 7 天）。

四、实验步骤

1. 水样的预处理

（1）除余氯：加入硫代硫酸钠溶液去除水样中的余氯（每加 0.5 mL 可去除 0.25 mg 余氯），再用淀粉-碘化钾试纸检验余氯是否除尽；

（2）絮凝沉淀：取 100 mL 水样，加入 1 mL 硫酸锌溶液和 0.1 mL ~ 0.2 mL 氢氧化钠溶液（$\rho = 250$ g/L），调节 pH 值约为 10.0，混匀，放置使之沉淀，倾取上清液分析。

（3）预蒸馏：将 50 mL 硼酸溶液移入接收瓶内，确保冷凝管出口在硼酸溶液液面之下。分取 250 mL 水样，移入烧瓶中，加几滴溴百里酚蓝指示剂，必要时，用氢氧化钠溶液（$c = 1$ mol/L）或盐酸溶液($c = 1$ mol/L)调整 pH 值至 6.0（指示剂呈黄色）~ 7.4（指示剂呈蓝色）之间，加入 0.25 g 轻质氧化镁及数粒玻璃珠，立即连接氮球和冷凝管。加热蒸馏，使馏出液速率约为 10 mL/min，待馏出液达 200 mL 时，停止蒸馏，加水定容至 250 mL。

2. 校准曲线的绘制

取 8 个洁净的 50 mL 比色管，分别加入 0.00 mL、0.50 mL、1.00 mL、2.00 mL、4.00 mL、

6.00 mL、8.00 mL 和 10.00 mL 氨氮标准工作溶液，使其所对应的氨氮含量分别为 0.0 μg、5.0 μg、10.0 μg、20.0 μg、40.0 μg、60.0 μg、80.0 μg 和 100 μg，加水至标线。加入 1.0 mL 酒石酸钾钠溶液，摇匀，再加入 1.5 mL 纳氏试剂摇匀。放置 10 min 后，在波长 420 nm 下，以水作参比，测量吸光度。以空白校正后的吸光度为纵坐标，以其对应的氨氮含量（μg）为横坐标，绘制校准曲线。

3. 样品测定

（1）清洁水样：直接取 50 mL，按与校准曲线相同的步骤测量吸光度；

（2）有悬浮物或色度干扰的水样：取经预处理的水样 50 mL（若水样中氨氮度超过 2 mg/L，可适当少取水样体积），按与校准曲线相同的步骤测量吸光度。

4. 空白试验

用水代替水样，按与样品相同的步骤进行前处理和测定。

五、实验结果与讨论

1. 结果的计算

由水样测得的吸光度减去空白试验的吸光度后，从校准曲线上查得氨氮含量(mg)：

$$\rho_{\mathrm{N}} = \frac{(A_s - A_b - a)}{b \times V}$$

式中：ρ_{N}——水样中氨氮的质量浓度（以 N 计），mg/L；

A_s——水样的吸光度；

A_b——空白试验的吸光度；

a——校准曲线的截距；

b——校准曲线的斜率；

V——水样体积（mL）。

2. 注意事项

（1）根据待测样品的质量浓度合适的比色皿；

（2）经蒸馏或在酸性条件下煮沸方法预处理的水样，须加一定量氢氧化钠溶液（c = lmol/L），调节水样至中性，用水稀释至 50 mL，再按与校准曲线相同的步骤测量吸光度。

3. 思考题

（1）如何配制纳氏试剂，需注意哪些问题？

（2）本实验对纯水的要求比较高，实验中纯水的制备有哪些方法？

（3）对于比较脏的地表水、饮用水和废水的水样，可进行哪些预处理？

实验三　水体中化学需氧量（COD_{cr}）的测定

一、实验目的

（1）学习 COD_{cr} 水样的采样及保存。
（2）掌握化学需氧量测定的方法和原理。
（3）了解滴定管的正确使用方法。

二、实验原理

在水样中加入已知量的重铬酸钾溶液，用一定量的重铬酸钾氧化水样中还原性物质，并在强酸介质下以银盐作催化剂，经沸腾回流后，以试亚铁灵为指示剂，用硫酸亚铁铵滴定水样中未被还原的重铬酸钾，根据重铬酸钾的量换算成水样中还原性物质消耗氧的质量浓度。

在酸性重铬酸钾条件下，芳烃及吡啶难以被氧化，其氧化率较低。在硫酸银催化作用下，直链脂肪族化合物可有效地被氧化。无极还原性物质如亚硝酸盐、硫化物和二价铁盐等将使测定结果增大，其需氧量也是 COD_{cr} 的一部分。

三、实验仪器与试剂

1. 仪　器

（1）回流装置：带有 250 mL 磨口锥形瓶的全玻璃回流装置，也可选用水冷或风冷全玻璃回流装置，其他等效冷凝回流装置亦可。
（2）加热装置：电炉或其他等效消解装置。
（3）酸式滴定管：25 mL 或 50 mL。
（4）分析天平：感量为 0.0001 g。

2. 试　剂

（1）硫酸（H_2SO_4）：$\rho = 1.84$ g/mL，优级纯。
（2）重铬酸钾（$K_2Cr_2O_7$）：基准试剂，取适量重铬酸钾在 105 °C 烘箱中干燥 2 h 至恒重。
（3）硫酸银（Ag_2SO_4），化学纯。
（4）硫酸汞（$HgSO_4$），化学纯。
（5）硫酸亚铁铵[$(NH_4)_2Fe(SO_4)_2 \cdot 6H_2O$]，化学纯。
（6）硫酸溶液（1+9）。
（7）七水合硫酸亚铁（$FeSO_4 \cdot 7H_2O$），化学纯。

（8）硫酸银-硫酸试剂：称取 10 g 硫酸银，加入到 1 L 硫酸（ρ= 1.84 g/mL）中，放置 1 ~ 2 天使之溶解并混匀，使用前小心摇动。

（9）重铬酸钾标准溶液，$c(1/6K_2Cr_2O_7)$ = 0.250 mol/L：称取 12.258 g 在 105 °C 干燥 2 h 后的重铬酸钾，加水溶解，并稀释至 1000 mL。

（10）重铬酸钾标准溶液，$c(1/6K_2Cr_2O_7)$ = 0.0250 mo1/L：将浓度 $c(1/6K_2Cr_2O_7)$ = 0.250 mol/L 的重铬酸钾标准溶液稀释 10 倍而成。

（11）硫酸亚铁铵标准溶液，$c[(NH_4)_2Fe(SO_4)_2 \cdot 6H_2O]$ = 0.05 mo1/L：称取 19.5 g 硫酸亚铁铵$[(NH_4)_2Fe(SO_4)_2 \cdot 6H_2O]$，加水溶解，加入 10 mL 硫酸（$\rho$= 1.84 g/mL），待其溶液冷却后稀释至 1 L。用浓度为 $c(1/6K_2Cr_2O_7)$ = 0.250 mol/L 的重铬酸钾标准溶液准确标定此溶液的浓度。

（12）硫酸亚铁铵标准溶液，$c[(NH_4)_2Fe(SO_4)_2 \cdot 6H_2O]$ = 0.005 mo1/L：将浓度 $c[(NH_4)_2Fe(SO_4)_2 \cdot 6H_2O]$ = 0.05 mo1/L 的硫酸亚铁铵标准溶液稀释 10 倍，用浓度为 $c(1/6K_2Cr_2O_7)$ = 0.0250 mo1/L 的重铬酸钾标准溶液标定。

（13）邻苯二甲酸氢钾标准溶液，$c(KC_8H_5O_4)$ = 2.0824 mmo1/L：称取事先于 105 °C 时干燥 2 h 的邻苯二甲酸氢钾 0.4251 g 溶于水，并稀释至 1000 mL，混匀。以重铬酸钾为氧化剂，将邻苯二甲酸氢钾完全氧化的 COD_{cr} 值为 1.1768 氧/克(指 1 g 邻苯二甲酸氢钾耗氧 1.176 g)，故该标准溶液的理论 COD_{cr} 值为 500 mg/L。

（14）试亚铁灵指示剂溶液（1,10-菲绕啉指示剂溶液）：称取 0.7 g 七水合硫酸亚铁（$FeSO_4 \cdot 7H_2O$）溶解于 50 mL 的水中，加入 1.5 g 1,10-菲统啉，搅拌至溶解，加水稀释至 100 mL。

四、实验步骤

1. 样品采集和处理

水样要采集于玻璃瓶中，应尽快分析。如不能立即分析时，应加入硫酸使 pH<2，于 4 °C 下保存，但保存时间不多于 5 天。采集水样的体积不得少于 100 mL。将水样充分摇匀，取出 20.0 mL 作为试样。

2. 硫酸亚铁铵标准滴定溶液的标定

取 5.00 mL 重铬酸钾标准溶液（c = 0.250 mol/L）置于锥形瓶中，用水稀释至约 50 mL，缓慢加入 15 mL 硫酸（ρ= 1.84 g/m），混匀，冷却后加 3 滴（约 0.15 mL）试亚铁灵指示剂，用硫酸亚铁铵溶液{$c[(NH_4)_2Fe(SO_4)_2 \cdot 6H_2O]$ = 0.05 mo1/L 或 $c[(NH_4)_2Fe(SO_4)_2 \cdot 6H_2O]$ = 0.005 mo1/L}滴定，溶液的颜色由黄色经蓝绿色变为红褐色即为终点。记录下硫酸亚铁铵的消耗量 V (mL)。

3. 对于 COD_{cr} 值小于 50 mg / L 水样的测定

① 取 10 mL 水样至于锥形瓶中，依次加入硫酸汞溶液、重铬酸钾标准溶液[$c(1/6K_2Cr_2O_7)$ = 0.025 0 mo1/L]5.00 mL 和几颗防爆沸玻璃珠，摇匀。硫酸汞溶液按质量比 m[$HgSO_4$]：m[Cl^-]≥20：1 的比例加入，最大加入量为 2 mL。将锥形瓶连接到回流装置冷凝管下端，从冷凝管上端缓慢

加入 15 mL 硫酸银-硫酸溶液，以防止低沸点有机物的逸出，不断旋动锥形瓶使之混合均匀。自溶液开始沸腾起保持微沸回流 2 h。若为水冷装置，应在加入硫酸银-硫酸溶液之前通入冷凝水。回流并冷却后，自冷凝管上端加入 45 mL 水冲洗冷凝管，取下锥形瓶。溶液冷却至室温后，加入 3 滴试亚铁灵指示剂溶液，用硫酸亚铁铵标准溶液（$c[(NH_4)_2Fe(SO_4)_2 \cdot 6H_2O] = 0.005$ mo1/L）滴定，溶液的颜色由黄色经蓝绿色变为红褐色即为终点。记录硫酸亚铁铵标准溶液的消耗体积 V_1。样品浓度低时，取样体积可适当增加，同时其他试剂量也应按比例增加。

② 空白试验，按实验步骤①的方法，以 10.0 mL 蒸馏水代替水样进行空白试验，记录下空白滴定时消耗硫酸亚铁铵标准溶液的毫升数 V_0。

4. 对于 COD 值大于 50 mg / L 水样的测定

① 取 10 mL 水样至于锥形瓶中，依次加入硫酸汞溶液、重铬酸钾标准溶液（$c(1/6K_2Cr_2O_7) = 0.250$ mo1/L）5.00 mL 和几颗防爆沸玻璃珠，摇匀。硫酸汞溶液按质量比 $m[HgSO_4]$：$m[Cl^-] \geqslant 20:1$ 的比例加入，最大加入量为 2 mL。将锥形瓶连接到回流装置冷凝管下端，从冷凝管上端缓慢加入 15 mL 硫酸银-硫酸溶液，以防止低沸点有机物的逸出，不断旋动锥形瓶使之混合均匀。自溶液开始沸腾起保持微沸回流 2 h。若为水冷装置，应在加入硫酸银-硫酸溶液之前通入冷凝水。回流并冷却后，自冷凝管上端加入 45 mL 水冲洗冷凝管，取下锥形瓶。待溶液冷却至室温后，加入 3 滴试亚铁灵指示剂溶液，用硫酸亚铁铵标准溶液 $\{c[(NH_4)_2Fe(SO_4)_2 \cdot 6H_2O] \approx 0.05$ mo1/L$\}$滴定，溶液的颜色由黄色经蓝绿色变为红褐色即为终点。记录硫酸亚铁铵标准溶液的消耗体积 V_1。

② 空白试验，按实验步骤 4 中①的方法，以 10.0 mL 蒸馏水代替水样进行空白试验，记录下空白滴定时消耗硫酸亚铁铵标准溶液的毫升数 V_0。

五、实验结果与讨论

1. 结果与计算

（1）硫酸亚铁铵标准滴定溶液浓度的计算：

$$c\left[(NH_4)_2Fe(SO_4)_2 \cdot 6H_2O\right] = \frac{10.00 \times 0.250}{V} = \frac{2.50}{V}$$

式中：V——滴定时消耗硫酸亚铁铵溶液的毫升数。

（2）以 mg/L 计的水样化学需氧量，计算公式如下：

$$\rho = \frac{c(V_0 - V_1) \times 8000}{V_2} \times f$$

式中：c——硫酸亚铁铵标准滴定溶液浓度，mo1/L；

V_0——空白试验所消耗的硫酸亚铁铵标准滴定溶液的体积，mL；

V_1——水样测定所消耗的硫酸亚铁铵标准滴定溶液的体积，mL；

V_2——加热回流时所取水样的体积，mL；

F——样品稀释倍数；

8 000——1/4 O_2 的摩尔质量以 mg/L 为单位的换算值。

当水样 COD_{cr} 测定结果小于 100 mg/L 时保留至整数位；当测定结果大于或等于 100 mg/L 时保留三位有效数字。

2. 注意事项

（1）无机还原性物质如亚硝酸盐、硫化物及二价铁盐均干扰实验结果，使结果增大，但将其需氧量作为水样 COD_{cr} 值的一部分是可以接受的。该实验的主要干扰物为氯化物，可加入硫酸汞来除去，经回流后，氯离子可与硫酸汞结合成可溶性的氯汞络合物。

（2）消解时应使溶液缓慢沸腾，不宜爆沸。如出现爆沸，说明溶液中出现局部过热，会导致测定结果有误。爆沸的原因可能是加热过于激烈，或是防爆沸玻璃珠的效果不好。

（3）试亚铁灵指示剂的加入量虽然不影响临界点，但应该尽量一致。当溶液的颜色先变为蓝绿色再变到红褐色即达到终点，几分钟后可能还会重现蓝绿色。

3. 思考题

（1）为什么实验要对硫酸亚铁铵标准滴定溶液进行标定，如何标定？

（2）COD_{cr} 的实验为什么不需要做校准曲线，它的计算公式中有那些变量？

实验四 五日生化需氧量（BOD_5）的测定

一、实验目的

（1）学习五日生化需氧量的概念及测定意义。
（2）掌握水质 BOD_5 的测定方法。
（3）了解溶解氧与五日生化需氧量的关系。

二、实验原理

生化需氧量是指在规定的条件下，微生物分解存在水中的某些可氧化物质，特别是有机物所进行的生物化学过程中消耗溶解氧的量。此生物氧化过程进行的时间较长，通常情况下是指水样充满完全密闭的溶解氧瓶中，在(20 ± 1) °C 的暗处培养 5 d ± 4 h 或(2+5) d ± 4 h［先在 0 ~ 4 °C 的暗处培养 2 d，接着在(20 ± 1) °C 的暗处培养 5 d，即培养(2+5) d］，分别测定培养前后水样中溶解氧的质量浓度，二者之差为 BOD_5 值，以氧的含量 mg/L 的表示。

某些地表水及大多数工业废水中的有机物含量较多，BOD_5 的质量浓度大于 6 mg/L，样品需适当稀释后测定。对不含或含微生物少的工业废水，如酸性废水、碱性废水、高温废水、冷冻保存的废水或经过氯化处理等的废水，在测定 BOD_5 时应进行接种，以引进能分解废水中有机物的微生物。当废水中存在难以被一般生活污水中的微生物以正常的速度降解的有机物或含有剧毒物质时，应将驯化后的微生物引入水样中进行接种。

三、实验仪器与试剂

1. 仪　器

（1）滤膜：孔径 1.6 μm。
（2）溶解氧瓶：带水封装置，容积 250 ~ 300 mL。
（3）稀释容器：1000 ~ 2000 mL 的量筒或容量瓶。
（4）虹吸管：供分取水样或添加稀释水。
（6）溶解氧测定仪。
（7）冷藏箱：0 ~ 4 °C。
（8）冰箱：有冷冻和冷藏功能。
（9）带风扇的恒温培养箱：（20 ± 1）°C。
（10）曝气装置：多通道空气泵或其他曝气装置。

2. 试　剂

（1）接种液：可购买接种微生物用的接种物质，接种液的配制和使用按说明书的要求操作。也可按以下方法获得接种液。

① 未受工业废水污染的生活污水：化学需氧量不大于 300 mg/L，总有机碳不大于 100 mg/L。

② 含有城镇污水的河水或湖水。

③ 污水处理厂的出水。

④ 分析含有难降解物质的工业废水时，在其排污口下游适当处取水样作为废水的驯化接种液。也可取中和或经适当稀释后的废水进行连续曝气，每天加入少量该种废水，同时加入少量生活污水，使适应该种废水的微生物大量繁殖。当水中出现大量的絮状物时，表明微生物已繁殖，可用作接种液。一般驯化过程需 3 ~ 8 d。

（2）磷酸盐缓冲溶液：称取 8.5 g 磷酸二氢钾（KH_2PO_4）、21.8 g 磷酸氢二钾（K_2HPO_4）、33.4 g 七水合磷酸氢二钠（$Na_2HPO_4 \cdot 7H_2O$）和 1.7 g 氯化铵（NH_4Cl）溶解于水中，并稀释至 1 L，调 pH 为 7.2，0 ~ 4 °C 保存。

（3）硫酸镁溶液，$\rho(MgSO_4) = 11.0$ g/L：称取 22.5 g 七水合硫酸镁（$MgSO_4 \cdot 7H_2O$）溶解于水中，并稀释至 1 L，0 ~ 4 °C 保存。

（4）氯化钙溶液，$\rho(CaCl_2) = 27.6$ g/L：称取 27.6 g 无水氯化钙（$CaCl_2$）溶解于水中，并稀释至 1 L，0 ~ 4 °C 保存。

（5）氯化铁溶液，$\rho(FeCl_3) = 0.15$ g/L：称取 0.25 g 六水合氯化铁（$FeCl_3 \cdot 6H_2O$）溶解于水中，并稀释至 1 L，0 ~ 4 °C 保存。

（6）稀释水：取一定量的水加入 20 L 的玻璃瓶内，控制水温在（20 ± 1）°C，用曝气装置曝气不少于 1 h，使稀释水中的溶解氧达到 8 mg/L 以上。使用前每 L 水中加入上述四种盐溶液（2）~（5）各 1.0 mL，混匀，20 °C 保存。

（7）接种稀释水：根据接种液的来源不同，每 L 稀释水中加入适量接种液，城市生活污水和污水处理厂出水加 1 ~ 10 mL，河水或湖水加 10 ~ 100 mL。将接种稀释水存放在(20 ± 1) °C 的环境中，临用时现配。接种的稀释水 pH 值为 7.2，BOD_5 应小于 1.5 mg/L。

（8）盐酸溶液，$c(HCl) = 0.5$ mol/L：取 40 mL 浓盐酸溶于水中，并稀释至 1 L。

（9）氢氧化钠溶液，$c(NaOH) = 0.5$ mol/L：称取 20 g 氢氧化钠，溶于水中，并稀释至 1 L。

（10）亚硫酸钠溶液，$c(Na_2SO_3) = 0.025$ mol/L：称取 1.575 g 亚硫酸钠（Na_2SO_3），溶于水中，并稀释至 1 L。此溶液不稳定，现用现配。

（11）葡萄糖-谷氨酸标准溶液[BOD_5 为（210 ± 20）mg/L]：分别称取 150 mg 事先于 130 °C 干燥 1 h 的葡萄糖（$C_6H_{12}O_6$，优级纯）和谷氨酸（$HOOC\text{-}CH_2\text{-}CH_2\text{-}CHNH_2\text{-}COOH$，优级纯），加水溶解，并稀释至 1 L，现用现配或少量冷冻保存，融化后立刻使用。

（12）丙烯基硫脲硝化抑制剂，$\rho(C_4H_8N_2S) = 1.0$ g/L：称取 0.20 g 丙烯基硫脲（$C_4H_8N_2S$）于加水溶解并定容至 200 mL，混匀后 4 °C 保存。

（13）乙酸溶液（1+1）。

（14）碘化钾溶液，$\rho(KI) = 100$ g/L：称取 10 g 碘化钾（KI），加水溶解，并稀释至 100 mL。

（15）淀粉溶液，ρ(淀粉) = 5 g/L：称取 0.50 g 淀粉加水溶解，并稀释至 100 mL。

四、实验步骤

1. 样品的采集与处理

（1）将采集的样品（不小于 1 000 mL）充满并密封于棕色玻璃瓶中，于 0 ~ 4 °C 暗处运输和保存，在 24 h 内进行分析。若 24 h 内无法分析，则可冷冻保存（冷冻保存时避免样品瓶破裂），分析前再解冻、均质化和接种。

（2）样品前处理。

① pH 值的调节。

取待测试样，用盐酸溶液（$c(\mathrm{HCl}) = 0.5$ mol/L）或氢氧化钠溶液（$c(\mathrm{NaOH}) = 0.5$ mol/L）调节其 pH 值至 6 ~ 8。

② 余氯和结合氯的去除。

将采集的试样放置 1 ~ 2 h，使游离氯散失。另外，加入适量的亚硫酸钠溶液去除试样中存在的余氯和结合氯，加入的亚硫酸钠溶液的体积如下操作并计算：取已中和好的水样 100 mL，加入乙酸溶液 10 mL、碘化钾溶液 1 mL，混匀，暗处静置 5 min。用亚硫酸钠溶液滴定析出的碘至淡黄色，加入 1 mL 淀粉溶液呈蓝色。再继续滴定至蓝色刚刚褪去，即为终点，记录所用亚硫酸钠溶液体积，由亚硫酸钠溶液消耗的体积，得出水样中应加亚硫酸钠溶液的体积。

③ 样品均质化。

含有大量颗粒物、需要较大稀释倍数的样品或经冷冻保存的样品，测定前均需将样品搅拌均匀。

④ 样品中有藻类。

若样品中有大量藻类存在，BOD_5 的测定结果会偏高。当分析结果精度要求较高时，测定前应用滤孔为 1.6 μm 的滤膜过滤。

⑤ 含盐量低的样品。

若样品含盐量低，非稀释样品的电导率小于 125 μS/cm 时，需加入适量相同体积的四种盐溶液（磷酸盐缓冲溶液、硫酸镁溶液、氯化钙溶液、氯化铁溶液），使样品的电导率大于 125 μS/cm。含盐量低的样品每升样品至少需加入各种盐的体积 V 按结果与计算的公式（1）计算。

2. 分析步骤

（1）非稀释法。

非稀释法分为两种情况：非稀释法和非稀释接种法。

如样品中的有机物含量较少，BOD_5 的质量浓度不大于 6 mg/L，且样品中有足够的微生物，用非稀释法测定。若样品中的有机物含量较少，BOD_5 的质量浓度不大于 6 mg/L，但样品中无足够的微生物，如酸性废水、碱性废水、高温废水、冷冻保存的废水或经过氯化处理等的废水，采用非稀释接种法测定。

① 试样的准备。

待测试样：测定前待测试样的温度达到（20 ± 2）°C，若样品中溶解氧浓度低，需要曝气 1 min，充分振摇赶走样品中残留的空气泡；若样品中氧过饱和，将容器 2/3 体积充满样品，用力振荡赶出过饱和氧，然后根据试样中微生物含量情况确定测定方法。非稀释法可直接取样测定，非稀释接种法，每 L 试样中加入适量的接种液，待测定。

空白试样：非稀释接种法，每 L 稀释水中加入与试样中相同量的接种液作为空白试样，需要时每升试样中加入 2 mL 丙烯基硫脲硝化抑制剂。

② 试样的测定。

碘量法测定试样中的溶解氧：将待测样充满两个溶解氧瓶中，使试样少量溢出，防止试样中的溶解氧质量浓度改变，使瓶中存在的气泡靠瓶壁排出。将一瓶盖上瓶盖，加上水封，在瓶盖外罩上一个密封罩，防止培养期间水封水蒸发干，在恒温培养箱中培养 5 d ± 4 h 或(2+5) d ± 4 h 后测定试样中溶解氧的质量浓度。另一瓶 15 min 后测定试样在培养前溶解氧的质量浓度。

电化学探头法测定试样中的溶解氧：将待测样充满一个溶解氧瓶中，使试样少量溢出，防止试样中的溶解氧质量浓度改变，使瓶中存在的气泡靠瓶壁排出。测定培养前试样中的溶解氧的质量浓度。盖上瓶盖，防止样品中残留气泡，加上水封，在瓶盖外罩上一个密封罩，防止培养期间水封水蒸发干。将试样瓶放入恒温培养箱中培养 5 d ± 4 h 或(2+5) d ± 4 h。测定培养后试样中溶解氧的质量浓度。

空白试样的测定方法同上。

（2）稀释与接种法。

稀释与接种法分为两种情况：稀释法和稀释接种法。

若试样中的有机物含量较多，BOD_5 的质量浓度大于 6 mg/L，且样品中有足够的微生物，采用稀释法测定，若试样中的有机物含量较多，BOD_5 的质量浓度大于 6 mg/L，但试样中无足够的微生物，采用稀释接种法测定。

① 试样的准备。

待测试样：待测试样的温度达到（20 ± 2）°C，若试样中溶解氧浓度低，需要曝气 15 min，充分振摇赶走样品中残留的气泡；若样品中氧过饱和，将容器的 2/3 体积充满样品，用力振荡赶出过饱和氧，然后根据试样中微生物含量情况确定测定方法。稀释法测定，稀释倍数按表 1-1 和表 1-2 方法确定，然后用稀释水稀释。稀释接种法测定，用接种稀释水稀释样品。若样品中含有硝化细菌，有可能发生硝化反应，需在每 L 试样培养液中加入 2 mL 丙烯基硫脲硝化抑制剂。

稀释倍数的确定：样品稀释的程度应使消耗的溶解氧质量浓度不小于 2 mg/L，培养后样品中剩余溶解氧质量浓度不小于 2 mg/L，且试样中剩余的溶解氧的质量浓度为开始浓度的 1/3 ~ 2/3 为最佳。

稀释倍数可根据样品的总有机碳（TOC）、高锰酸盐指数（I_{Mn}）或化学需氧量（$CODC_r$）的测定值，按照表 1-1 列出的 BOD_5 与总有机碳（TOC）、高锰酸盐指数（I_{Mn}）或化学需氧量（COD_{Cr}）的比值 R 估计 BOD_5 的期望值（R 与样品的类型有关），再根据表 2 确定稀释因子。当不能准确地选择稀释倍数时，一个样品做 2 ~ 3 个不同的稀释倍数。

表 1-1　典型的比值 R

水样的类型	总有机碳 R (BOD_5/TOC)	高锰酸盐指数 R (BOD_5/ I_{Mn})	化学需氧量 R (BOD_5/COD_{Cr})
未处理的废水	1.2 ~ 2.8	1.2 ~ 1.5	0.35 ~ 0.65
生化处理的废水	0.3 ~ 1.0	0.5 ~ 1.2	0.20 ~ 0.35

由表 1-1 中选择适当的 R 值，按如下式计算 BOD_5 的期望值：

$$\rho = R \times Y$$

式中：ρ——五日生化需氧量浓度的期望值，mg/L；

Y——总有机碳（TOC）、高锰酸盐指数（I_{Mn}）或化学需氧量（COD_{Cr}）的值，mg/L。

由估算出的 BOD_5 的期望值，按表 1-2 确定样品的稀释倍数。

表 1-2　BOD_5 测定的稀释倍数

BOD_5 的期望值/(mg/L)	稀释倍数	水样类型
6 ~ 12	2	河水，生物净化的城市污水
10 ~ 30	5	河水，生物净化的城市污水
20 ~ 60	10	生物净化的城市污水
40 ~ 120	20	澄清的城市污水或轻度污染的工业废水
100 ~ 300	50	轻度污染的工业废水或原城市污水
200 ~ 600	100	轻度污染的工业废水或原城市污水
400 ~ 1 200	200	重度污染的工业废水或原城市污水
1 000 ~ 3 000	500	重度污染的工业废水
2 000 ~ 6 000	1000	重度污染的工业废水

按照确定的稀释倍数，将一定体积的试样或处理后的试样用虹吸管加入已加部分稀释水或接种稀释水的稀释容器中，加稀释水或接种稀释水至刻度，轻轻混合避免残留气泡，待测定。若稀释倍数超过 100 倍，可进行两步或多步稀释。若试样中有微生物毒性物质，应配制几个不同稀释倍数的试样，选择与稀释倍数无关的结果，并取其平均值。试样测定结果与稀释倍数的关系确定如下：

当分析结果精度要求较高或存在微生物毒性物质时，一个试样要做两个以上不同的稀释倍数，每个试样每个稀释倍数做平行双样同时进行培养。测定培养过程中每瓶试样氧的消耗量，并画出氧消耗量对每一稀释倍数试样中原样品的体积曲线。若此曲线呈线性，则此试样中不含有任何抑制微生物的物质，即样品的测定结果与稀释倍数无关；若曲线仅在低浓度范围内呈线性，取线性范围内稀释比的试样测定结果计算平均 BOD_5 值。

空白试样：稀释法测定，空白试样为稀释水，需要时每升稀释水中加 2 mL 丙烯基硫脲硝化抑制剂。稀释接种法测定，空白试样为接种稀释水，必要时每升接种稀释水中加入 2 mL 丙烯基硫脲硝化抑制剂。

② 试样的测定。

试样和空白试样的测定方法同分析步骤中非稀释法的步骤②一样。

五、结果与讨论

1. 结果与计算

（1）含盐量低的样品每升样品至少需加入各种盐的体积 V 按下式计算。

$$V=\frac{(\Delta K-12.8)}{113.6}$$

式中：V——需加入各种盐的体积，mL；

K——样品需要提高的电导率值，μS/cm。

（2）非稀释法。

非稀释法按下式计算样品 BOD_5 的测定结果：

$$\rho=\rho_1-\rho_2$$

式中：ρ——五日生化需氧量质量浓度，mg/L；

ρ_1——水样在培养前的溶解氧质量浓度，mg/L；

ρ_2——水样在培养后的溶解氧质量浓度，mg/L。

（3）非稀释接种法。

非稀释接种法按下式计算样品 BOD_5 的测定结果：

$$\rho=(\rho_1-\rho_2)-(\rho_3-\rho_4)$$

式中：ρ——五日生化需氧量质量浓度，mg/L；

ρ_1——接种水样在培养前的溶解氧质量浓度，mg/L；

ρ_2——接种水样在培养后的溶解氧质量浓度，mg/L；

ρ_3——空白样在培养前的溶解氧质量浓度，mg/L；

ρ_4——空白样在培养后的溶解氧质量浓度，mg/L。

（4）稀释与接种法。

稀释法与稀释接种法按下式计算样品 BOD_5 的测定结果：

$$\rho=\frac{(\rho_1-\rho_2)-(\rho_3-\rho_4)f_1}{f_2}$$

式中：ρ——五日生化需氧量质量浓度，mg/L；

ρ_1——接种稀释水样在培养前的溶解氧质量浓度，mg/L；

ρ_2——接种稀释水样在培养后的溶解氧质量浓度，mg/L；

ρ_3——空白样在培养前的溶解氧质量浓度，mg/L；

ρ_4——空白样在培养后的溶解氧质量浓度，mg/L；

f_1——接种稀释水或稀释水在培养液中所占的比例；

f_2——原样品在培养液中所占的比例。

BOD_5 测定结果以氧的质量浓度（mg/L）报出。对稀释与接种法，如果有几个稀释倍数的结果满足要求，结果取这些稀释倍数结果的平均值。结果小于 100 mg/L，保留一位小数；100 ~ 1 000 mg/L，取整数位；大于 1 000 mg/L 以科学计数法报出。结果报告中应注明：样品是否经过过滤、冷冻或均质化处理。

2. 注意事项

（1）曝气可能带来有机物、氧化剂和金属，导致空气污染，如有污染，空气应过滤清洗。

（2）在稀释水曝气的过程中要防止污染，特别是防止带入有机物、金属、氧化物或还原物。稀释水中氧的质量浓度不能过饱和，使用前需开口放置 1 h，且应在 24 h 内使用。剩余的稀释水应弃去。

（3）在非稀释接种法试样的准备过程中若试样中含有硝化细菌，有可能发生硝化反应，需在每升试样中加 2 mL 丙烯基硫脲硝化抑制剂。

（4）电化学探头要保护好，防止污染，长时间使用后，会出现钝化，此时应进行更换。

3. 思考题

（1）实验中哪些水样可以做接种液，分别有什么要求？

（2）如何配制稀释水和接种稀释水，配制过程中需注意哪些事项？

（3）样品前处理时，如何调节其 pH 值？怎么去除余氯和结合氯？若样品中有藻类，该如何去除？

（4）试样的测定有哪几种方法，怎样操作？

实验五　水体中挥发酚的测定

一、实验目的

（1）学习挥发酚测定的方法和原理。
（2）掌握蒸馏实验的操作方法和注意事项。
（3）了解紫外分光光度计的工作原理和使用。

二、实验原理

酚类能与水蒸气一起蒸出，分为挥发酚和不挥发酚。挥发酚通常是指沸点在 230 °C 以下的酚类，通常属于一元酚。用蒸馏法使挥发性酚类化合物蒸馏出，并与干扰物质和固定剂分离。由于酚类化合物的挥发速度是随馏出液体积而变化，因此，馏出液体积必须与试样体积相等。

被蒸馏出的酚类化合物在 pH 值为 10.0 ± 0.2 介质中，在铁氰化钾存在下，与 4-氨基安替比林反应生成橙红色的吲哚酚安替比林染料，可被三氯甲烷萃取，在 460 nm 波长下测定吸光度。

三、实验仪器与试剂

1. 仪　器

（1）分光光度计。
（2）30 mm 比色皿。
（3）一整套蒸馏装置。
（4）分液漏斗。

2. 试　剂

（1）硫酸亚铁（$FeSO_4 \cdot 7H_2O$）。
（2）碘化钾（KI）。
（3）硫酸铜（$CuSO_4 \cdot 5H_2O$）。
（4）乙醚（$C_4H_{10}O$）。
（5）三氯甲烷（$CHCl_3$）。
（6）精制苯酚：取苯酚于具有空气冷凝管的蒸馏瓶中，加热蒸馏，收集 182 ~ 184 °C 的馏分，馏分冷凝后为无色晶体，储于棕色瓶中，于冷暗处密封保存。

（7）氨水[$\rho(NH_3H_2O)$ = 0.90 g/mL]。

（8）盐酸[$\rho(HCI)$ = 1.19 g/mL]。

（9）磷酸溶液（1+9）。

（10）硫酸溶液（1+4）。

（11）氢氧化钠溶液（ρ = 100 g/L）：称取氢氧化钠 10 g，溶于水并稀释至 100 mL。

（12）缓冲溶液：pH = 10.7。称取 20 g 氯化铵，溶于 100 mL 氨水中，密塞，置冰箱中低温保存。

（13）4-氨基安替比林溶液：称取 2 g 的 4-氨基安替比林溶于水，溶解后定溶 至 100 mL 容量瓶中，置于冰箱中保存，可使用一周。

（13）铁氰化钾溶液，ρ = 80 g/L：称取 8 g 铁氰化钾溶于水，稀释定溶至 100 mL 容量瓶中，置于冰箱中保存，可使用一周。

（14）苯酚标准贮备液，ρ = 1.00 g/L：称取 1.00 g 精制苯酚溶于水，移入 1 000 mL 容量瓶中，稀释至标线，置于 4 °C 冰箱内保存，至少稳定一个月。

（15）苯酚标准中间液，ρ = 10.0 mg/L：量取适量苯酚贮备液用水稀释至 100 mL 容量瓶中，使用当天配制。

（16）苯酚标准使用液，ρ = 1.00 mg/L：量取 10.00 mL 的酚标准中间液于 100 mL 容量瓶中，稀释至标线。配制后 2 h 内使用。

（17）甲基橙指示液，ρ = 0.5 g/L：称取 0.1 g 甲基橙溶于水，溶解后定溶到 200 mL 的容量瓶中。

（18）淀粉-碘化钾试纸。

四、实验步骤

1. 样品采集和保存

采集样品（大于 500 mL）贮于硬质玻璃瓶中，加磷酸酸化至 pH 值约为 4.0，再加适量硫酸铜，使其质量浓度为 1 g/L，以抑制微生物对酚类的生物氧化作用，4 °C 下冷藏，24 h 内进行测定。

2. 预蒸馏

量取 250 mL 水样，置于 500 mL 蒸馏烧瓶中，加 25 mL 的蒸馏水，加数粒小玻璃珠以防暴沸，再加数滴甲基橙指示液，用磷酸溶液调节 pH 至 4（溶液呈橙红色），加 5.0 mL 硫酸铜溶液（如采样时已加过硫酸铜，则补加适量）连接冷凝器，加热蒸馏，至蒸馏出约 250 mL 的馏出液时，停止加热，放冷。

3. 显　色

将 250 mL 馏出液移入分液漏斗中，加 2.0 mL 缓冲溶液，摇匀，调节 pH 值为 10.0 ± 0.2，加 1.5 mL 4-氨基安替比林溶液，混匀，再加 1.5 mL 铁氰化钾溶液，充分混匀，放置 10 min。

4. 萃取和吸光度的测定

在上述显色分液漏斗中准确加入 10.0 mL 三氯甲烷，密塞，剧烈振摇 2 min，倒置放气，静置分层，用干棉过滤，弃去最初滤出的数滴萃取液后，取三氯甲烷层溶液于 30 mm 比色皿中，在 460 nm 波长下，以三氯甲烷为参比，测定其吸光度。

5. 空白实验

用蒸馏水代替水样按照步骤 1 ~ 4 测定其吸光度。

6. 标准曲线的绘制

取 8 个 250 mL 容量瓶，分别加入 100 mL 水，依次加入 0.00 mL、0.25 mL、0.50 mL、1.00 mL、3.00 mL、5.00 mL、7.00 mL、10.00 mL 苯酚标准使用液，再分别加水至 250 mL。按照实验步骤 1 ~ 4 分别测量吸光度。经空白校正后，绘制吸光度对苯酚含量（mg）的标准曲线。

五、结果与讨论

1. 结果的计算

水样中挥发酚类的含量按下式计算。

$$\rho = \frac{A_s - A_b - a}{bV}$$

式中：ρ——试样中挥发酚的质量浓度，mg/L

A_s——试样的吸光度值

A_b——空白试验的吸光度值

a——标准曲线的截距值

b——标准曲线的斜率

V——试样的体积，mL

当计算结果小于 0.1 mg/L 时，保留到小数点后 4 位，大于等于 0.1 mg/L 时，保留三位有效数字。

注意事项

（1）预蒸馏时，若加入硫酸铜溶液后产生较多量的黑色硫化铜沉淀，则应摇匀后放置片刻，待沉淀后，再滴加硫酸铜溶液，至不再产生沉淀为止。

（2）蒸馏过程中，若发现甲基橙的红色褪去，应在蒸馏结束后，放冷，再加 1 滴甲基橙指示液。若发现蒸馏后残液不呈酸性，则应重新取样，增加磷酸加入量，进行蒸馏。

（3）三氯甲烷具有麻醉作用和刺激性，吸入其蒸气有害，操作时应佩戴防毒面具并在通风处使用。

（4）对于质量浓度高于标准测定上限的样品，可适当稀释后进行测定。

3. 思考题

（1）水样在预蒸馏时，应注意那些事项？

（2）在预蒸馏过程中，若出现黑色硫化铜沉淀时，应如何处理？

实验六　水体中总磷化物的测定

一、实验目的

（1）学习测定水体中总磷含量的原理和方法。

（2）掌握蒸馏法和液液萃取法的操作。

（3）了解紫外分光光度计的使用方法。

二、实验原理

在水体中，磷几乎以各种磷酸盐的形式存在。磷是生物生长所必需的元素之一，但磷含量过高往往会造成藻类过渡繁殖，使水质变坏。因此，磷是评价水质的重要指标。在中性条件下，用过硫酸钾（或硝酸-高氯酸）消解水样，使所含的磷全部氧化为正磷酸盐。在酸性介质中，正磷酸盐会与钼酸铵反应，在锑盐存在下生成磷钼杂多酸后，立即被抗坏血酸还原，生成蓝色的络合物。本法适用于地面水、污水和工业废水。

三、实验仪器与试剂

1. 仪　器

（1）医用手提式蒸汽消毒器（1.1 ~ 1.4 kg/cm^2）。

（2）50 mL 具塞（磨口）刻度管。

（3）紫外分光光度计。

2. 试　剂

（1）硫酸（H_2SO_4），密度为 1.84 g/mL；

（2）硝酸（HNO_3），密度为 1.4 g/mL；

（3）高氯酸（$HClO_4$），优级纯，密度为 1.68 g/mL；

（4）硫酸（H_2SO_4，1∶1）。

（5）硫酸，$c(1/2H_2SO_4) = 1$ mo1/L：量取 27 mL 硫酸（密度为 1.84 g/mL）加入到 973 mL 水中。

（6）氢氧化钠（NaOH），1 mo1/L 溶液：称取 20 g 氢氧化钠，加水溶解并定容至 500 mL。

（7）氢氧化钠（NaOH），6 mo1/L 溶液；称取 120 g 氢氧化钠，加水并定容至 500 mL。

（8）过硫酸钾，50 g/L 溶液：称取 5 g 过硫酸钾（$K_2S_2O_8$）溶解于水，并定容至 100 mL。

（9）抗坏血酸，100 g/L 溶液：称取 10 g 抗坏血酸（$C_6H_8O_6$）溶解于水中，并定容至 100 mL，混匀，保存于棕色瓶中，4 °C 存放。

（10）钼酸盐溶液：称取 13 g 钼酸铵[$(NH_4)_6Mo_7O_{24} \cdot 4H_2O$]溶解于 100 mL 水中，再称取 0.35 g 酒石酸锑钾[$KSbC_4H_4O_7 \cdot 1/2\ H_2O$]溶解于 100 mL 水中，然后在不断搅拌下，把钼酸铵溶液徐徐加到 300 mL 硫酸（1∶1）中，并加酒石酸锑钾溶液混合均匀，保存于棕色瓶中，4 °C 存放两个月。

（11）浊度-色度补偿液：取两体积硫酸(1∶1)和一体积抗坏血酸溶液混合，临用时现配。

（12）磷标准贮备溶液：称取 0.21979（精确至 0.001 g）于 110 °C 干燥 2 h 后并在干燥器中放冷的磷酸二氢钾（KH_2PO_4），用水溶解后转移至 1000 mL 容量瓶中，加入大约 800 mL 水、加 5 mL 硫酸（1+1）用水稀释至标线并混匀。1.00 mL 此标准溶液含 50.0 μg 磷。本溶液在玻璃瓶中可贮存至少六个月。

（13）磷标准使用溶液：将 10.0 mL 的磷标准贮备溶液转移至 250 mL 容量瓶中，用水稀释至标线并混匀。1.00 mL 此标准溶液含 2.0 μg 磷。使用当天配制。

（14）酚酞：10 g/L 溶液：0.5 g 酚酞溶于 50 mL 95%乙醇中。

四、实验步骤

1. 样品采集和制备

采取 500 mL 水样，加入 1 mL 硫酸（密度为 1.84 g/mL）调节样品的 pH 值，使之低于或等于 1，或不加任何试剂于冷处保存。

取 25 mL 样品于具塞刻度管中。取时应仔细摇匀，以得到溶解部分和悬浮部分均具有代表性的试样。如样品中含磷浓度较高，试样体积可以减少。 用蒸馏水代替试样，并加入与测定时相同体积的试剂。

2. 消　解

（1）过硫酸钾消解：向处理好的试样中加 4 mL 过硫酸钾，将具塞刻度管的盖塞紧后，用一小块布和线将玻璃塞扎紧（或用其他方法固定），放在大烧杯中置于高压蒸汽消毒器中加热，待压力达 1.1 kg/cm^2，温度达到 120 °C 时、保持 30 min 后停止加热。待压力表读数降至零后取出放冷，并加水稀释至标线。

（2）硝酸-高氯酸消解：取 25 mL 试样于锥形瓶中，加数粒玻璃珠，加 2 mL 硝酸在电热板上加热浓缩至 10 mL。待冷却后加 5 mL 硝酸，再加热浓缩至 10 mL，放冷。加 3 mL 高氯酸，加热至高氯酸冒白烟，此时可在锥形瓶上加小漏斗或调节电热板温度，使消解液在锥形瓶内壁保持回流状态，直至剩下 3～4 mL，放冷。加水 10 mL，加 1 滴酚酞指示剂。滴加氢氧化钠溶液（c = 1 mo1/L 或 c = 6 mo1/L）至溶液刚呈微红色，再滴加硫酸溶液（1 mo1/L）使微红刚好退去，充分混匀。移至具塞刻度管中，用水稀释至标线。

3. 显色和测量吸光度

分别向各份消解液中加入 1 mL 抗坏血酸溶液，混匀，30 s 后加 2 mL 钼酸盐溶液充分混匀。室温下放置 15 min 后，使用光程为 30 mm 比色皿，在 700 nm 波长下，以水做参比，测定吸光度。扣除空白试验的吸光度后，从工作曲线上查得磷的含量。

4. 工作曲线的绘制

取 7 支具塞刻度管分别加入 0.00 mL，0.50 mL，1.00 mL，3.00 mL，5.00 mL，10.00 mL，15.00 mL 磷酸盐标准溶液。加水至 25 mL。然后按实验步骤 3 进行测定。以水做参比，测定吸光度。扣除空白试验的吸光度后，和对应的磷的含量绘制工作曲线。

五、结果与讨论

1. 结果与计算

总磷含量以 c（mg/L）表示，按下式计算。

$$c=\frac{m}{V}$$

式中：m——试样测得含磷量，μg；

V——测定用试样体积，mL。

2. 注意事项

（1）用硝酸-高氯酸消解需要在通风橱中进行。高氯酸和有机物的混合物经加热易发生危险，需将试样先用硝酸消解，然后再加入硝酸-高氯酸进行消解。

（2）所有玻璃器皿均应用稀盐酸或稀硝酸浸泡，再用水清洗干净并干燥。

（3）消解时切勿将消解液蒸干，使用高压锅时注意防止爆炸。

（4）含磷量较少的水样，不要用塑料瓶采样，以免磷酸盐吸附在塑料瓶壁上。

（5）若采用硫酸保存水样，当用过硫酸钾消解时，需先将试样调至中性。

3. 思考题

（1）水样的消解对本实验至关重要，列举几种常见的消解方法？

（2）水样消解时，压力锅的使用条件和注意事项有哪些？

实验七　水体中铜、锌、铅、镉的测定

一、实验目的

（1）学习原子吸收分光光度计测定水体中铜、锌、铅、镉的方法。
（2）掌握原子吸收分光光度计的原理及使用。
（3）了解铜、锌、铅、镉样品的采集及注意事项。

二、实验原理

当有辐射通过自由原子蒸气，且入射辐射的频率等于原子中的电子由基态跃迁到较高能态（一般情况下都是第一激发态）所需要的能量频率时，原子就要从辐射场中吸收能量，产生共振吸收，电子由基态跃迁到激发态，同时伴随着原子吸收光谱的产生。将样品或消解处理过的样品直接吸入火焰，在火焰中形成的原子蒸气对光源发射的特征电磁辐射产生吸收，将测得的样品吸光度和标准溶液的吸光度进行比较，可确定样品中被测元素的浓度。此法适用于测定地下水、地面水和废水中的铜、铅、锌、镉。

三、实验仪器与试剂

1. 仪　器

原子吸收分光光度计（配乙炔-空气燃烧器及空心阴极灯）。

2. 试　剂

（1）高氯酸：$\rho(HClO_4) = 1.67$ g/mL，优级纯。
（2）硝酸：$\rho(HNO_3) = 1.42$ g/mL，优级纯。
（3）硝酸：$\rho(HNO_3) = 1.42$ g/mL，分析纯。
（4）燃料：乙炔钢瓶气，纯度不低于99.6%。
（5）氧化剂：空气，由气体压缩机供给，进入燃烧器前应经过适当过滤，以除去其中的水、油和其他杂质。
（6）硝酸溶液（1+1）：取1体积的水于烧杯中，不断搅拌下再缓缓加入1体积的浓硝酸（分析纯），混匀，放冷待用。
（7）硝酸溶液（1+499）：取1 mL浓硝酸（优级纯），用蒸馏水定容至500 mL。
（8）金属储备液（$c = 1.000$ g/L）：称取1.000 g光谱纯金属（精确至0.001 g），用硝酸（优级纯）溶解，必要时加热，直至完全溶解，再用加水容至1 L。

（9）中间标准溶液：采用硝酸溶液（1+499）稀释金属贮备液配制，使溶液中铜、锌、铅、镉的浓度分别为50.00 mg/L、10.00 mg/L、100.00 mg/L、10.00 mg/L。

四、实验步骤

1. 样品的采集和制备

先将采样瓶（聚乙烯塑料瓶）用洗涤剂清洗干净，再于硝酸溶液（1+1）中浸泡 1 h，取出，用水冲洗干净并烘干，用于采集样品。样品采集后立即加硝酸（优级纯）酸化至 pH = 1 ~ 2。

2. 校准

参照表1-3，在100 mL容量瓶中，用硝酸溶液（1+499）稀释中间标准溶液，配制至少4个工作标准溶液，其浓度范围应包括样品中被测元素的浓度。

表 1-3

中间标准溶液加入体积mL		0.50	1.00	3.00	5.00	10.00
工作标准溶液浓度mg/L	铜	0.25	0.50	1.50	2.50	5.00
	锌	0.05	0.10	0.30	0.50	1.00
	铅	0.50	1.00	3.00	5.00	10.00
	镉	0.05	0.10	0.30	0.50	1.00

3. 选择波长和调节火焰

根据表1-4选择波长和调节火焰，吸入硝酸溶液（1+499），将仪器调零。吸入空白、工作标准溶液或样品，记录吸光度。用测得的吸光度与对应的浓度绘制校准曲线。装有内部存储的仪器，输入1 ~ 3个工作标准曲线，测定样品时可直接读出浓度。在测定过程中，要定期地复测空白和工作标准溶液，以检查基线的稳定性和仪器的灵敏度是否发生了变化。

表 1-4

元素	特征谱线波长，nm	火焰类型
铜	324.7	乙炔、空气、氧化性
锌	213.8	乙炔、空气、氧化性
铅	283.3	乙炔、空气、氧化性
镉	228.8	乙炔、空气、氧化性

4. 验证试验

为了检验是否存在基体干扰或背景吸收，可通过测定加标回收率判断基体干扰程度，通过测定特征谱线附近1 nm内的一条非特征吸收谱线处的吸收判断背景吸收的大小。根据表1-5选择与特征谱线相对应的非特征吸收谱线。

表 1-5

元素	特征谱线/nm	非特征吸收谱线/nm
铜	324.7	324（锆）
锌	213.8	214（氘）
铅	283.3	283.7（锆）
镉	228.8	229（氘）

根据验证试验的结果，若存在基体干扰，则用标准加入法测定并计算结果，若存在背景吸收，则用自动背景校正装置或邻近非特征吸收谱线法进行校正，后一种方法是从特征谱线处测得的吸收值中扣除邻近非特征吸收谱线处的吸收值，得到被测元素原子的真正吸收。

5. 测　定

测定溶解的金属时，用制备好的试样，按实验步骤3测定。

测定金属总量时，若样品不需要消解，用实验室样品，按实验步骤3进行测定。若需要消解，则向工作标准溶液、混匀后的100.0 mL实验样品中分别加入5 mL优级纯硝酸，在电热板上加热消解，确保样品不沸腾，蒸至10 mL左右，加入5 mL优级纯硝酸和2 mL优级纯高氯酸，继续消解，蒸至1 mL左右，如果消解不完全，再加入5 mL硝酸优级纯和2 mL高氯酸优级纯，再蒸至1 mL左右。取下冷却，加水溶解残渣，通过中速滤纸（预先用酸洗）过滤至100 mL容量瓶中，用水稀释至标线。然后按实验步骤3对试样进行分析。

6. 空白试验

取100.0 mL硝酸溶液（1+499）代替样品，置于200 mL烧杯中，按照步骤5的方法进行消解，按照实验步骤3进行分析。

根据扣除空白吸光度后的样品吸光度，在校准曲线上查出样品中的金属浓度。

五、结果与讨论

1. 结果与计算

实验室样品的金属浓度按以下公式计算。

$$c = \frac{W \times 1000}{V}$$

式中：c——实验室样品中的金属浓度，μg /L；

W——试份中的金属含量，ug；

V——试份的体积，mL。

2. 注意事项

（1）报告结果时，要指明测定的是溶解的金属还是金属总量。

（2）实验用的玻璃或塑料器皿用洗涤剂洗净后，在硝酸溶液中浸泡，使用前用水冲洗干净。

（3）分析溶解的金属时，样品采集后应立即通过 0.45 μm 滤膜过滤，得到的滤液再按要求酸化。

3. 思考题

（1）对水样采集瓶有何要求，采集样品前需如何处理？采集的水样如何保存？

（2）怎样检验是否存在基体干扰，如何判断背景吸收的大小？

实验八　水体中汞、砷、硒、铋和锑的测定

一、实验目的

（1）学习用原子荧光测定汞、砷、硒、铋和锑的操作方法。

（2）掌握原子荧光光谱仪的原理。

（3）了解各元素的标准溶液的配制方法。

二、实验原理

经预处理后的试液进入原子荧光仪，在酸性条件和硼氢化钾（或硼氢化钠）还原作用下，生成砷化氢、铋化氢、锑化氢、硒化氢气体和汞原子，由载气直接导入石英管原子化器中，氢化物在氩氢火焰中原子化，形成基态原子，其基态原子和汞原子受元素（汞、砷、硒、铋和锑）特种空心阴极灯光源的激发产生原子荧光，通过检测原子荧光的相对强度，利用荧光强度与溶液中的汞、砷、硒、铋和锑含量呈正比的关系，计算出水样待测元素的含量。适用于地表水、地下水、生活污水和工业废水中汞、砷、硒、铋和锑的溶解态和总量的测定。

三、实验仪器与试剂

1. 仪　器

（1）原予荧光光谱仪。

（2）元素灯（汞、砷、硒、铋、锑）。

（3）可调温电热板。

（4）恒温水浴装置：温控精度士 1 °C。

（5）抽滤装置：0.45μm 孔径水系微孔滤膜。

（6）分析天平：精度为 0.0001 g。

（7）采样容器：硬质玻璃瓶或聚乙烯瓶（桶）。

2. 试　剂

（1）盐酸：ρ (HCl) = 1.19 g/mL，优级纯。

（2）硝酸：ρ (HNO_3) = 1.42 g/mL，优级纯。

（3）高氯醵：ρ ($HC1O_4$) = 1.68 g/mL，优级纯。

（4）氢氢化钠（NaOH）。

（5）硼氢化钾（KBH_4）。

（6）硫脲（CH_4N_2S）。

（7）抗坏血酸（$C_6H_8O_6$）。

（8）重铬酸钾（$K_2Cr_2O_7$）：优级纯。

（9）氯化汞（$HgCl_2$）：优级纯。

（10）三氧化二砷（As_2O_3）：优级纯。

（11）硒粉：高纯（质量分数 99.99%以上）。

（12）铋：高纯（质量分数 99.99%以上）。

（13）三氧化二锑（Sb_2O_3）：优级纯。

（14）盐酸溶液（1+1）。

（15）盐酸溶液（5+95）。

（16）硝酸溶液（1+1）。

（17）盐酸-硝酸溶液：分别量取 300 mL 优级纯盐酸和 100 mL 优级纯硝酸，加入 400 mL 水中，混匀。

（18）硝酸-高氯酸混合酸：用等体积优级纯硝酸和优级纯高氯酸混合配制。临用时现配。

（19）还原剂硼氢化钾溶液 A：称取 0.5 g 氢氧化钠溶于 100 mL 水中，加入 1.0 g 硼氢化钾，混匀。此溶液用于汞的测定，临用时现配，存于塑料瓶中。

（20）还原剂硼氢化钾溶液 B：称取 0.5 g 氢氧化钠溶于 100 mL 水中，加入 2.0 g 硼氢化钾，混匀。此溶液用于砷、硒、铋、锑的测定，临用时现配，存于塑料瓶中。

（21）硫脲-抗坏血酸溶液：称取硫脲和抗坏血酸各 5.0 g，用 100 mL 水溶解，混匀，测定当日配制。

（21）汞标准固定液：称取 0.5 g 重铬酸钾溶于 950 mL 水中，加入 50 mL 优级纯硝酸，混匀。

（22）汞标准贮备液，ρ(Hg) = 100 mg/L：称取 0.1354 g 于硅胶干燥器中放置过夜的氯化汞，用少量汞标准固定液溶解，并定容至 1 L，混匀，保存于玻璃瓶中，4 °C 下可存放 2 年。

（23）标准中间液，ρ(Hg) = 1.00 mg/L：移取 5.00 mL 汞标准贮备液于 500 mL 容量瓶中，加入 50 mL 盐酸溶液（1+1），用汞标准固定液定容，混匀，贮存于玻璃瓶中，4 °C 下可存放 100 d。

（24）汞标准使用液，ρ(Hg) = 10.0 μg/L：移量取 5.00 mL 汞标准中间液于 500 mL 容量瓶中，加入 50 mL 盐酸溶液（1+1），加水稀释至刻度，混匀，保存于玻璃瓶中，临用现配。

（25）砷标准贮备液：ρ(As) = 100 mg/L：称取 0.132 0 g 于 105 °C 干燥 2 h 的优级纯三氧化二砷，溶解于 5 mL 1 mol/L 氢氧化钠溶液中，滴几滴酚酞指示剂，再用 1 mol/L 盐酸溶液中和至酚酞红色褪去，移入 1 L 容量瓶中，加水定容，混匀，保存于玻璃瓶中，4 °C 下可存放 2 年。

（26）砷标准中间液，ρ(As) = 1.00 mg/L：移取 5.00 mL 砷标准贮备液于 500 mL 容量瓶中，加入 100 mL 盐酸溶液（1+1），加水定容，混匀，4 °C 下可存放 1 年。

（27）砷标准使用液，ρ(As) = 100 μg /L：移取 10.00 mL 砷标准中间液于 100 mL 容量瓶中，加入 20 mL 盐酸溶液（1+1），加水定容，混匀，4 °C 下可存放 30 d。

（28）硒标准贮备液，ρ(Se) = 100 mg/L：称取 0.1000 g 高纯硒粉于 100 mL 烧杯中，加 20 mL 优级纯硝酸，低温加热溶解至完全，待冷却至室温后，移入 1L 容量瓶中，加水定容，保存于玻璃瓶中，4 °C 下可存放 2 年。

（29）硒标准中间液，ρ(Se) = 1.00 mg/L：移取 5.00 mL 硒标准贮备液于 500 mL 容量瓶中，加入 150 mL 盐酸溶液（1+1），加水定容，混匀，4 °C 下可存放 100 d。

（30）硒标准使用液，ρ(Se) = 10.0 μg/L：移取 5.00 mL 硒标准中间液于 500 mL 容量瓶中，加入 150 mL 盐酸溶液（1+1），加水定容，混匀，临用现配。

（31）铋标准贮备液，ρ(Bi) = 100 mg/L：称取 0.1000 g 高纯金属铋于 100 mL 烧杯中，加入 20 mL 优级纯硝酸，低温加热至溶解完全，待冷却至室温后，移入 1000 mL 容量瓶中，加水定容，混匀，保存于玻璃瓶中，4 °C 下可存放 2 年。

（32）铋标准中间液，ρ(Bi) = 1.00 mg/L：移取 5.00 mL 铋标准贮备液于 500 mL 容量瓶中，加入 100 mL 盐酸溶液（1+1），加水定容，混匀，4 °C 下可存放 1 年。

（33）铋标准使用液，ρ(Bi) = 100 μg/L：移取 10.00 mL 铋标准中间液于 100 mL 容量瓶中，加入 20 mL 盐酸溶液（1+1），加水定容，混匀，临用现配。

（34）锑标准贮备液，ρ(Sb) = 100 mg/L：称取 0.1197 g 于 105 °C 干燥 2 h 的三氧化二锑于烧杯中，加 80 mL 优级纯盐酸溶解，移入 1 000 mL 容量瓶，再加入 120 mL 优级纯盐酸，加水定容，混匀，保存于玻璃瓶中，4 °C 下可存放 2 年。

（35）锑标准中间液，ρ(Sb) = 1.00 mg/L：移取 5.00 mL 锑标准贮备液于 500 mL 容量瓶中，加入 100 mL 盐酸溶液（1+1），加水定容，混匀，4 °C 下可存放 1 年。

（36）锑标准使用液，ρ(Sb) = 100 μg/L：移取 10.00 mL 锑标准中间液于 100 mL 容量瓶中，加入 20 mL 盐酸溶液（1+1），加水定容，混匀，临用现配。

（37）氩气：纯度≥99.999%。

四、实验步骤

1. 样品的采集和保存

（1）可滤态汞、砷、硒、铋、锑样品。

将采集的样品经 0.45 μm 滤膜过滤，弃去初始滤液 50 mL，并用少量滤液清洗采样瓶，收集滤液于采样瓶中，再对中性水样进行酸化保存。方法如下：测定汞的样品，按每 1 L 水样中加入 5 mL 优级纯盐酸的比例加入盐酸；测定砷、硒、锑、铋的样品，按每升水样中加入 2 mL 优级纯盐酸的比例加入盐酸；样品保存期为 14 d。

（2）汞、砷、硒、铋、锑总量样品。

除样品采集后不经过滤外，其他的处理方法和保存期同上。

2. 试样的制备

（1）汞。

量取 5.0 mL 混匀后的样品于 10 mL 比色管中，加入 1 mL 盐酸-硝酸溶液，加塞混匀，置于沸水浴中加热消解 1 h，期间摇动 1 ~ 2 次并开盖放气。待冷却后，加水定容至刻度，混匀，待测。

（2）砷、硒、铋、锑。

量取 50.0 mL 混匀后的样品于 150 mL 锥形瓶中，加入 5 mL 硝酸-高氯酸混合酸，于电热板上加热至冒白烟，取出冷却，加入 5 mL 盐酸溶液（1+1），继续加热至黄褐色烟冒尽，待冷却后移入 50 mL 容量瓶中，加水定容，混匀，待测。

3. 空白试样

以水代替样品，按照实验步骤 2 制备空白试样。

4. 仪器调试

依据仪器使用说明书调节仪器至最佳工作状态。参考测量条件见表 1-6。

表 1-6 参考测量条件

元素	负高压(V)	灯电流(mA)	原子化器预热温度(°C)	载气流量(mL/min)	屏蔽气流量(mL/min)	积分方式
Hg	240 ~ 280	15 ~ 30	200	400	900 ~ 1000	峰面积
As	260 ~ 300	40 ~ 60	200	400	900 ~ 1000	峰面积
Se	260 ~ 300	80 ~ 100	200	400	900 ~ 1000	峰面积
Sb	260 ~ 300	60 ~ 80	200	400	900 ~ 1000	峰面积
Bi	260 ~ 300	60 ~ 80	200	400	900 ~ 1000	峰面积

5. 校 准

（1）汞标准使用液配制。

分别移取 0.00 mL、0.50 mL、1.00 mL、2.50 mL、3.50 mL、5.00 mL 汞标准使用液于 50 mL 容量瓶中，分别加入 5.0 mL 盐酸-硝酸溶液，加水定容，混匀。

（2）砷标准使用液配制。

分别移取 0.00 mL、0.50 mL、1.00 mL、2.00 mL、3.00 mL、5.00 mL 砷标准使用液于 50 mL 容量瓶中，分别加入 10 mL 盐酸溶液（1+1）、10 mL 硫脲-抗坏血酸溶液，25 ~ 30 °C 保温放置 30 min，加水定容，混匀。

（3）硒标准使用液配制。

分别移取 0.00 mL、2.00 mL、4.00 mL、6.00 mL、8.00 mL、10.00 mL 硒标准使用液于 50 mL 容量瓶中，分别加入 10 mL 盐酸溶液（1+1），加水定容，混匀。

（4）铋标准使用液配制。

分别移取 0.00 mL、0.50 mL、1.00 mL、2.00 mL、3.00 mL、5.00 mL 铋标准使用液于 50 mL 容量瓶中，分别加入 10 mL 盐酸溶液（1+1），加水定容，混匀。

（5）锑标准使用液配制。

分别移取 0.00 mL、0.50 mL、1.00 mL、2.00 mL、3.00 mL、5.00 mL 锑标准使用液于 50 mL 容量瓶中，分别加入 10 mL 盐酸溶液（1+1）、10 mL 硫脲-抗坏血酸溶液，25 ~ 30 °C 保温放置 30 min，加水定容，混匀。

汞、砷、硒、铋、锑标准系列的质量浓度见表 1-7。

表 1-7　标准系列质量浓度　　单位：μg/L

元素	标准系列质量浓度					
Hg	0	0.10	0.20	0.50	0.70	1.00
As	0	1.0	2.0	4.0	6.0	10.0
Se	0	0.4	0.8	1.2	1.6	2.0
Bi	0	1.0	2.0	4.0	6.0	10.0
Sb	0	1.0	2.0	4.0	6.0	10.0

6. 校准曲线的绘制

（1）汞。

在仪器最佳测量条件下，以盐酸溶液（5+95）为载流，硼氢化钾溶液 A 为还原剂，按浓度由低到高的顺序依次测定汞标准系列的原子荧光强度，以原子荧光强度为纵坐标，汞质量浓度为横坐标，绘制校准曲线。

（2）砷、硒、铋、锑。

在仪器最佳测量条件下，以盐酸溶液（5+95）为载流，硼氢化钾溶液 B 为还原剂，按浓度由低到高的顺序依次测定各元素标准系列的原子荧光强度，以原子荧光强度为纵坐标，相应元素的质量浓度为横坐标，绘制校准曲线。

7. 试样的测定

（1）汞。

取待测试样，在绘制校准曲线的条件下测定其原子荧光强度。对于超过校准曲线高浓度点的样品，将其消解液稀释后再行测定，稀释倍数为 f。

（2）砷、锑。

量取 5.0 mL 待测试样于 10 mL 比色管中，加入 2 mL 盐酸溶液（1+1）、2 mL 硫脲-抗坏血酸溶液，25 ~ 30 °C 保温放置 30 min，用水稀释定容，混匀，在绘制校准曲线的条件下测定其原子荧光强度。对于超过校准曲线高浓度点的样品，将其消解液稀释后再行测定，稀释倍数为 f。

（3）硒、铋。

量取 5.0 mL 待测试样于 10 mL 比色管中，加入 2 mL 盐酸溶液（1+1），用水稀释定容，混匀，在绘制校准曲线的条件下测定其原子荧光强度。对于超过校准曲线高浓度点的样品，将其消解液稀释后再行测定，稀释倍数为 f。

（4）空白试验。

按照测定校准标准系列相同步骤测定空白试样。

五、结果与讨论

1. 结果与计算

（1）样品中待测元素的质量浓度 ρ 按公式计算。

$$\rho = \frac{\rho_1 \times f \times V_1}{V}$$

式中：ρ——样品中待测元素的质量浓度，μg/L；

ρ_1——由校准曲线上查得的试样中待测元素的质量浓度， μg/L；

f——试样稀释倍数（样品若有稀释）；

V_1——分取后测定试样的定容体积，mL；

V——分取试样的体积，mL。

（2）结果表示。

当汞的测定结果小于 1 μg/L 时，保留小数点后两位；当测定结果大于 1 μg/L 时，保留三位有效数字。

当砷、硒、铋、锑的测定结果小于 10 μg/L 时，保留小数点后一位；当测定结果大于 10 μg/L 时，保留三位有效数字。

2. 注意事项

（1）分析中所用的玻璃器皿均需用（1+1）硝酸溶液浸泡 24 h，或热硝酸震荡后，再用去离子水洗净后方可使用。对于新器皿，应作相应的空白检查后才能使用。

（2）对所用的每一瓶试剂都应作相应的空白实验，特别是盐酸要仔细检查。配制标准溶液与样品应尽可能使用同一瓶试剂。

（3）所用的标准系列必须每次配制，与样品在相同条件下测定。

3. 思考题

（1）本实验的还原剂是什么，每一种还原剂是否都适用于所有的金属？

（2）每种金属都有标准贮备液、标准中间液、标准使用液，它们的配制方法是否相同，若不同，该怎样配制。

（3）怎样采集可滤态汞、砷、硒、铋、锑样品和汞、砷、硒、铋、锑总量样品，样品采集后该如何处理？

实验九 水体中无机阴离子的测定

一、实验目的

（1）学习怎样用阴离子交换色谱法分析无机阴离子。

（2）掌握离子色谱仪的原理及基本操作。

（3）了解离子色谱仪的基本构造及无机阴离子混合标准使用液的配制。

二、实验原理

利用离子交换的原理，可连续对多种阴离子进行定性和定量分析。经阴离子色谱柱交换分离，水样中的阴离子以静电相互作用进入固定相的交换位置，又被带负电荷的淋洗离子交换下来进入流动相，不同阴离子与交换基团的作用力大小不同，在固定相中的保留时间也就不同，从而彼此达到分离。用抑制型电导检测器检测，根据保留时间定性，峰高或峰面积定量。

三、实验仪器与试剂

1. 仪　器

（1）离子色谱仪。

（2）离子捕获柱。

（3）一次性水系微孔滤膜针筒过滤器：孔径0.45 μm。

（4）一次性注射器：1 mL。

2. 试　剂

（1）氟化钠（NaF）：优级纯，使用前应于100 °C ~ 110 °C干燥2 h至恒重后，置于干燥器中保存。

（2）氯化钠（NaCl）：优级纯，使用前应于1100 °C ~ 110 °C干燥2 h至恒重后，置于干燥器中保存。

（3）亚硝酸钠（$NaNO_2$）：优级纯，使用前应于干燥器中平衡24 h。

（4）硝酸钾（KNO_3）：优级纯，使用前应于100 °C ~ 110 °C干燥2 h至恒重后，置于干燥器中保存。

（5）无水硫酸钠（Na_2SO_4）：优级纯，使用前应于100 °C ~ 110 °C干燥2 h至恒重后，置于干燥器中保存。

（6）氟离子标准贮备液，$\rho = 100$ mg/L：准确称取0.1105 g氟化钠，加适量水溶解，移入

500 mL容量瓶加水定容，混匀，保存于聚乙烯瓶中，于4 °C以下避光封存可达6个月。

（7）氯离子标准贮备液，ρ= 1 000 mg/L：加适量水溶解，移入500 mL容量瓶加水定容，混匀，保存于聚乙烯瓶中，于4 °C以下避光封存可达6个月。

（8）亚硝酸根标准贮备液，ρ= 1 000 mg/L：准确称取0.7499 g亚硝酸钠，加适量水溶解，移入500 mL容量瓶加水定容，混匀，保存于聚乙烯瓶中，于4 °C以下避光封存可达1个月。

（9）硝酸根标准贮备液，ρ= 1 000 mg/L：准确称取0.8152 g硝酸钾，加适量水溶解，移入500 mL容量瓶加水定容，混匀，保存于聚乙烯瓶中，于4 °C以下避光密封保存可达6个月。

（10）硫酸根标准贮备液，ρ= 1 000 mg/L：准确称取0.7396 g无水硫酸钠，加适量水溶解，移入500 mL容量瓶加水定容，混匀，保存于聚乙烯瓶中，于4 °C以下避光密封保存可达6个月。

（11）亚硝酸根中间液，ρ= 100 mg/L：准确量取10 mL亚硝酸根标准贮备液于100 mL容量瓶中，加水定容，混匀。

（12）混合标准使用液：分别移取10.0 mL氟离子标准贮备液、10.0 mL氯离子标准贮备液、10.0 mL亚硝酸根中间液、10.0 mL硝酸根标准贮备液、50.0 mL硫酸根标准贮备液于100 mL容量瓶中，用水稀释至刻度，混匀，使溶液含有10 mg/L的F^-、100 mg/L的Cl^-、10 mg/L的NO_2^-、100 mg/L的NO_3^-、500 mg/L的SO_4^{2-}的混合标准使用液。

（13）淋洗液：根据仪器型号和色谱说明书使用条件购买市售的淋洗液。

四、实验步骤

1. 样品的采集和保存

样品采集后应尽快分析，如不能及时测定，于4 °C以下冷藏，避光保存。不同待测离子的容器材质和保留时间见表1-8。

表 1-8　不同待测离子的容器材质和保留时间

离子名称	容器材质	保留时间（单位：天）
F^-	聚乙烯瓶	14
Cl^-	硬质玻璃瓶或聚乙烯瓶	30
NO_2^-	硬质玻璃瓶或聚乙烯瓶	2
NO_3^-	硬质玻璃瓶或聚乙烯瓶	7
SO_4^{2-}	硬质玻璃瓶或聚乙烯瓶	30

2. 样品预处理

对于不含疏水性化合物、重金属或过渡金属离子等干扰物质的清洁水样，可用0.45 μm微孔滤膜过滤除去水中悬浮颗粒物、微生物体。

3. 校准曲线的绘制

准确量取0.00 mL、1.00 mL、2.00 mL、5.00 mL、10.0 mL、20.0 mL的混合标准使用液至容量瓶中，加水定容，混匀，配制成6个不同浓度的混合标准系列，其质量浓度见表1-9。按其浓度由低到高的顺序注入标准样品，上机进行测定。记录各被测离子的峰高或峰面积，以标准溶液中各离子的浓度为横坐标，相应的峰高或峰面积为纵坐标，绘制校准曲线。

表 1-9　标准系列质量浓度

离子名称	标准系列质量浓度(mg/L)					
F^-	0.00	0.10	0.20	0.50	1.00	2.00
Cl^-	0.00	1.00	2.00	5.00	10.0	20.0
NO_2^-	0.00	0.10	0.20	0.50	1.00	2.00
NO_3^-	0.00	1.00	2.00	5.00	10.0	20.0
SO_4^{2-}	0.00	5.00	10.0	25.0	50.0	100

4. 样品测定

取一定体积待测水样上机测定，以空白校正后的峰高或峰面积记录实验结果，如果峰的响应值超过系统的线性范围，须用适量的纯水稀释样品使其在校准曲线范围内，并重新分析。如果色谱结果未能很好地分离或某一离子的定性是不可靠的，应将适量的标准溶液加入样品并重新分析。

5. 空白试验

将空白试样代替水样注入离子色谱仪，测定阴离子的浓度，以保留时间定性，仪器响应值定量。

五、结果与讨论

1. 结果与计算

样品中无机阴离子的质量浓度按如下公式计算。

$$\rho = \frac{h - h_0 - a}{b} \times f$$

式中：ρ——样品中阴离子的质量浓度，mg/L；

h——试样中阴离子的峰面积（或峰高）；

h_0——实验室空白试样中阴离子的峰面积（或峰高）；

a——回归方程的截距；

b——回归方程的斜率；

f——样品的稀释倍数。

当样品含量小于1 mg/L时，结果保留至小数点后三位； 当样品含量大于或等于1 mg/L时，结果保留三位有效数字。

2. 注意事项

（1）样品中含有大于0.45μm的颗粒物及试剂溶液中含有大于0.2μm的颗粒物时，必须用微孔滤膜过滤除去，以免颗粒物对仪器流路的堵塞。

（2）标准溶液贮于聚乙烯塑料瓶中，在4 °C保存时，贮备液至少可稳定一个月。标准使用液必须每周配制，亚硝酸根的中间溶液应现用现配。

（3）不同型号仪器的色谱条件可根据仪器说明书自行选定，只要能满足质量控制要求，也可采用其他柱子色谱条件或检测器。

（4）要经常校核校准曲线，特别是淋洗液改变或衰减调节时更要校核，一般每测定一系列试样（20个样品后）应校核一次校准曲线，若任何一个离子的响应值或保留时间改变大于±10%，应重新作校准曲线。

（5）在每次进样时，必须用新的样品彻底冲洗进样环路。标准溶液和样品要使用同样大小的样品环。

3. 思考题

（1）各无机阴离子的水样保存时间是否一样，若不一样，它们的保存时间是多少？

（2）怎样配制无机阴离子的混合标准使用液？

（3）怎样对无机阴离子的水样进行处理，如不处理会造成哪些影响？

实验十　水体中氟化物的测定

一、实验目的

（1）学习用离子选择电极测定氟离子的方法。

（2）掌握电位法测定氟离子的原理及选择电极的使用。

（3）了解氟离子浓度与电极电位的关系。

二、实验原理

当氟电极与含氟的试液接触时，电池的电动势 E 随溶液中氟离子活度变化而改变（遵守 Nernst 方程）。当溶液的总离子强度为定值且足够时服从以下关系。

$$E = E - \frac{2.303RT}{F}\log c_{F^-}$$

E 与 $\log c_{F^-}$ 成直接关系，$2.303RT/F$ 为该直线的斜率，亦为电极的斜率。

工作电池可表示如下。

$Ag|AgCl,Cl^-(0.3\ mol/L),F^-(0.001\ mol/L)|LaF_3||$试液$||$外参比电极。

实验测定的是游离的氟离子浓度，温度影响电极的电位和样品的离解，须使试样与标准溶液的温度相同，并注意调节仪器的温度补偿装置使之与溶液的温度一致。每日要测定电极的实际斜率。根据 Nernst 方程式，温度在 20 ~ 25 °C 之间时，氟离子浓度每改变 10 倍，电极电位变化 58 ± 1 mV。通常，加入总离子强度调节剂以保持溶液中总离子强度，并络合干扰离子，保持溶液适当的 pH 值，就可以直接进行测定。

三、实验仪器和试剂

1. 仪　器

（1）氟离子选择电极。

（2）饱和氯化银电极。

（3）pH 计：精确到 0.1 mV。

（4）磁力搅拌器。

（5）聚乙烯杯：100 mL；150 mL。

（6）氟化物的水蒸气蒸馏装置（见图 1-1）。

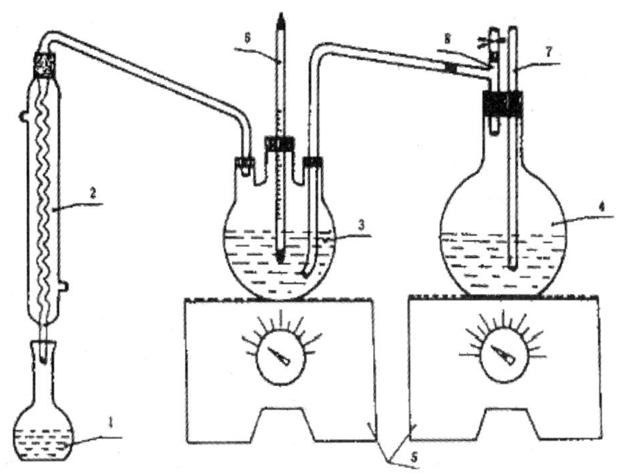

图 1-1 氟化物的水蒸气蒸馏装置

1—接收瓶；2—蛇形冷凝管；3—250 mL 直口三角烧瓶；4—水蒸气发生瓶；5—可调电炉；6—温度计；7—安全管；8—三通管（排气用）

2. 试　剂

（1）盐酸（HCl，2 mol/L）。

（2）硫酸（H_2SO_4，ρ= 1.84 g /mL）。

（3）0.2 mol/L 柠檬酸钠-1 mol/L 硝酸钠（TISAB Ⅰ）：准确称取 29.4 g 二水柠檬酸钠和 42.5 g 硝酸钠，加适量水溶解，用盐酸调节 pH 值至 5.0 ~ 6.0，移入 500 mL 容量瓶中，加水定容，摇匀。

（4）总离子强度调节缓冲溶液（TISAB Ⅱ）：量取约 500 mL 水于 1 L 烧杯内，加入 57 mL 冰乙酸、58 g 氯化钠和 4.0 g 环己二胺四乙酸（CDTA），搅拌溶解。将烧杯置于冷水浴中，在不断搅拌下慢慢加入约 125 mL 6 mol/L NaOH，使 pH 值达到 5.0 ~ 5.5 之间，再移入 1 L 容量瓶中，加水稀释定容，摇匀。

（5）1 mol/L 六次甲基四胺-1 mol/L 硝酸钾-0.03 mol/L 钛铁试剂（TISAB Ⅲ）：准确称取 71 g 六次甲基四胺酸[$(CH_2)_6N_4$]、42.5 g 硝酸钾（KNO_3）和 4.98 g 铁试剂（$C_6H_4Na_2O_8S_2 \cdot H_2O$），加水溶解，调节 pH 值至 5.0 ~ 6.0，移入 500 mL 容量瓶中，加水稀释至标线，摇匀，保存于聚乙烯瓶中。此溶液每毫升含氟 100 μg。

（7）氟化物标准溶液：吸取氟化物标准贮备液 10.00 mL，注入 100 mL 容量瓶中，加水稀释至标线，摇匀。此溶液每毫升含氟 10.0 μg。

（8）乙酸钠（CH_3COONa）：准确称取 15 g 乙酸钠，加水溶解并稀释至 100 mL。

（9）高氯酸（$HClO_4$）：70% ~ 72%。

四、实验步骤

1. 样品采集与处理

采样时先用水样冲洗取样瓶（聚乙烯瓶）3 ~ 4 次，再采集样品于取样瓶内。准确取 25.00 mL 水样，置于蒸馏瓶中，并在不断摇动下缓慢加入 15 mL 高氯酸，加热，待蒸馏瓶内溶液温度约 130 °C 时，开始通入蒸汽，并维持温度在 140 ± 5 °C，控制蒸馏速度 5 ~ 6 mL/min，待接收瓶馏出液体积约 150 mL 时，停止蒸馏，并用水稀释至 200 mL，供测定用。

2. 测　定

按测定仪器及电极的使用说明书进行仪器的设置。使水样达到室温，并使水样和标准溶液的温度相同（温差不得超过 ± 1 °C）。用无分度吸管，吸取适量水样，置于 50 mL 容量瓶中，用乙酸钠或盐酸调节 pH 至近中性，加入 10 mL 总离子强度调节缓冲溶液（TISAB Ⅱ），加水定容，摇匀，将其注入 100 mL 聚乙烯杯中，用磁力搅拌器连续搅拌溶液，待电位稳定后，读取电位值 E，根据测得的毫伏数，在校准曲线上查找氟化物的含量（注意，每一次测量前，须用水充分冲洗电极，并用滤纸吸干）。

3. 空白试验

用蒸馏水代替水样，按实验步骤 2 进行空白试验。

4. 校　准

分别吸取 1.00 mL、3.00 mL、5.00 mL、10.0 mL、20.0 mL 氟化物标准溶液，放入 50 mL 容量瓶中，加 10 mL 总离子强度调节缓冲溶液（TISAB Ⅱ），用水稀释至标线，摇匀。将溶液分别注入 100 mL 聚乙烯杯中，按浓度由低到高的顺序依次插入电极，连续搅拌溶液，待电位稳定后，读取电位值 E。绘制 $E(\text{mV})\text{-}\log c_{F^-}$（mg/L）校准曲线。

五、结果与讨论

1. 结果与计算

结果的计算如下式：

$$c_x = \frac{c_s \times \left(\dfrac{V_s}{V_x + V_s}\right)}{10^{\frac{E_2 - E_1}{s}} - \dfrac{V_x}{V_x + V_s}}$$

如以 $Q(\Delta E)$表示 $c_x = \dfrac{\left(\dfrac{V_s}{V_x + V_s}\right)}{10^{\frac{E_2 - E_1}{s}} - \dfrac{V_x}{V_x + V_s}}$

则得：$c_x = c_s Q(\Delta E)$

式中：c_x——待测试份的浓度，mg/L；

c_s——加入标准溶液的浓度，mg/L；

V_s——加入标准溶液的体积，mL；

V_x——测定时所取试份的体积，mL；

E_1——测得试份的电位值，mV；

E_2——加入标准溶液后测得的电位值，mV；

s——电极的实测斜率；

ΔE——$E_2 - E_1$。

当固定 V_s 与 V_x 的比值，可事先将 $Q(\Delta E)$用计算器算出。根据测定所得的电位置，从校准曲线上，查得相应的以 mg/L 表示的氟离子含量。测定结果，用氟离子的 mg/L 表示。如果试份中氟化物含量低，则应从测定值中扣除空白试验值。

2. 注意事项

（1）若水样中氟化物含量不高，pH 值在 7 以上，可用硬质玻璃瓶代替聚乙烯瓶存放样品。

（2）若试样成份不太复杂，可直接取出试份。若含有氟硼酸盐或者污染严重，则应先进行蒸馏，注意在沸点较高的酸溶液中，氟化物可形成易挥发的氢氟硅酸。

（3）电极用后应用水充分冲洗干净，并用滤纸吸去水分，放在空气中或者放在稀的氟化物标准溶液中，如果短时间不再使用，应洗净，吸去水分，套上保护电极敏感部位的保护帽，电极使用前应充分冲洗，并去掉水分。

（4）仪器的输入端必须保持清洁，在环境温度较高的场所使用时，应用干布擦干电极插头。

（5）测量电极敏感部分必须保持清洁，勿使其沾污。使用前必须先浸入指定的溶液中使其活化。

（6）仪器使用完毕，要做好仪器使用情况记录。如发现仪器异常情况，应及时报告主管人。

（7）仪器使用时应注意仪器在有效检定周期内。

3. 思考题

（1）写出本实验工作电池的方程式，当总离子强度为定值时，电池电动势与离子浓度有什么关系，遵循什么定律？

（2）对于含氟硼酸盐或者污染严重的水样，应如何处理？

（3）测定结果如何换算成以浓度表示？

实验十一　饮用水中滴滴涕含量的测定

一、实验目的

（1）学习气相色谱仪的工作原理及基本操作。
（2）掌握饮用水中滴滴涕的测定原理和方法。
（3）了解水样预处理的方法。

二、实验原理

用环己烷萃取水中滴滴涕和各种异构体，浓缩后用带有电子捕获检测器的气相色谱仪分离和测定。滴滴涕和各种异构体属于有机磷农药，水中微量有机磷经二氯甲烷萃取、浓缩，定量注入色谱柱，各有机磷在柱上逐一分离，依次在火焰光度检测器富氢火焰中燃烧，发射出 526 nm 波长的特征光。光强度与含磷量成正比，此特征光通过磷滤光片，由光电倍增管检测进行定量分析。

三、实验仪器与试剂

1. 仪　器

（1）气相色谱仪。
（2）火焰光度检测器。
（3）色谱柱：石英玻璃毛细管柱 DB-1701(30 m × 0.32 mm × 0.25 μm)。
（4）微量注射器：10 μL。
（5）旋转蒸发器。
（6）500 mL 分液漏斗。

2. 试　剂

（1）载气：氮气（纯度：99.999%）。
（2）辅助气体：氢气、空气。
（3）二氯甲烷（重蒸）。
（4）丙酮。
（5）无水硫酸钠。
（6）标准储备溶液（100 μg /mL）：称取一定量的滴滴涕标准品，用丙酮溶解并稀释，使其浓度为 100 μg /mL，4 °C 保存。

（7）标准使用溶液（10 μg/mL）：按比例吸取一定量的标准储备溶液，用二氯甲烷稀释定容。

四、实验步骤

1. 样品采集与预处理

采集水样于硬质磨口玻璃瓶中，在 4 °C 冰箱中保存，于 24 h 内测定。取 250 mL 水样置于 500 mL 分液漏斗中，用 50 mL 二氯甲烷分两次萃取，合并萃取液，用无水硫酸钠进行脱水。将萃取好的样品萃取液，于 40 °C ~ 60 °C 水浴中减压浓缩至 1 mL，供分析使用。

2. 仪器的调整

将气化室温度调至 270 °C，操作如下：待程序升温后，初始温调至 120 °C，保持 1 min，并以 20 °C/min 升至 190 °C，保持 5 min。检测器温度调至 270 °C。将载气流量处理为氮气，浏览为 30 mL/min；尾吹气流量为 15 mL/min ；氢气和空气根据所用仪器选择最佳流量，根据样品中被测组分含量调节衰减 。

3. 标准曲线的绘制

取不同体积现配的标准使用溶液，用二氯甲烷稀释成有机磷混合标准系列，然后各取 1 μL 注入气相色谱仪，测完后，以测得的峰高为纵坐标，浓度为横坐标，绘制标准曲线。

4. 样品测定

用洁净微量注射器在待测样品中抽吸几次，排除气泡。吸取 1.0 μL 试样，以直接进样的方式迅速注射至色谱仪中，以标样进行核对，记录滴滴涕色谱峰高的保留时间，并用保留时间进行定性分析。连接峰的起点和终点作为峰底，从峰高极大值对峰底做垂线，此线即为峰高，测量色谱峰。根据样品的峰高或峰面积从标准曲线上查出萃取液中有机磷的质量浓度 。

五、结果与讨论

1. 结果与计算

水样中有机磷的质量浓度的计算如下。

$$\rho(B)=\frac{\rho_1\times V_1}{V_1}$$

式中：ρ (B)——水样中有机磷的质量浓度，mg/L；

ρ_1——从标准曲线上查出有机磷的质量浓度，μg/mL；

V_1——浓缩后的体积，mL；

V——水样体积，mL。

根据标准色谱图组分保留时间确定被测水样中有机磷农药的种类。按上式计算出水样中滴滴涕的质量浓度，以 mg/L 表示。

2. 注意事项

（1）绘制标准曲线时，所选用的标准样品的浓度应尽量接近样品的浓度。

（2）滴滴涕为有机农药，实验中所选用的试剂大部分为有机试剂，具有一定的毒性，在使用时应注意通风并戴防毒面具。

（3）实验产生的废水和废液应注意收集或集中处理，禁止随便排放。

3. 思考题

（1）采集好的水样需进行哪些过程的预处理？

（2）样品在测定前应对仪器进行调试，使其满足什么样的条件？

（3）如何配制标准贮备液和标准使用液，须注意哪些事项？

实验十二　高效液相法测定水体中苯并（a）芘

一、实验目的

（1）学习有机样品的采集、保存与前处理。

（2）掌握水中有机物苯并（a）芘的测定原理及方法。

（3）了解高效液相色谱仪的工作原理和使用方法。

二、实验原理

待测物质在液相间进行分配时，在固定液中溶解度较小的组分较难进入固定液，在色谱柱中向前迁移速度较快；在固定液中溶解度较大的组分容易进入固定液，在色谱柱中向前迁移速度较慢，从而达到分离的目的。采用正己烷或二氯甲烷萃取水中苯并（a）芘，萃取液经弗罗里硅土柱净化，经二氯甲烷和正己烷的混合溶剂洗脱，洗脱液浓缩后，可用具有荧光/紫外检测器的高效液相色谱仪分离检测。

三、实验仪器与试剂

1. 仪　器

（1）液相色谱仪（HPLC）：具有可调波长紫外检测器和梯度洗脱功能。

（2）色谱柱：填料为 5 μm ODS，柱长 25 cm，内径 4.6 mm 的反相色谱柱。

（3）采样瓶：具磨口塞的棕色玻璃细口瓶。

（4）分液漏斗。

（5）旋转蒸发装置。

（6）液液萃取净化装置。

（7）干燥柱：（250 mm × 10 mm），玻璃柱（柱下端放入少量玻璃棉或玻璃纤维滤纸，并加入 10 g 无水硫酸钠）。

2. 试　剂

（1）乙腈（CH_3CN）：液相色谱纯。

（2）甲醇（CH_3）：液相色谱纯。

（3）二氯甲烷（CH_2Cl_2）：液相色谱纯。

（4）正己烷（C_6H_{14}）：液相色谱纯。

（5）硫代硫酸钠（$Na_2S_2O_3 \cdot 5H_2O$）。

实验十三　电子耦合等离子体发射光谱法测定水体中钴含量

一、实验目的

（1）学习用电子耦合等离子体发射光谱仪的操作方法。

（2）掌握用电子耦合等离子体发射光谱法测定水中钴的原理及方法。

（3）了解电子耦合等离子体发射光谱法的注意事项。

二、实验原理

等离子体发射光谱法可以同时测定样品中多种元素的含量。当氩气通过等离子体火炬时，经射频发生器所产生的交变电磁场使其电离和加速与其他亚原子碰撞，这种连锁反应使更多的亚原子电离，形成原子、离子、电子的粒子混合气体，即等离子体。水样经预处理后，采用电感耦合等离子体质谱进行检测，根据元素的质谱图或特征离子进行定性，再用内标法定量。样品由载气带入雾化系统进行雾化后，以气溶胶形式进入等离子体的轴向通道，在高温和惰性气体中被充分蒸发、解离、原子化和电离，转化成的带电荷的正离子经离子采集系统进入质谱仪，质谱仪根据离子的质荷比即元素的质量数进行分离并定性、定量的分析。不同元素的原子在激发或电离时刻发射特征光谱，在一定浓度范围内，特征光谱的强弱与原子浓度有关，元素质量数处所对应的信号响应值与其浓度成正比。

三、实验仪器与试剂

1. 仪　器

（1）电感耦合等离子体质谱仪（简称：ICP-MS）。

（2）温控电热板。

（3）过滤装置：0.45 μm 水系微孔滤膜。

（4）聚四氟乙烯烧杯：250 mL。

（5）聚乙烯容量瓶：50 mL、100 mL。

（6）聚丙烯或聚四氟乙烯瓶：100 mL。

2. 试　剂

（1）实验用水：电阻率≥18 mΩ · cm。

（2）硝酸：$\rho(HNO_3) = 1.42$ g/mL，优级纯。

（3）盐酸：$\rho(HCl) = 1.19$ g/mL，优级纯。

（4）硝酸溶液（1+99）。

（5）硝酸溶液（2+98）。

（6）硝酸溶液（1+1）。

（7）盐酸溶液（1+1）。

（8）单元素标准储备溶液，ρ = 1.00 mg/mL：市售有证标准溶液。

（9）混合标准储备溶液（100 mg/L）：市售有证标准溶液。

（10）混合标准使用溶液：用（2+98）硝酸溶液稀释混合标准储备溶液，钾、钠、钙、镁储备溶液浓度为 100 mg/L；其余元素混合使用溶液浓度为 1 mg/L。

（11）内标标准储备溶液，ρ = 100 μg/L。宜选用 ^{6}Li、^{45}Sc、^{74}Ge、^{89}Y、^{103}Rh、^{115}In、^{185}Re、^{209}Bi 为内标元素。可直接购买有证标准溶液，用（1+99）硝酸溶液稀释至 100 μg/L。

（12）内标标准使用溶液：用硝酸溶液稀释内标储备液，配制内标标准使用溶液，浓度约为 5 g/L ~ 50 g/L。

（13）质谱仪调谐溶液，ρ = 10 g/L：宜选用含有 Li、Y、Be、Mg、Co、In、Tl、Pb 和 Bi 元素为质谱仪的调谐溶液。可直接购买有证标准溶液，用硝酸溶液稀释至 10 g/L。

（14）氩气：纯度不低于 99.99%。

四、实验步骤

1. 样品的采集和保存

可溶性元素样品和元素总量样品应分别采集。可溶性元素样品采集后立即用 0.45 μm 滤膜过滤，弃去初始的滤液 50 mL，用少量滤液清洗采样瓶，收集所需体积的滤液于采样瓶中，加入适量硝酸（1+1）将酸度调节至 pH<2。

2. 试样的制备

（1）可溶性元素。

样品处理方法见实验步骤 1。

（2）元素总量。

准确量取 100.0 mL 摇匀后的样品于 250 mL 聚四氟乙烯烧杯中（视水样实际情况，取样量可适当减少，但需注意稀释倍数的计算），加入 2 mL 硝酸溶液（1+1）和 1.0 mL 盐酸溶液（1+1）于上述烧杯中，置于电热板上加热消解，加热温度不得高于 85 °C。消解时，烧杯应盖上表面皿，保证样品不受通风柜周边的环境污染。持续加热，保持溶液不沸腾，直至样品蒸发至 20 mL 左右。在烧杯口盖上表面皿以减少过多的蒸发，并保持轻微持续回流 30 min。待样品冷却后，用去离子水冲洗烧杯至少三次，并将冲洗液倒入容量瓶中，确保消解液转移至 50 mL 容量瓶中，用去离子水定容，加盖，摇匀保存。若消解液中存在一些不溶物可静置过夜或离心以获得澄清液。（若离心或静置过夜后仍有悬浮物，则可过滤去除，但应避免过滤过程中可能的污染）。

3. 空白试样的制备

以蒸馏水代替样品，按照试样制备步骤制备空白试样。

4. 仪器调试

依照仪器使用说明书的要求对仪器进行调试及条件的设置。

5. 校准曲线的绘制

取一定体积的标准使用液，使用硝酸溶液（1+99）配制系列标准曲线，建议浓度如下：铝、硼、钡、钴、铜、铁、锰、钛、锌浓度为 0 g/L、10.0 g/L、50.0 g/L、100 g/L、200 g/L、300 g/L、400 g/L、500 g/L；银、砷、金、铍、铋、镉、铈、铬、铯、镝、铒、铕、镓、钆、锗、铪、钬、铟、铱、镧、镥、钼、铌、钕、镍、磷、铅、钯、镨、铂、铷、铼、铑、钌、锑、钪、硒、钐、锡、铽、碲、钍、铊、铥、铀、钒、钨、钇、镱、锆浓度为 0.0 g/L、0.5 g/L、1.0 g/L、5.0 g/L、10.0 g/L、20.0 g/L、40.0 g/L、50.0 g/L；钾、钠、钙、镁浓度为 0.0 mg/L、5.0 mg/L、10.0 mg/L、20.0 mg/L、40.0 mg/L、60.0 mg/L、80.0 mg/L、100 mg/L；锂、锶浓度为 0.0 mg/L、0.1 mg/L、0.5 mg/L、1.0 mg/L、2.0 mg/L、3.00 mg/L、4.0 mg/L、5.0 mg/L 的标准系列。内标元素标准使用溶液可直接加入工作溶液中，也可在样品雾化之前通过蠕动泵自动加入。内标的浓度应远高于样品自身所含内标元素的浓度，常用的内标元素及浓度范围为 5 μg/L ~ 50 μg/L。

用 ICP-MS 测定标准溶液，以标准溶液浓度为横坐标，以样品信号与内标信号的比值为纵坐标建立校准曲线。用线性回归分析方法求得其斜率用于样品含量计算。

6. 试样的测定

每个试样测定前，先用硝酸溶液（2+98）冲洗系统直到信号降至最低，待分析信号稳定后才可开始测定。试样测定时应加入与绘制校准曲线时相同量的内标元素标准使用溶液。若样品中待测元素浓度超出校准曲线范围，需用硝酸溶液（1+99）稀释后重新测定，稀释倍数为 f。

7. 实验室空白试样的测定

按照与试样相同的测定条件测定实验室空白试样。

五、结果与讨论

1. 结果与计算

样品中元素含量按照以下公式进行计算。

$$\rho=(\rho_1-\rho_2)\times f$$

式中：ρ——样品中元素的浓度，μg/L 或 mg/L；

ρ_1——稀释后样品中元素的质量浓度，μg/L 或 mg/L；

ρ_2——稀释后实验室空白样品中元素的质量浓度，μg/L 或 mg/L；

f——稀释倍数。

测定结果小数位数与方法检出限保持一致，最多保留三位有效数字。

2. 注意事项

（1）样品前处理完毕，应尽快进行分析。对于有机物含量较高的样品，酌情加入适量过氧化氢。

（2）使用电热板消解法时，正确的加热方法为将烧杯放在电热板中间位置，调节电热板的温度，使盛放有水样、未加盖的烧杯的受热温度不高于 85 °C。若烧杯上盖有表面皿，水温可升至约 95 °C。

3. 思考题

（1）实验选用哪些元素为内标元素？

（2）简述可溶性元素样品的处理方法？

（3）如何对仪器进行调节，使之达到所需条件？

实验十四　红外分光光度法测定水体中石油及动植物油

一、实验目的

（1）学习红外分光光度法的基本操作。

（2）掌握水体中石油及动植物油的测定原理及测定方法。

（3）了解总油、石油类和动植物油的定义。

二、实验原理

水中矿物油主要来自于工业废水和生活污水的污染，主要包括石油类和动植物油类，即称为总油。当这些油类漂浮于水面上，会影响空气与水体界面氧的交换；当分散于水中或以乳化状态存在于水中或吸附于悬浮微粒中时，则会被微生物氧化分解，从而消耗水中的溶解氧，使水质恶化。

矿物油的主要成分为烃类，在红外光谱中，当单色光通过被测溶液时，其能量就会被吸收，吸收强弱与被测溶液的浓度成正比。根据石油类能被四氯化碳萃取且不被硅酸镁吸附，而动植物油类能被四氯化碳萃取且可被硅酸镁吸附的性质，实验室常用四氯化碳萃取样品中的油类物质来测定总油，将萃取液用硅酸镁吸附，除去动植物油类等极性物质后以测定石油类。总油和石油类的含量均由波数分别为 2930 cm^{-1}（CH_2基团中 C—H 键的伸缩振动）、2 960 cm^{-1}（CH_3基团中的 C—H 键的伸缩振动）和 3030 cm^{-1}（芳香环中 C—H 键的伸缩振动）谱带处的吸光度 A_{2930}、A_{2960}、A_{3030}进行计算，其差值为动植物油类浓度。

三、实验仪器和试剂

1. 仪　器

（1）红外分光光度计：扫描范围：3400 cm^{-1} ~ 2400 cm^{-1}，配 1 cm 和 4 cm 带盖石英比色皿。

（2）旋转振荡器：振荡频数可达 300 次/min。

（3）分液漏斗：1 L、2 L，配聚四氟乙烯旋塞。

（4）玻璃砂芯漏斗。

（5）100 mL 具塞磨口锥形瓶。

（6）样品瓶：500 mL、1 L，棕色磨口玻璃瓶。

（7）量筒：1 L、2 L。

2. 试　剂

（1）盐酸（HCl）：$\rho = 1.19$ g/mL，优级纯。

（2）四氯化碳。

（3）无水硫酸钠：在 550 °C 下加热 4 h，冷却后装入磨口玻璃瓶中，置于干燥器内贮存。

（4）硅酸镁（60 ~ 100 目）：称取适量于马弗炉内 550 °C 下烘烤 4 h，干燥器中冷却至室温的硅酸镁置于磨口玻璃瓶中，根据硅酸镁的重量，按 6%（m/m）比例加入适量的蒸馏水，密塞并充分振荡数分钟，放置约 12 h 后备用；

（5）石油类标准贮备液（1000 mg/L）：市售有证标准溶液。

（6）吸附柱：长约 200 mm，内径 10 mm 的玻璃柱；出口处填塞少量用四氯化碳浸泡并晾干后的玻璃棉，将硅酸镁缓缓倒入玻璃柱中，边倒边轻轻敲打，填充高度约为 80 mm。

四、实验步骤

1. 样品的采集和保存

用 1 L 样品瓶采集地表水和地下水，用 500 mL 样品瓶采集工业废水和生活污水。采集好样品后，加入优级纯盐酸酸化至 pH≤2。如样品不能在 24 h 内测定，应在 2 ~ 5 °C 下冷藏保存，3 d 内测定。

2. 试样的制备

（1）地表水和地下水。

将样品全部转移至 2 L 分液漏斗中，取 25.0 mL 四氯化碳分次洗涤样品瓶后，洗涤液全移至分液漏斗中，振荡 3 min，并经常开启旋塞排气。待静置分层后，取下层有机相移至事先加入 3 g 无水硫酸钠的具塞磨口锥形瓶中，摇动数次。若瓶中无水硫酸钠全部结晶成块，再补加无水硫酸钠，静置。取上层水相移至 2 L 量筒中，记录此时样品的体积。向萃取液中加入 3 g 硅酸镁，置于旋转振荡器上，以 180 ~ 200 r/m 的速度振荡 20 min。待静置沉淀后，取上清液，用玻璃砂芯漏斗过滤，滤液移至具塞磨口锥形瓶中，用于测定石油类。动植物油水样的制备参照工业废水和生活污水中石油类水样制备的步骤。

（2）工业废水和生活污水。

将样品全部转移至 1 L 分液漏斗中，取 50.0 mL 四氯化碳分次洗涤样品瓶后，洗涤液全移至分液漏斗中，振荡 3 min，并经常开启旋塞排气。待静置分层后，取下层有机相移至事先加入 5 g 无水硫酸钠的具塞磨口锥形瓶中，摇动数次。若无水硫酸钠全部结晶成块，再补加无水硫酸钠，静置。取上层水相移至 1 L 量筒中，记录此时样品的体积。将萃取液分为两份，一份直接用于测定总油。另一份加入 5 g 硅酸镁，置于旋转振荡器上，以 180 ~ 200 rPM 的速度连续振荡 20 min。待静置沉淀后，玻璃砂芯漏斗过滤，滤液移至具塞磨口锥形瓶中，用于测定石油类。总油含量减去石油类含量即为动植物油类含量。

3. 空白试样的制备

测定清洁水时，以蒸馏水代替样品，按照实验步骤 2（1）制备空白试样，测定废水时，蒸馏水代替样品，按照实验步骤 2（2）制备空白试样。

4. 校正系数的检验

分别取 5.00 mL 和 10.00 mL 的石油类标准贮备液于 100 mL 容量瓶中，用四氯化碳定容，摇匀，得到质量浓度为 50 mg/L 和 100 mg/L 的标准溶液。分别取 2.00 mL、5.00 mL 和 20.00 mL 100 mg/L 的石油类标准溶液，置于 100 mL 容量瓶中，用四氯化碳定容，摇匀，即得到质量浓度为 2 mg/L、5 mg/L 和 20 mg/L 的标准溶液。

以四氯化碳为参比溶液，使用 4 cm 比色皿，于 2930 cm^{-1}、2960 cm^{-1}、3030 cm^{-1} 处分别测量 2 mg/L、5 mg/L、20 mg/L、50 mg/L 和 100 mg/L 石油类标准溶液的吸光度 A_{2930}、A_{2960}、A_{3030}，按照公式计算测定浓度，使测定值与标准值的相对误差控制在 ± 10%以内。

5. 测　定

（1）总油的测定。

将未经硅酸镁吸附的萃取液转移至 4 cm 比色皿中，以四氯化碳作参比溶液，于 2930 cm^{-1}、2960 cm^{-1}、3030 cm^{-1} 处测量其吸光度 $A_{1,2930}$、$A_{1,2960}$、$A_{1,3030}$，计算总油的浓度。

（2）石油类浓度的测定。

将经硅酸镁吸附后的萃取液转移至 4 cm 比色皿中，以四氯化碳作参比溶液，于 2930 cm^{-1}、2960 cm^{-1}、3030 cm^{-1} 处测量其吸光度 $A_{2,2930}$、$A_{2,2960}$、$A_{2,3030}$，计算石油类的浓度。

（3）动植物油类浓度的测定。

总油浓度与石油类浓度之差即为动植物油类浓度。

6. 空白试验。

以空白试样代替试样，按照与测定步骤 5 进行测定。

五、结果与讨论

1. 结果与计算

（1）校正系数的检验中石油类标准溶液的浓度按照以下公式进行计算。

$$\rho = X \times A_{2930} + Y \times A_{2960} + Z\left(A_{3030} - \frac{A_{2930}}{F}\right)$$

（2）总油的浓度。

样品中总油的浓度ρ_1(mg/L)，按照以下公式进行计算。

$$\rho_1 = \left[X \times A_{1,2930} + Y \times A_{1,2960} + Z\left(A_{1,3030} - \frac{A_{1,2930}}{F}\right)\right] \times \frac{V_0 \times D}{V_w}$$

式中：ρ_1——样品中总油的浓度，mg/L；

X、Y、Z、F——校正系数；

$A_{1,2930}$、$A_{1,2960}$、$A_{1,3030}$——各对应波数下测得萃取液的吸光度；

V_0——萃取溶剂的体积，mL；

V_w——样品体积，mL；

D——萃取液稀释倍数。

（3）石油类的浓度。

样品中石油类的浓度ρ_2（mg/L），按以下公式进行计算。

$$\rho_2=\left[X\times A_{2,2930}+Y\times A_{2,2960}+Z\left(A_{2,3030}-\frac{A_{2,2930}}{F}\right)\right]\times\frac{V_0\times D}{V_w}$$

式中：ρ_2——样品中石油类的浓度，mg/L；

$A_{2,2930}$、$A_{2,2960}$、$A_{2,3030}$——各对应波数下测得经硅酸镁吸附后滤出液的吸光度。

（4）动植物油类的浓度。

样品中动植物油类的浓度ρ_3（mg/L）按以下公式计算。

$$\rho_3=\rho_1-\rho_2$$

式中：ρ_3——样品中动植物油类的浓度，mg/L。

当测定结果小于 10 mg/L 时，结果保留两位小数；当测定结果大于等于 10 mg/L 时，结果保留三位有效数字。

2. 注意事项

（1）每批样品分析前，应先做空白实验，空白值应低于检出限。

（2）样品分析过程中产生的四氯化碳废液应存放于密闭容器中，妥善处理。

（3）萃取液经硅酸镁吸附剂处理后，由极性分子构成的动植物油类被吸附。而非极性的石油类不被吸附。某些含有如羰基、羟基的非动植物油类的极性物质同时也被吸附，当样品中明显含有此类物质时，应在测试报告中加以说明。

（4）当萃取液中油类化合物浓度大于仪器的测定上限时，应在硅酸镁吸附前稀释萃取液。

3. 思考题

（1）如何制备地表水、地下水、工业废水和生活污水中石油类的样品。

（2）简述水体中油类的来源、分类及其关系。

（3）简述四氯化碳和硅酸镁的作用。

4. 空白对照

用无菌水做全程空白测定，培养后的纸片上不得有任何颜色反应，否则，该次样品测定结果无效，应查明原因后重新测定。

五、结果与讨论

1. 结果判断

（1）纸片上出现红斑或红晕且周围变黄，为阳性；
（2）纸片全片变黄，无红斑或红晕，为阳性；
（3）纸片部分变黄，无红斑或红晕，为阴性；
（4）纸片的紫色背景上出现红斑或红晕，而周围不变黄，为阴性；
（5）纸片无变化，为阴性。

2. 结果与计算

（1）根据不同接种量的阳性纸片数量，查 MPN 表得到 MPN 值（MPN/100 mL），按公式换算并报告 1 L 水样中粪大肠菌群数。

$$c = 100 \times \frac{M}{Q}$$

式中：c——水样粪大肠菌群浓度，MPN/L；
m——差 MPN 表得到的 MPN 值，MPN/100 mL；
Q——实际水样最大接种量，mL；
100——为 10 × 10 mL，10 将 MPN 值的单位 MPN/100 mL 转换为 MPN/L，100 nl 为表中最大接种量。

（2）精确度：测定结果保留两位有效数字，大于等于 100 时以科学计数法表示，结果的单位为 MPN/L。平均值以几何平均计算。

MPN 表

各接种量阳性份数			MPN/100 mL	95%置信限		各接种量阳性份数			MPN/100 mL	95%置信限	
10 mL	1 mL	0.1 mL		下限	上限	10 mL	1 mL	0.1 mL		下限	上限
0	0	0	<2	<0.5	7	3	0	0	8	1	19
0	0	1	2	<0.5	7	3	0	1	11	2	25
0	0	2	4			3	0	2	13	3	31
0	0	3	5			3	0	3	16		
0	0	4	7			3	0	4	20		
0	0	5	9			3	0	5	23		
0	1	0	2	<0.5	7	3	1	0	11	2	25
0	1	1	4	<0.5	11	3	1	1	14	4	34

续表

各接种量阳性份数			MPN/100 mL	95%置信限		各接种量阳性份数			MPN/100 mL	95%置信限	
10 mL	1 mL	0.1 mL		下限	上限	10 mL	1 mL	0.1 mL		下限	上限
0	1	2	6	<0.5	15	3	1	2	17	5	46
0	1	3	7			3	1	3	20	6	60
0	1	4	9			3	1	4	23		
0	1	5	11			3	1	5	27		
0	2	0	4	<0.5	11	3	2	0	14	4	34
0	2	1	6	<0.5	15	3	2	1	17	5	46
0	2	2	7			3	2	2	20	6	60
0	2	3	9			3	2	3	24		
0	2	4	11			3	2	4	27		
0	2	5	13			3	2	5	31		
0	3	0	6	<0.5	15	3	3	0	17	5	46
0	3	1	7			3	3	1	21	7	63
0	3	2	9			3	3	2	24		
0	3	3	11			3	3	3	28		
0	3	4	13			3	3	4	32		
0	3	5	15			3	3	5	36		
0	4	0	8			3	4	0	21	7	63
0	4	1	9			3	4	1	24	8	72
0	4	2	11			3	4	2	28		
0	4	3	13			3	4	3	32		
0	4	4	15			3	4	4	36		
0	4	5	17			3	4	5	40		
0	5	0	9			3	5	0	25	8	75
0	5	1	11			3	5	1	29		
0	5	2	13			3	5	2	32		
0	5	3	15			3	5	3	37		
0	5	4	17			3	5	4	41		
0	5	5	19			3	5	5	45		
1	0	0	2	<0.5	7	4	0	0	13	3	31
1	0	1	4	<0.5	11	4	0	1	17	5	46
1	0	2	6	<0.5	15	4	0	2	21	7	63
1	0	3	8	1	19	4	0	3	25	8	75
1	0	4	10			4	0	4	30		

续表

各接种量阳性份数			MPN/100 mL	95%置信限		各接种量阳性份数			MPN/100 mL	95%置信限	
10 mL	1 mL	0.1 mL		下限	上限	10 mL	1 mL	0.1 mL		下限	上限
1	0	5	12			4	0	5	36		
1	1	0	4	<0.5	11	4	1	0	17	5	46
1	1	1	6	<0.5	15	4	1	1	21	7	63
1	1	2	8	1	19	4	1	2	26	9	78
1	1	3	10			4	1	3	31		
1	1	4	12			4	1	4	36		
1	1	5	14			4	1	5	42		
1	2	0	6	<0.5	15	4	2	0	22	7	67
1	2	1	8	1	19	4	2	1	26	9	78
1	2	2	10	2	23	4	2	2	32	11	91
1	2	3	12			4	2	3	38		
1	2	4	15			4	2	4	44		
1	2	5	17			4	2	5	50		
1	3	0	8	1	19	4	3	0	27	9	80
1	3	1	10	2	23	4	3	1	33	11	93
1	3	2	12			4	3	2	39	13	110
1	3	3	15			4	3	3	45		
1	3	4	17			4	3	4	52		
1	3	5	19			4	3	5	59		
1	4	0	11	2	25	4	4	0	34	12	93
1	4	1	13			4	4	1	40	14	110
1	4	2	15			4	4	2	47		
1	4	3	17			4	4	3	54		
1	4	4	19			4	4	4	62		
1	4	5	22			4	4	5	69		
1	5	0	13			4	5	0	41	16	120
1	5	1	15			4	5	1	48		
1	5	2	17			4	5	2	56		
1	5	3	19			4	5	3	64		
1	5	4	22			4	5	4	72		
1	5	5	24			4	5	5	81		
2	0	0	5	<0.5	13	5	0	0	23	7	70
2	0	1	7	1	17	5	0	1	31	11	89

续表

各接种量阳性份数			MPN/100 mL	95%置信限		各接种量阳性份数			MPN/100 mL	95%置信限	
10 mL	1 mL	0.1 mL		下限	上限	10 mL	1 mL	0.1 mL		下限	上限
2	0	2	9	2	21	5	0	2	43	15	110
2	0	3	12	3	28	5	0	3	58	19	140
2	0	4	14			5	0	4	76	24	180
2	0	5	16			5	0	5	95		
2	1	0	7	1	17	5	1	0	33	11	93
2	1	1	9	2	21	5	1	1	46	16	120
2	1	2	12	3	28	5	1	2	63	21	150
2	1	3	14			5	1	3	84	26	200
2	1	4	17			5	1	4	110		
2	1	5	19			5	1	5	130		
2	2	0	9	2	21	5	2	0	49	17	130
2	2	1	12	3	28	5	2	1	70	23	170
2	2	2	14	4	34	5	2	2	94	28	220
2	2	3	17			5	2	3	120	33	280
2	2	4	19			5	2	4	150	38	370
2	2	5	22			5	2	5	180	44	520
2	3	0	12	3	28	5	3	0	79	25	190
2	3	1	14	4	34	5	3	1	110	31	250
2	3	2	17			5	3	2	140	37	340
2	3	3	20			5	3	3	180	44	500
2	3	4	22			5	3	4	210	53	670
2	3	5	25			5	3	5	250	77	790
2	4	0	15	4	37	5	4	0	130	35	300
2	4	1	17			5	4	1	170	43	490
2	4	2	20			5	4	2	220	57	700
2	4	3	23			5	4	3	280	90	850
2	4	4	25			5	4	4	350	120	1000
2	4	5	28			5	4	5	430	150	1200
2	5	0	17			5	5	0	240	68	750
2	5	1	20			5	5	1	350	120	1000
2	5	2	23			5	5	2	540	180	1400
2	5	3	26			5	5	3	920	300	3200
2	5	4	29			5	5	4	1600	640	5800
2	5	5	32			5	5	5	≥2400	800	

3. 注意事项

（1）检测粪大肠菌群时，纸片接种后应立即放置于 44.5 ± 0.5 °C 的恒温培养箱中培养，在常温下放置过久将影响检测结果的准确性。

（2）纸片加入水样后，短时间内变黄或退色，表明水样存在酸性物质活氧化剂干扰，需去除相应干扰。

4. 思考题

（1）典型的大肠杆菌群菌落特征是什么？

（2）水体中大肠菌群数测定的意义是什么？

（3）怎样判断水样接种结果，如何计算和表示粪大肠菌群个数？

（4）怎样查 MPN 表，并将它用于表示粪大肠菌群的结果？

实验十六　分光光度法测定空气氮氧化物

一、实验目的

（1）学习分光光度分析方法和分析仪器的使用。
（2）掌握空气氮氧化物样品的采集、保存和测定。
（3）了解采样流程及空气氮氧化物的测定原理。

二、实验原理

大气中的氮氧化物 NO_x 主要是二氧化氮（NO_2）和一氧化氮（NO）。测定氮氧化物浓度时，先用酸性高锰酸钾氧化管将空气中的一氧化氮氧化成二氧化氮。二氧化氮被吸收瓶吸收在溶液中形成亚硝酸（HNO_2），亚硝酸可与对氨基苯磺酸起重氧化反应，再与盐酸萘乙二胺偶合，生成玫瑰红色偶氮染料。在波长 540 ~ 545 nm 之间测定显色溶液的吸光度，根据吸光度的数值换算出氮氧化物的浓度，测定结果以二氧化氮表示。本法检出限为 0.05 μg/5 mL，当采样体积为 6 L 时，最低检出浓度为 0.01 $\mu g/m^3$。

三、实验仪器与试剂

1. 仪　器

（1）分光光度计。
（2）空气采样器：流量范围 0.1 ~ 1.0 L/min，采样流量为 0.4 L/min 时，相对误差小于 ± 5%。
（3）恒温、半自动连续空气采样器：采样流量为 0.2 L/min 时，相对误差小于 ± 5%，能将吸收液温度保持在 20 °C ± 4 °C。采样连接管线为硼硅玻璃管、不锈钢管、聚四氟乙烯管或硅胶管，内径约为 6 mm，长不超过 2 m，配有朝下的空气入口。
（4）吸收瓶：可装 10 mL、25 mL 或 50 mL 吸收液的多孔玻板吸收瓶，液柱高度不低于 80 mm。
（5）氧化瓶：可装 5 mL、10 mL 或 50 mL 酸性高锰酸钾溶液的洗气瓶，液柱高度不低于 80 mm。

2. 试　剂

（1）冰乙酸。
（2）盐酸羟胺溶液（0.2 ~ 0.5 g/L）。
（3）硫酸溶液（1 mol/L）：取 15 mL 浓硫酸（ρ = 1.84 g/mL），缓慢加到 500 mL 水中，

搅拌均匀，冷却备用。

（4）酸性高锰酸钾溶液（25 g/L）：称取 25 g 高锰酸钾于 1 L 烧杯中，加入 500 mL 水，稍微加热使其溶解完全，加入 1 mol/L 硫酸溶液 500 mL，搅拌均匀，贮于棕色瓶中。

（5）N-(1-萘基)乙二胺盐酸盐贮备液（$C_{10}H_7NH(CH_2)2NH_2 \cdot 2HCl$，1.00 g/L）：称取 0.50 g N-(1-萘基)乙二胺盐酸盐于 500 mL 容量瓶中，加水溶解并定容，保存于棕色瓶中，于 4 °C 存放 3 个月。

（6）显色液：称取 5.0 g 对氨基苯磺酸（$NH_2C_6H_4SO_3H$）溶解于 200 mL 45 °C 热水中，将溶液冷却至室温，移入 1 L 容量瓶中，加入 50 mLN-(1-萘基)乙二胺盐酸盐贮备溶液和 50 mL 冰乙酸，加水定容至刻度，保存于棕色瓶中，于 25 °C 以下暗处可存放 3 个月。

（7）吸收液：使用时将显色液和水按 4∶1（*V*/*V*）比例混合，吸收液的吸光度应小于等于 0.005。

（8）亚硝酸盐标准贮备液（250 μg/mL）：准确称取 0.3750 g 于 105 °C ~ 110 °C 干燥至恒重的亚硝酸钠，加水溶解，移入 1 L 容量瓶中，用水稀释至标线，保存于棕色瓶中，常温暗处可存放 3 个月。

（9）亚硝酸盐标准工作液（2.5 μg/mL）：准确吸取亚硝酸盐标准储备液 1.00 mL 于 100 mL 容量瓶中，用水稀释至标线，临用现配。

四、实验步骤

1. 样品的采集和保存

（1）短时间采样（1 h 以内）。

将两支装有 10.0 mL 吸收液的多孔玻板吸收瓶和一支装有 5 ~ 10 mL 酸性高锰酸钾溶液的氧化瓶，按图 1-2 所示用尽量短的硅橡胶管串联起来，以 0.4 L/min 流量采气 4 ~ 24 L。

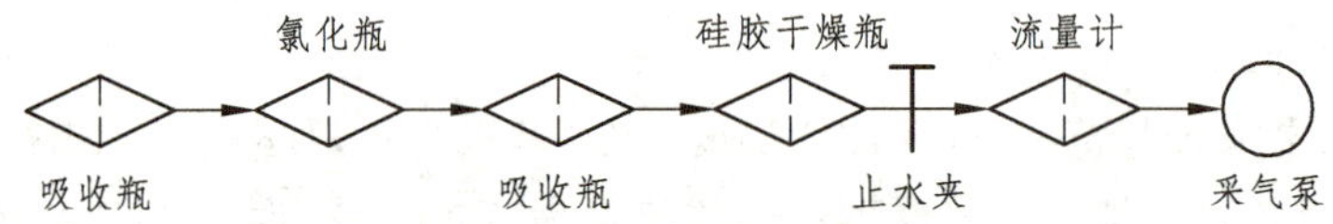

图 1-2　手工采样系列示意图

（2）长时间采样（24 h）。

取两支大型多孔玻板吸收瓶，装入 25.0 mL 或 50.0 mL 吸收液，标记液面位置。取一支内装 50 mL 酸性高锰酸钾溶液的氧化瓶，按图 1-3 所示串联，使吸收液恒温在 16 °C ~ 24 °C，以 0.2 L/min 流量采气 288 L。

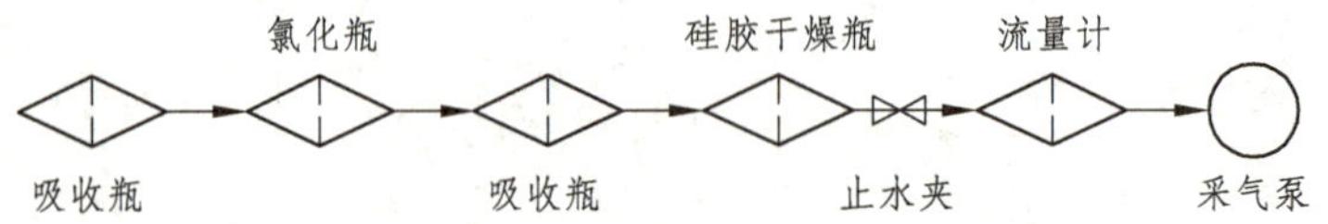

图 1-3　连续自动采样系列示意图

注：氧化管中有明显的沉淀物析出时，应及时更换。

（3）样品的保存。

样品采集、运输及存放过程中应避光保存，样品采集后尽快分析。若不能及时测定，将样品置于低温暗处存放（30 °C 暗处可稳定存放 8 h，20 °C 暗处可稳定存放 24 h；0 ~ 4 °C 至少可稳定存放 3 d）。

2. 标准曲线的绘制

取 6 支 10 mL 具塞比色管，按表 1-10 所列数据配制亚硝酸盐标准溶液系列。

表 1-10　NO_2 标准溶液系列

管号	0	1	2	3	4	5
标准工作液/mL	0.00	0.40	0.80	1.2	1.6	2.0
水/mL	2.00	1.60	1.20	0.80	0.40	0.00
显色液/mL	8.00	8.00	8.00	8.00	8.00	8.00
NO_2 质量浓度/（μg/mL）	0.00	0.10	0.20	0.30	0.40	0.50

各管混匀，于暗处室温放置 20 min（室温低于 20 °C 时放置 40 min 以上），用 10 mm 比色皿，于波长 540 nm 处，以水为参比，测量吸光度，扣除空白试剂（0 号管）的吸光度后，对应 NO_2^- 的质量浓度（μg/mL），用最小二乘法计算标准曲线的回归方程。用测得的吸光度对 5 mL 溶液中亚硝酸根离子含量（mg）绘制标准曲线，并计算各点比值。

3. 空白试验

实验室空白试验：取实验室内未经采样的空白吸收液，用 10 mm 比色皿，在波长 540 nm 处，以水为参比，测定吸光度。实验室空白吸光度 A_0 在显色规定条件下波动范围不超过 15%。

现场空白：同实验室空白试验一样测定其吸光度。将实验室空白和现场空白的测量结果相对照，若实验室空白和现场空白相差过大，查找原因，重新采样。

4. 样品测定

采样后，室温放置 20 min（室温 20 °C 以下时放置 40 min 以上），用水将采样瓶中吸收液的体积补充至标线，混匀。将吸收液移入比色皿中，与标准曲线绘制时的条件相同测定空白和样品的吸光度。

五、结果与讨论

1. 结果与计算

（1）空气中二氧化氮质量浓度 NO_2（mg/m^3）按下式计算。

$$\rho_{NO_2} = \frac{(A_1 - A_0 - a) \times V \times D}{b \times f \times V_0}$$

（2）空气中一氧化氮质量浓度。

$\rho_{NO}(mg/m^3)$以二氧化氮（NO_2）计，公式如下。

$$\rho_{NO}=\frac{\left(A_2-A_0-a\right)\times V\times D}{b\times f\times V_0\times K}$$

$\rho'_{NO}(mg/m^3)$以一氧化氮（NO）计，公式如下。

$$\rho'=\frac{\rho_{NO}\times 30}{46}$$

（3）空气中氮氧化物的质量浓度$\rho_{NOx}(mg/m^3)$以二氧化氮(NO_2)计，按下式计算。

$$\rho_{NO_X}=\rho_{NO_2}+\rho_{NO}$$

式中：A_1、A_2—串联的第一支和第二支吸收瓶中样品的吸光度；

A_0——实验室空白的吸光度；

b——标准曲线的斜率，吸光度 · mL/μg；

a——标准曲线的截距；

V——采样用吸收液体积，mL；

V_0——换算为标准状态（101.325 kPa，273 K）下的采样体积，L；

K——$NO \rightarrow NO_2$ 氧化系数，0.68；

D——样品的稀释倍数；

f——实验系数，0.88（当空气中二氧化氮质量浓度高于 0.72 mg/m^3 时，f 取值 0.77）。

2. 注意事项

（1）新的多孔玻板吸收瓶在检查前，应用（1+1）HCl 浸泡 24 h 以上，用清水洗净。

（2）每支吸收瓶在使用前或使用一段时间以后应测定其玻板阻力，检查通过玻板后气泡分散的均匀性。阻力不符合要求和气泡分散不均匀的吸收瓶不宜使用。

（3）内装 10 mL 吸收液的多孔玻板吸收瓶，以 0.4 L/min 流量采样时，玻板阻力应在 4 ~ 5 kPa，通过玻板后的气泡应分散均匀。

（4）内装 50 mL 吸收瓶的大型多孔玻板吸收瓶，以 0.2 L/min 流量采样时，玻板阻力应在 5 ~ 6 kPa, 通过玻板后的气泡应分散均匀。

（5）配制吸收液时，应避免在空气中长时间曝露，以免吸收空气中的氮氧化物。光照射能使吸收液显色，因此在采样、运送及存放过程中都应采取避光措施。

3. 思考题

（1）简述盐酸萘乙二胺分光光度法测定测定空气中氮氧化合物的原理和过程。

（2）气体样品的采集和保存是整个实验最重要的环节，那么如何进行样品采集，应注意哪些事项？

（3）大流量大气采样器的基本组成及其每部分所起作用？

（4）分析影响测定结果准确度的因素，如何消减或杜绝在样品采集、运输和测定过程中产生的误差？

实验十七　甲醛吸收-副玫瑰苯胺分光光度法测定二氧化硫

一、实验目的

（1）学习硫代硫酸钠标准贮备液和亚硫酸钠溶液的配制及标定。

（2）掌握甲醛吸收-副玫瑰苯胺分光光度法测定二氧化硫的原理及方法。

（3）了解二氧化硫样品的采集和保存。

二、实验原理

二氧化硫为无色气体，具有强烈刺激性气味，是大气主要污染物之一。二氧化硫主要来源于火山爆发、煤和石油的燃烧以及工业废气的排放。在大气中，二氧化硫会氧化成硫酸雾或硫酸盐气溶胶，是环境酸化的重要前驱物，当二氧化硫溶于水中，还会形成亚硫酸（酸雨的主要成分）。

环境空气中二氧化硫的测定常采用甲醛吸收-副玫瑰苯胺分光光度法，即二氧化硫被甲醛缓冲溶液吸收后，生成稳定的羟甲基磺酸加成化合物，当加入氢氧化钠可进一步分解该加成化合物，并释放出二氧化硫，二氧化硫与副玫瑰苯胺、甲醛作用后生成紫红色化合物。该化合物在紫外可见分光$\lambda_{max} = 577$ nm 处有最大吸收。根据吸收强度与浓度成正比，测定待测溶液的吸光度可计算出二氧化硫的含量。

三、实验仪器与试剂

1. 仪　器

（1）分光光度计。

（2）多孔玻板吸收管：10 mL 多孔玻板吸收管，用于短时间采样；50 mL 多孔玻板吸收管，用于 24 h 连续采样。

（3）恒温水浴：0 ~ 40 °C，精密度为 ± 1 °C。

（4）具塞比色管：10 mL，使用前用盐酸-乙醇清洗液浸洗。

（5）空气采样器：具恒温、恒流、计时、自动控制开关等功能，流量范围 0.1 ~ 0.5 L/min。

2. 试　剂

（1）碘酸钾（KIO_3），优级纯，于 110 °C 干燥 2 h。

（2）氢氧化钠溶液（1.5 mol/L）：称取 6.0 g NaOH，溶解于 100 mL 水中。

（3）环己二胺四乙酸二钠溶液（0.05 mol/L）：称取 1.82 g 反式 1,2-环己二胺四乙酸，溶解于 6.5 mL 氢氧化钠溶液中，加水稀释至 100 mL。

（4）甲醛缓冲吸收贮备液：称取 2.04 g 邻苯二甲酸氢钾，溶于适量水中，吸取 5.5 mL 36%甲醛溶液，20.00 mLCDTA-2Na 溶液，将三种溶液合并，再用水稀释至 100 mL，于 4 °C 可保存 1 年。

（5）甲醛缓冲吸收液；吸取 1 mL 甲醛缓冲吸收贮备液，加水稀释至 100 mL，临用时现配。

（6）氨磺酸钠溶液（6.0 g/L）：称取氨磺酸（H_2NSO_3H）0.60 g，置于 100 mL 烧杯中，加入氢氧化钠 4.0 mL，加水搅拌至溶解完全，并稀释至 100 mL，摇匀，密封可保存 10 d。

（7）碘贮备液（0.10 mol/L）：称取 12.7 g 碘(I_2)，置于烧杯中，加入 40 g 碘化钾和 25 mL 水，搅拌至溶解完全，加水稀释至 1 L，贮存于棕色细口瓶中。

（8）碘溶液（0.010 mol/L）：量取碘贮备液 5 mL，用水稀释至 100 mL，贮于棕色细口瓶中。

（9）淀粉溶液（5.0 g/L）：称取 0.5 g 可溶性淀粉于 150 mL 烧杯中，用少量水调成糊状，慢慢倒入 100 mL 沸水，继续煮沸至溶液澄清，冷却后贮于试剂瓶中。

（10）碘酸钾基准溶液（0.1000 mol/L）：准确称取 3.5667 g 碘酸钾，加适量水溶解，转移至 1 L 容量瓶中，加水定容，摇匀。

（11）盐酸溶液（1.2 mol/L）：量取 50 mL 浓盐酸，加到 450 mL 水中。

（12）硫代硫酸钠标准贮备液（0.10 mol/L）：称取 25.0 g 硫代硫酸钠（$Na_2S_2O_3 \cdot 5H_2O$），溶解于 1 L 新煮沸并冷却的水中，加入 0.2 g 无水碳酸钠，混匀，贮于棕色细口瓶中，放置一周后备用。如溶液呈现混浊，必须过滤。

（13）硫代硫酸钠标准溶液（0.01000 mol/L）：取 50.0 mL 硫代硫酸钠贮备液置于 500 mL 容量瓶中，用新煮沸并冷却的水稀释至标线，摇匀。

（14）乙二胺四乙酸二钠盐（EDTA-2Na）溶液（0.50 g/L）：称取 0.25 g 乙二胺四乙酸二钠盐（$C_{10}H_{14}N_2O_8Na_2 \cdot 2H_2O$）溶于 500 mL 新煮沸并冷却的水中，临用时现配。

（15）亚硫酸钠溶液（1 g/L）：称取 0.2 g 亚硫酸钠(Na_2SO_3)，溶于 200 mL EDTA-2Na 溶液中，缓缓摇匀以防充氧，使其溶解。放置 2 ~ 3 h 后标定。此溶液每毫升相当于 320 ~ 400 μg 二氧化硫。

（16）二氧化硫标准溶液（1.00 μg/mL）：用甲醛吸收液将二氧化硫标准贮备溶液（二氧化硫标准贮备溶液的配制见实验步骤 2 中亚硫酸钠溶液的标定）稀释成 1.0 μg/mL 二氧化硫的标准溶液，在 0 ~ 4 °C 冷藏，可稳定 1 个月。

（17）盐酸副玫瑰苯胺(PRA)贮备液（2.0 g/L）。

（18）盐酸副玫瑰苯胺溶液（0.50 g/L）：吸取 25.00 mL 盐酸副玫瑰苯胺贮备液于 100 mL 容量瓶中，加 30 mL 85%的浓磷酸，12 mL 浓盐酸，用水稀释至标线，摇匀，放置过夜后使用。避光密封保存。

（19）盐酸-乙醇清洗液：由三份（1+4）盐酸和一份 95%乙醇混合配制而成，用于清洗比色管和比色皿。

四、实验步骤

1. 样品的采集和保存

（1）短时间采样：采用内装 10 mL 吸收液的多孔玻板吸收管，以 0.5 L/min 的流量采气

45 ~ 60 min。吸收液温度保持在 23 ~ 29 °C 的范围。

（2）24 h 连续采样：用内装 50 mL 吸收液的多孔玻板吸收瓶，以 0.2 L/min 的流量连续采样 24 h。吸收液温度保持在 23 ~ 29 °C 的范围。

2. 试剂标定

（1）硫代硫酸钠标准贮备液[$c(Na_2S_2O_3)$ = 0.10 mol/L]的标定。

吸取三份 20.00 mL 碘酸钾基准溶液，分别置于 250 mL 碘量瓶中，加 70 mL 新煮沸但已冷却的水，加 1 g 碘化钾，振摇至完全溶解后，加 10 mL 盐酸溶液[$c(HCl)$ = 1.2 mol/L]，立即盖好瓶塞，摇匀。于暗处放置 5 min 后，用硫代硫酸钠标准溶液滴定溶液至浅黄色，加 2 mL 淀粉溶液，继续滴定至蓝色刚好消失为终点。

（2）亚硫酸钠溶液，$\rho(Na_2SO_3)$ = 1 g/L 的标定。

① 取 6 个 250 mL 碘量瓶（A1、A2、A3、B1、B2、B3），在 A1、A2、A3 内各加入 25 mL 乙二胺四乙酸二钠盐溶液，在 B1、B2、B3 内加入 25.00 mL 亚硫酸钠溶液，分别加入 50.0 mL 碘溶液和 1.00 mL 冰乙酸，盖好瓶盖，摇匀。

② 立即吸取 2.00 mL 亚硫酸钠溶液加到一个已装有 40 ~ 50 mL 甲醛吸收液的 100 mL 容量瓶中，并用甲醛吸收液稀释至标线、摇匀。此溶液即为二氧化硫标准贮备溶液，在 4 ~ 5 °C 下冷藏，可稳定 6 个月。

③ A1、A2、A3、B1、B2、B3 六个瓶子于暗处放置 5 min 后，用硫代硫酸钠溶液滴定至浅黄色，加 5 mL 淀粉指示剂，继续滴定至蓝色刚刚消失。平行滴定所用硫代硫酸钠溶液的体积之差应不大于 0.05 mL。

3. 校准曲线的绘制

取 16 支 10 mL 具塞比色管，分 A、B 两组，每组 7 支，分别对应编号。A 组按表 1-11 配制校准系列。

表 1-11　二氧化硫校准系列

管号	0	1	2	3	4	5	6
二氧化硫标准溶液（1.00 μg/mL）/mL	0	0.50	1.00	2.00	5.00	8.00	10.00
甲醛缓冲吸收液/mL	10.00	9.50	9.00	8.00	5.00	2.00	0
二氧化硫的含量/μg	0	0.50	1.00	2.00	5.00	8.00	10.00

在 A 组各管中分别加入 0.5 mL 氨磺酸钠溶液和 0.5 mL 氢氧化钠溶液，混匀。在 B 组各管中分别加入 1.00 mL PRA 溶液。将 A 组各管的溶液迅速地全部倒入对应编号并盛有 PRA 溶液的 B 管中，立即加塞混匀后放入恒温水浴装置中显色。在波长 577 nm 处，用 10 mm 比色皿，以水为参比测量吸光度。以空白校正后各管的吸光度为纵坐标，以二氧化硫的含量(μg)为横坐标，用最小二乘法建立校准曲线的回归方程。显色温度与室温之差不应超过 3 °C。根据季节和环境条件按表 1-12 选择合适的显色温度与显色时间。

表 1-12　显色温度与显色时间

显色温度/ °C	10	15	20	25	30
显色时间/min	40	25	20	15	5
稳定时间/min	35	25	20	15	10
试剂空白吸光度 A_0	0.030	0.035	0.040	0.050	0.060

4. 样品测定

样品溶液中如有混浊物，则应通过离心分离除去。样品放置 20 min，以使臭氧分解。

（1）短时间采集的样品：将吸收管中的样品溶液移入 10 mL 比色管中，用少量甲醛吸收液洗涤吸收管，洗液并入比色管中并稀释至标线。加入 0.5 mL 氨磺酸钠溶液，混匀，放置 10 min 以除去氮氧化物的干扰。以下步骤同校准曲线的绘制。

（2）连续 24 h 采集的样品：将吸收瓶中样品移入 50 mL 容量瓶（或比色管）中，用少量甲醛吸收液洗涤吸收瓶后再倒入容量瓶（或比色管）中，并用吸收液稀释至标线。吸取适当体积的试样（视浓度高低而决定取 2 ~ 10 mL）于比色管中，再用吸收液稀释至标线，加入 0.5 mL 氨磺酸钠溶液，混匀，放置 10 min 以除去氮氧化物的干扰，以下步骤同校准曲线的绘制。

五、结果与讨论

1. 结果与计算

（1）硫代硫酸钠标准溶液的浓度按式计算。

$$c_1 = \frac{0.1000 \times 20.00}{V}$$

式中：c_1——硫代硫酸钠标准溶液的浓度，mol/L；

V——滴定所耗硫代硫酸钠标准溶液的体积，mL。

（2）二氧化硫标准贮备溶液的质量浓度由下式计算。

$$\rho(SO_2) = \frac{(V_0 - V) \times c_2 \times 32.02 \times 10^3}{25.00} \times \frac{2.00}{100}$$

式中：（SO_2）——二氧化硫标准贮备溶液的质量浓度，g/mL；

V_0——空白滴定所用硫代硫酸钠溶液的体积，mL；

V——样品滴定所用硫代硫酸钠溶液的体积，mL；

c_2——硫代硫酸钠溶液的浓度，mol/L。

（3）空气中二氧化硫的质量浓度，按下式计算。

$$\rho(SO_2) = \frac{(A - A_0 - a)}{b \times V_s} \times \frac{V_t}{V_a}$$

式中：（SO_2）——空气中二氧化硫的质量浓度，mg/m^3；

A——样品溶液的吸光度；

A_0——试剂空白溶液的吸光度；

b——校准曲线的斜率，吸光度/g；

a——校准曲线的截距（一般要求小于 0.005）；

Vt——样品溶液的总体积，mL；

V_a——测定时所取试样的体积，mL；

V_s—换算成标准状态下（101.325 kPa，273 K）的采样体积，L。

计算结果准确到小数点后三位。

2. 注意事项

（1）当空气中二氧化硫浓度高于测定上限时，可以适当减少采样体积或者减少试料的体积。

（2）如果样品溶液的吸光度超过标准曲线的上限，可用试剂空白液稀释，在数分钟内再测定吸光度，但稀释倍数不要大于 6。

（3）六价铬能使紫红色络合物褪色，产生负干扰，故应避免用硫酸-铬酸洗液洗涤玻璃器皿。若已用硫酸-铬酸洗液洗涤过，则需用盐酸溶液(1+1)浸洗，再用水充分洗涤。

3. 思考题

（1）如何配置和标定硫代硫酸钠标准贮备液和亚硫酸钠溶液，应注意哪些事项？

（2）短时间采集的样品和连续 24 h 采集的样品的测定是否一样，若不一样，该怎么操作？

（3）简单说明甲醛吸收-副玫瑰苯胺分光光度法测定二氧化硫的原理及过程。

实验十八　重量法测定空气中的 $PM_{2.5}$ 和 PM_{10}

一、实验目的

（1）学习 $PM_{2.5}$ 和 PM_{10} 的样品采集。

（2）掌握用重量法测定 $PM_{2.5}$ 和 PM_{10} 的操作。

（3）了解空气的 $PM_{2.5}$ 和 PM_{10} 的定义。

二、实验原理

PM_{10}，又称可吸入颗粒物，是指悬浮在空气中，空气动力学直径≤10 μm 的颗粒物。$PM_{2.5}$，又称可入肺颗粒物，是指悬浮在空气中，空气动力学直径≤2.5 μm 的颗粒物。PM_{10} 和 $PM_{2.5}$ 中富含大量的有毒、有害物质且在大气中的停留时间长、输送距离远，对人体健康和大气能见度影响均很大。1996 年和 2012 年，我国在《环境空气质量标准》分别正式 PM_{10} 和 $PM_{2.5}$ 纳入环境质量标准。

通过具有一定切割特性的采样器，恒速抽取定量体积的空气，经滤膜过滤使空气中的 $PM_{2.5}$ 和 PM_{10} 被留在已知质量的滤膜上，根据采样前后滤膜的重量不同和采样体积，计算出 $PM_{2.5}$ 和 PM_{10} 浓度。本法适用于环境空气中 PM_{10} 和 $PM_{2.5}$ 浓度的手工测定。

三、实验仪器与试剂

1. 仪　器

（1）PM_{10} 采样器：切割粒径 $Da_{50}=(10\pm0.5)$ μm；捕集效率的几何标准差为 $\sigma g=(1.5\pm0.1)$ μm。

（2）$PM_{2.5}$ 采样器：切割粒径 $Da_{50}=(2.5\pm0.2)$ μm；捕集效率的几何标准差为 $\sigma g=(1.2\pm0.1)$ μm。

（3）大流量流量计：量程(0.8 ~ 1.4)m^3/min；误差≤2%。

（4）中流量流量计：量程(60 ~ 125)L/min；误差≤2%。

（5）小流量流量计：量程<30 L/min；误差≤2%。

（6）滤膜：根据样品采集目的可选用玻璃纤维滤膜、石英滤膜等无机滤膜或聚氯乙烯、聚丙烯、混合纤维素等有机滤膜。滤膜对 0.3 μm 标准粒子的截留效率不低于 99%。空白滤膜按测量分析步骤进行平衡处理至恒重，称量后，放入干燥器中备用。

（7）分析天平：感量 0.1 mg 或 0.01 mg。

（8）恒温恒湿室：室内空气温度在 15 ~ 30 °C 范围内可调；相对湿度在 45 ~ 55%。

（10）干燥器：内盛变色硅胶。

四、实验步骤

1. 样品采集

按 HJ/T 194 的要求进行采样。采样时，将已称重的滤膜用镊子放入洁净采样夹内的滤网上，滤膜毛面应朝进气方向，将滤膜牢固压紧至不漏气。若测不同时间的浓度，则每次需更换滤膜，若测日平均浓度，则样品只需采集于一张滤膜上。采样结束后，用镊子取出，将有尘面两次对折，放入纸袋，并做好采样记录，于 4 °C 冷藏保存，待测。

2. 测　量

将滤膜放在温度为 25 °C，湿度为 50%的恒温恒湿室内（温度：25 °C，湿度：50%）平衡 24 h，取出称量，记录滤膜重量。同一滤膜在恒温恒湿箱中相同条件下再平衡 1 h 后称重。称重 PM_{10} 和 $PM_{2.5}$ 样品滤膜时，前后两次重量之差分别小于 0.4 mg 和 0.04 mg 为满足恒重要求。

五、结果与讨论

1. 结果与计算

$PM_{2.5}$ 和 PM_{10} 浓度按下式计算。

$$\rho = \frac{w_2 - w_1}{V} \times 1000$$

式中：ρ——PM_{10} 或 $PM_{2.5}$ 浓度，mg/m^3；

w_2——采样后滤膜的重量，g；

w_1——空白滤膜的重量，g；

V——已换算成标准状态（101.325 kPa,，273 K）下的采样体积，m^3。

计算结果保留 3 位有效数字。小数点后数字可保留到第 3 位。

2. 注意事项

（1）滤膜使用前均需进行检查，不得有针孔或任何缺陷，滤膜称量时要消除静电的影响。

（2）取若干张清洁滤膜，于恒温恒湿室内，按特定的平衡条件平衡 24 h，称重。每张滤膜非连续称量 10 次以上，求每张滤膜的平均值为该张滤膜的原始质量，这些滤膜为“标准滤膜”。每次称滤膜的同时，称量两张“标准滤膜”。若标准滤膜称出的重量在原始质量 ± 5 mg ~ ± 0.5 mg 范围内，则认为该批样品滤膜称量合格，数据可用。否则应检查称量条件是否符合要求并重新称量该批样品滤膜；

（3）要经常检查采样头是否漏气。

（4）若 PM_{10} 或 $PM_{2.5}$ 含量很低时，采样时间可延长。

（5）为减少称量误差，滤膜上颗粒物负载量应分别大于 1 mg 和 0.1 mg。

（6）采样前后，应使用同一台分析天平进行滤膜称量。

3. 思考题

（1）采集空气中 PM_{10} 和 $PM_{2.5}$ 样品时，对环境条件有哪些要求，如何采集样品？

（2）简述重量法测定 PM_{10} 和 $PM_{2.5}$ 的原理。

（3）简述 PM_{10} 和 $PM_{2.5}$ 的定义及其可能产生的危害。

实验十九　凯氏定氮法测定大豆中蛋白质含量

一、实验目的

（1）学习凯氏定氮法测定蛋白质的原理。

（2）掌握凯氏定氮法的操作方法：样品的消化、蒸馏、滴定及蛋白质含量计算等。

（3）了解酸碱滴定法在蛋白质测定中的应用。

二、实验原理

利用浓硫酸及催化剂与食品试样一同加热消化，使蛋白质分解，其中产生的 C、H 形成 CO_2、H_2O 逸出，而氮以氨的形式与硫酸作用形成硫酸铵留在消化液中。然后将消化液加碱，蒸馏，使氨游离，用水蒸气蒸出，被硼酸吸收，再用盐酸标准溶液滴定所生成的硼酸铵，根据盐酸标准溶液的消耗量计算出总氮量，再折算为粗蛋白含量。因为食品中除蛋白质外，还含有其他含氮物质，所以此蛋白质称为粗蛋白。

$$2NH_2(CH_2)_2+13H_2SO_4 \longrightarrow (NH_4)_2SO_4+6CO_2+12SO_2+16H_2O$$

$$(NH_4)_2SO_4+2NaOH \longrightarrow 2NH_3+Na_2SO_4+H_2O$$

$$2NH_3+4H_3BO_3 \longrightarrow (NH_4)_2B_4O_7+5H_2O$$

$$(NH_4)_2B_4O_7+2HCl+5H_2O \longrightarrow 2NH_4Cl+4H_3BO_3$$

三、实验仪器与试剂

1. 仪　器

（1）100 mL 凯氏烧瓶。

（2）电子分析天平。

（3）电炉。

（4）100 mL 容量瓶。

（5）微量凯氏定氮装置。如图 2-1 所示。

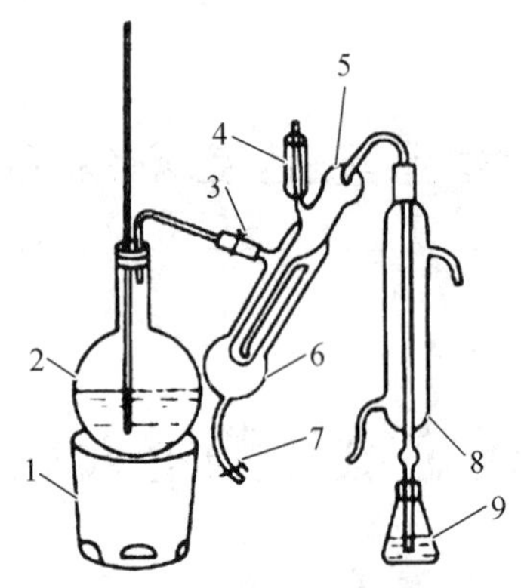

图 2-1 微量凯氏定氮装置

1—电炉；2—水蒸气发生器（2 L 平底烧瓶）3—螺旋夹 a；4—小漏斗及棒状玻璃塞（样品入口处）
5—反应室；6—反应室外层；7—橡皮管及螺旋夹 b；8—冷凝管；9—蒸馏液接收瓶

2. 试 剂

（1）20 g/L 硼酸溶液：称取 20 g 硼酸，加水溶解再稀释至 1000 mL。

（2）400 g/L 氢氧化钠溶液：称取 40 g 氢氧化钠加水溶解，待冷却后稀释至 100 mL。

（3）1 g/L 甲基红乙醇溶液：称取 0.1 g 甲基红，加 95%乙醇溶解，并稀释至 100 mL。

（4）1 g/L 溴甲酚绿乙醇溶液：称取 0.1 g 溴甲酚绿，加 95%乙醇溶解，并稀释至 100 mL。

（5）1 g/L 亚甲基蓝乙醇溶液：称取 0.1 g 亚甲基蓝，加 95%乙醇溶解，并稀释至 100 mL。

（6）混合指示液：2 份甲基红乙醇溶液与 1 份亚甲基蓝乙醇溶液临用时混合（或 1 份甲基红乙醇溶液与 5 份溴甲酚绿乙醇溶液临用时混合）。

（7）硫酸铜（$CuSO_4 \cdot 5H_2O$）。

（8）硫酸钾（K_2SO_4）。

（9）硫酸（H_2SO_4，密度为 1.8419 g/L）。

（10）硼酸（H_3BO_3）。

（11）氢氧化钠（NaOH）。

（12）盐酸（HCl）。

（13）亚甲基蓝指示剂（$C_{16}H_{18}ClN_3S \cdot 3H_2O$）。

（14）甲基红指示剂（$C_{15}H_{15}N_3O_2$）。

（15）溴甲酚绿指示剂（$C_{21}H_{14}Br_4O_5S$）。

（16）95%乙醇（C_2H_5OH）。

3. 材 料

黄豆粉。

四、实验步骤

1. 样品消化

称取粉碎均匀的黄豆粉约 0.5 g，精确至 0.001 g，小心移入干燥的 100 mL 凯氏烧瓶中（勿粘附在瓶壁上），加入 0.2 g 硫酸铜和 6 g 硫酸钾，稍摇匀后于瓶口放一小漏斗，加入 20 mL 浓硫酸，将瓶以 45° 角斜支于有小孔的石棉网上，在通风橱中小心加热消化，开始时用低温加热，待内容物全部炭化，泡沫停止后再升高温度保持微沸，消化至液体呈蓝绿色澄清透明后，继续加热 0.5 h，取下放冷，然后小心加入 20 mL 蒸馏水，待样品冷却至室温后转移到 100 mL 容量瓶中，用蒸馏水冲洗烧瓶数次并入容量瓶，再用蒸馏水定容至刻度，混匀备用，即为消化液。同时做一试剂空白消化液（取与样品消化相同的硫酸铜、硫酸钾、浓硫酸，按以上同样方法进行消化，冷却，加水定容至 100 mL，得试剂空白消化液）。

2. 定氮装置的检查与洗涤

检查微量定氮装置是否装好。在蒸汽发生瓶内装水约 $\frac{2}{3}$，加甲基红指示剂数滴及数 mL 硫酸，以保持水呈酸性，加入数粒沸石以防止暴沸。测定前将定氮装置用如下法洗涤 2 ~ 3 次：从样品入口处加水适量（约占反应管 $\frac{1}{3}$ 体积）通入蒸汽煮沸，产生的蒸汽冲洗冷凝管，数分钟后关闭夹子 a，使反应管中的废液倒吸流到反应室外层，打开夹子 b 由橡皮管排出，如此数次，即可使用。

3. 碱化蒸馏

量取 20 g/L 的硼酸溶液 30 mL 于锥形瓶中，加入混合指示剂 3 ~ 4 滴，并使冷凝管的下端插入硼酸液面下，在螺旋夹 a 关闭，螺旋夹 b 开启的状态下，准确吸取 10 mL 样品消化液，由小漏斗流入反应室，并以 10 mL 蒸馏水洗涤进样口流入反应室，再用棒状玻塞塞紧。将 10 mL 400 g/L 的氢氧化钠溶液倒入小玻杯，提起玻塞使其缓缓流入反应室，用少量水冲洗立即将玻塞盖紧，并加水于小玻杯以防漏气，开启螺旋夹 a，关闭螺旋夹 b，开始蒸馏。蒸馏 10 min 后移动接收瓶，液面离开凝管下端，再蒸馏 1 ~ 2 min。然后用少量水冲洗冷凝管下端外部，取下锥形瓶，准备滴定。同时吸取 10 mL 试剂空白消化液按上法蒸馏操作。

4. 样品滴定

以 0.01 mol/L 盐酸标准溶液滴定吸附液（紫红色或酒红色）至灰色或绿色为终点，记下消化的盐酸体积。

五、结果与讨论

1. 结果计算

表 2-1

项　目	第一次	第二次	第三次
样品消化液(mL)			
滴定消耗盐酸标准溶液(mL)			
消耗盐酸标准溶液平均值(mL)			

样品中蛋白质含量的计算公式如下。

$$X=\frac{(V_1-V_2)\times c\times 0.0140}{\frac{m}{100}\times V_3}\times \mathrm{F}\times 100$$

式中：X——样品蛋白质含量，g/100 g；

V_1——样品滴定消耗盐酸标准溶液体积，mL；

V_2——空白滴定消耗盐酸标准溶液体积，mL；

c——盐酸标准滴定溶液浓度，mol/L；

0.0140 ——1.0 mL 盐酸标准滴定溶液相当的氮的质量，g；

m——样品的质量，g；

V_3——吸取消耗液的体积，mL；

F——黄豆的蛋白质含量换算系数 5.71。

计算结果保留三位有效数字。

2. 注意事项

（1）本法对半固体试样及液体样品的检测同样适用，一般取样范围为 2.00 ~ 5.00 g 和 10.0 ~ 25.0 mL。对于液体样品，结果常以 g/100 mL 表示。

（2）若样品含糖或含脂较多，消化时应注意控制加热温度以防大量泡沫喷出凯氏烧瓶，造成样品损失。

（3）消化时应注意旋转凯氏烧瓶，使附在瓶壁上的碳粒冲下，对样品彻底消化。若样品不易消化至澄清透明，可将凯氏烧瓶中的溶液冷却，加入数滴过氧化氢后，再继续加热消化至完全。

（4）硼酸吸收液的温度不应超过 40 °C，否则氨吸收减弱造成检测结果偏低。

（5）在重复性条件下获得两次独立测定结果的绝对差值不得超过算术平均值的 10%。

3. 思考题

（1）蒸馏时，加入氢氧化钠溶液的作用是什么？其加入量对测定结果有无影响？

（2）滴定时，分别以两种混合指示剂（2 份甲基红乙醇溶液与 1 份亚甲基蓝乙醇溶液和 1 份甲基红乙醇溶液与 5 份溴甲酚绿乙醇溶液）为指示剂，其吸收液及滴定终点的颜色有何变化？

（3）请列举影响实验过程中测定准确性的可能因素？

实验二十　索氏抽提法测定花生中脂肪含量

一、实验目的

（1）学习索氏抽提法测定脂肪的原理。

（2）掌握索氏抽提法的操作技术：脂肪的提取、含量的计算等。

（3）了解索氏抽提法的基本操作要点及影响因素。

二、实验原理

利用脂肪能溶于有机溶剂的性质，在索氏提取器中，一定温度下将经干燥后的样品用无水乙醚或石油醚等溶剂反复抽提，蒸去溶剂所得的物质即为脂肪，或称粗脂肪。由于粗脂肪中可能还含有色素、挥发油、蜡及树脂等物质，故通过抽提法所得的脂肪为游离脂肪。

三、实验仪器与试剂

1. 仪　器

（1）索氏提取器（如图2-2所示）。

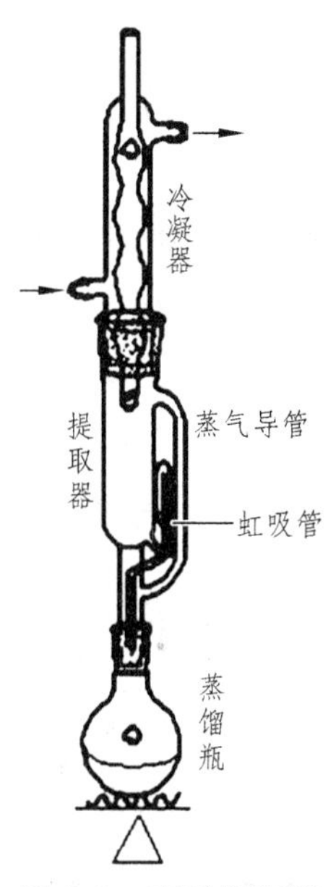

图 2-2　索氏提取器

（2）电热恒温鼓风干燥箱。

（3）干燥器。

（4）恒温水浴锅。

（5）分析天平。

（6）蒸发皿。

2. 试　剂

无水乙醚（$C_4H_{10}O$，不含过氧化物）或石油醚（C_nH_{2n+2}，沸程30 ~ 60 °C），均为分析纯、蒸馏水。

3. 原　料

花生仁。

四、实验步骤

1. 样品处理

将适量完好的花生原料放入搅碎机中搅碎后，准确称取粉碎均匀的干燥样品 3.0 g（精确至 0.001 g），用滤纸筒严密包裹好（筒口放入少量脱脂棉）。

2. 抽　提

将索氏提取器各部位充分洗涤并用蒸馏水清洗后烘干。蒸馏瓶于 105 °C 左右的烘箱内干燥至恒重。将滤纸筒放入索氏提取器的抽提筒内，连接已干燥至恒重的蒸馏瓶，由抽提器冷凝管上端加入无水乙醚（或石油醚）至瓶内容积的 2/3 处，并安装好索氏抽提装置，于 72 °C 左右的水浴中抽提 6 ~ 12 h。

3. 称　量

抽提结束后，取下蒸馏瓶，回收溶剂，待瓶内溶剂仅剩下 1 ~ 2 mL 时在水浴上蒸干，再于 95 ~ 105 °C 下干燥 2 h 后，置于干燥器中冷却至室温称量。重复上述操作直至恒重。

五、结果与讨论

1. 结果计算

表 2-2

样品的质量 m/g	蒸馏瓶的质量 m_0/g	脂肪和蒸馏瓶的质量 m_1/g			
		第一次	第二次	第三次	恒重值

样品中粗脂肪的计算公式如下。

$$粗脂肪\% = \frac{m_1 - m_0}{m} \times 100$$

式中：m——样品的质量，g；

m_0——蒸馏瓶的质量，g；

m_1——恒重后脂肪和蒸馏瓶的质量，g。

2. 注意事项

（1）抽提剂乙醚是易燃、易爆物质，应注意通风并且不能有火源。

（2）样品滤纸的高度不能超过虹吸管，否则上部脂肪不能提尽而造成误差。

（3）样品和醚浸出物在烘箱中干燥时，时间不能过长，以防止极不饱和的脂肪酸受热氧化而增加质量。

（4）蒸馏瓶在烘箱中干燥时，瓶口侧放，以利空气流通，且先不要关上烘箱门，先于 90 °C 以下鼓风干燥 10 ~ 20 min，驱尽残余溶剂后再将烘箱门关紧，升至所需温度。

（5）乙醚若放置时间过长，会产生过氧化物。过氧化物不稳定，当蒸馏或干燥时会发生爆炸，故使用前应严格检查，并除去过氧化物。

① 检查方法：取 5 mL 乙醚于试管中，加 KI(100 g/L)溶液 1 mL，充分振摇 1 min。静置分层。若有过氧化物则放出游离碘，水层是黄色（或加 4 滴 5 g/L 淀粉指示剂显蓝色），则该乙醚需处理后使用。

② 去除过氧化物的方法：将乙醚倒入蒸馏瓶中加一段无锈铁丝或铝丝，收集重蒸馏乙醚。

3. 思考题

（1）如何检验样品中的脂肪是否提取完全？

（2）采用乙醚做提取剂时，样品为什么需预先干燥？

（3）使用乙醚作脂肪提取溶剂时，需要注意哪些事项？

实验二十一 膨化食品中铅含量的测定

一、实验目的

（1）学会石墨炉原子吸收分光光度计的使用和操作技术。
（2）掌握石墨炉原子吸收分光光度计测定食品样品中铅的原理和方法。
（3）了解石墨炉原子吸收光谱仪的基本结构、特点及应用。

二、实验原理

石墨炉原子吸收光谱法是采用石墨炉使石墨管升至 2 000 °C 以上，让管内试样中的待测元素分解成气态的基态原子，利用基态原子对特征谱线的吸收强度与浓度成正比的特点，进行定量分析。利用石墨炉原子吸收光谱法测定食品中的痕量铅，是一种较灵敏、快速、简便的方法。当试样经微波消解后，注入原子吸收分光光度计石墨炉中，电热原子化后可吸收 283.3 nm 的共振线，在一定浓度范围内，其吸收值与铅含量成正比，根据标准曲线即可得出试样中的铅含量。

三、实验仪器与材料

1. 仪　器

（1）原子吸收分光光度计（附石墨炉及铅空心阴极灯）。
（2）消解仪。
（3）电子分析天平。
（4）恒温干燥箱。
（5）马弗炉。
（6）电热板。
（7）研钵。
（8）瓷坩埚。
（9）容量瓶。

2. 试　剂

（1）硝酸（HNO_3，优级纯）；
（2）去离子水；
（3）铅标准品（纯度 99.99%）。

3. 原　料

薯片、玉米脆、爆米花（购置市售的精包装、某品牌的膨化食品）。

四、实验步骤

1. 样品处理

各取样品薯片、玉米脆、爆米花 250 g，分别粉碎后混合均匀，各称取 10 g 放入烘箱中 80 ~ 100 °C 下烘 2 h，取出研细待用。

2. 样品消解

称取 1 ~ 2 g（精确至 0.001 g）样品于消解灌中，加入 10 mL 硝酸，放置于电热板上于 120 ~ 130 °C 加热 30 min，然后放入微波消解仪中消解，消解条件按表 2-3 进行。消解完毕后，排酸至 0.5 mL，待冷却后打开消解灌，转移消解液于 25 mL 容量瓶，用去离子水定容至刻度，摇匀制成样品液。按同样的方法制备空白液。

表 2-3　微波消解条件

步骤	温度/ °C	压力/bar	时间/min
1	100	20	2
2	120	20	2
3	140	20	2
4	160	30	5
5	180	30	8

3. 标准曲线的绘制

采用石墨炉原子吸收分光光度计在仪器操作条件下，将制备好的浓度为 0.00 μg/L、10.00 μg/L、20.00 μg/L、40.00 μg/L、60.00 μg/L、80.00 μg/L 的铅标准使用液各 10 μL 注入石墨炉，测定其吸光值并绘制吸光值与浓度关系的线性方程。

4. 样品测定

分别吸取样品液和空白液各 10 μL，注入石墨炉，测定其吸光值，并代入铅标准曲线线性方程中求得样品液中的铅含量。

五、结果与讨论

1. 结果计算

表 2-4

样品名称	样品质量(g)	吸光度	铅含量(μg)	样品中含铅量(μg/g)	平均值(μg/g)
薯片					

续表

样品名称	样品质量(g)	吸光度	铅含量(μg)	样品中含铅量(μg/g)	平均值(μg/g)
玉米脆					
爆米花					

试样中铅含量按下列公式进行计算。

$$X=\frac{(c_1-c_o)\times V\times 1000}{m\times 1000\times 1000}$$

式中：X——试样中铅含量，mg/kg 或 mg/L；

c_1——测定样液中铅含量，μg/L；

c_0——空白液中铅含量，μg/L；

V——试样消化液定量总体积，mL；

m——试样质量或体积，g 或 mL。

以重复性条件下获得的三次独立测定结果的算术平均值表示，结果保留两位有效数字。

2. 注意事项

（1）使用的试剂如硝酸具有腐蚀性且在实验过程中会产生大量酸雾和烟。因此，消解要在通风橱内进行。

（2）所用玻璃仪器均要求浸泡 20%硝酸溶液中并过夜，然后用去离子水冲洗干净。

（3）称取样品量不宜过大，防止爆罐。

（4）消解过程中，应低温缓慢加热，以防温度过高，瞬间产生大量泡沫导致样液溢出。当消解液变棕黑色，应冷却后加入硝酸继续消解，直到消解液呈现无色透明状。

（5）消解后的样品，应赶酸至 0.5 mL 后再定容。

3. 思考题

（1）如何消除样品的背景干扰？

（2）共存金属离子含量较高时，如何消除干扰？

实验二十二　食醋中苯甲酸钠、山梨酸钾的含量测定

一、实验目的

（1）学习高效液相色谱保留值定性方法和外标法的标准曲线定量方法。
（2）掌握食品中苯甲酸钠和山梨酸钾的提取及含量测定方法。
（3）了解高效液相色谱仪的工作原理及基本结构。

二、实验原理

苯甲酸钠（$C_6H_5O_2Na$）和山梨酸钾（$C_6H_7KO_2$）分别是苯甲酸的钠盐和山梨酸的钾盐，也是酱油和食醋生产中常用的防腐剂。然而食用含有过量苯甲酸和山梨酸的食品会影响人体对维生素和钙的吸收，加重人的肝脏负担，并引起毒素性反应或诱发癌症。

苯甲酸结构式：　　　　　　　　山梨酸钾结构式：

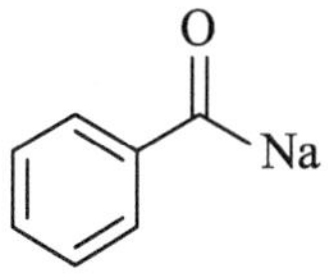

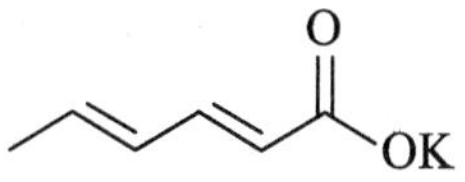

O
Na

O
OK

本实验采用高效液相色谱法测定食醋中苯甲酸钠和山梨酸钾的含量。将样品加热除去二氧化碳和乙醇，用（1+1）氨水调 pH 值至近中性，过滤后进高效液相色谱仪，经反相 C_{18} 柱分离后，根据保留时间和峰面积进行定性定量分析。

三、实验仪器与试剂

1. 仪　器

（1）高效液相色谱仪。
（2）电子天平。
（3）超纯水处理器。
（4）真空泵。
（5）离心机。
（6）超声波清洗机。
（7）烧杯。
（8）玻璃棒。
（9）精密 pH 试纸。

（10）容量瓶。

2. 试　剂

（1）稀氨水（1+1）：氨水加去离子水等体积混合。

（2）乙酸铵溶液（0.02 mol/L）：称取 1.54 g 乙酸铵，加入适量水溶解，用水定容至 1000 mL，经 0.45 μm 水系滤膜过滤后备用。

（3）苯甲酸钠、山梨酸钾标准储备溶液（1000 mg/L）：分别准确称取苯甲酸钠、山梨酸钾 0.059 g、0.067 g（精确到 0.001 g）用水溶解并分别定容至 50 mL，于 4 °C 保存 6 个月。

（4）苯甲酸钠、山梨酸钾标准中间溶液（200 mg/L）：分别准确吸取苯甲酸钠、山梨酸钾标准储备溶液各 5.0 mL 于 25 mL 容量瓶中，用水定容，于 4 °C 保存 3 个月。

（5）苯甲酸钠、山梨酸钾标准系列工作溶液：分别准确吸取苯甲酸钠、山梨酸钾标准中间溶液 0.00 mL、0.05 mL、0.25 mL、0.50 mL、1.00 mL、2.50 mL、5.00 mL 用水定容至 10 mL，配制成质量浓度分别为 0.00 mg/L、1.00 mg/L、5.00 mg/L、10.0 mg/L、20.0 mg/L、50.0 mg/L、100 mg/L 的标准系列工作溶液，临用现配。

（6）甲醇（CH_3OH，色谱纯）。

（7）氨水（$NH_4 \cdot H_2O$，分析纯）。

（8）乙酸铵（CH_3COONH_4，色谱纯）。

（9）苯甲酸钠（$C_6H_5O_2Na$，分析纯，纯度≥99.0%）。

（10）山梨酸钾（$C_6H_7KO_2$，分析纯，纯度≥99.0%）。

（11）去离子水。

3. 原　料

食醋（市售精包装）。

四、实验步骤

1. 样品处理

称取 5 mL 试样于烧杯中，微温搅拌除去二氧化碳，用（1+1）稀氨水调节 pH 至 7.0，加水定容至 25 mL，备用。上机测定前取样液 2 mL 于小离心管中 12000 rpm 离心，上清液经 0.45 μm 水系滤膜过滤。

2. 分析方法的确定

采用高效液相色谱分析法，反相 C_{18} 柱（4.6 mm × 250 mm，5 μm）为色谱柱，甲醇+乙酸铵溶液（0.02 mol/L）（5+95）为流动相，紫外检测器（230 nm 波长），流速为 1 mL/min，进样量为 10 μL。根据保留时间定性，外标法定量。

3. 标准曲线的绘制

分别准确吸取配制好的质量浓度为 0 mg/L、5.00 mg/L、10.0 mg/L、20.0 mg/L、50.0 mg/L、100 mg/L 的苯甲酸钠、山梨酸钾标准系列工作溶液（临用现配），依次注入液相色谱仪中，测定相应的峰面积，以溶液的质量浓度为横坐标，以峰面积为纵坐标，绘制标准曲线。

4. 样品溶液的测定

将待测样品溶液注入液相色谱仪中，记录色谱图，得出峰面积，根据标准曲线得到待测液中苯甲酸钠、山梨酸钾的质量浓度，平行重复三次实验并编号，并设置一试剂空白。

五、结果与讨论

1. 结果计算

表 2-5

物质名称	样品编号	进样量(μL)	保留时间	峰面积	浓度(mg/L)	试样中含量(g/L)	平均值(g/L)
苯甲酸钠	1						
	2						
	3						
山梨酸钾	1						
	2						
	3						

试样中苯甲酸钠、山梨酸钾的含量计算公式如下。

$$X=\frac{\rho\times V}{V_0\times 1000}$$

式中：X——试样中待测组分含量，g/L；

ρ——由标准曲线得出的试样液中待测物的质量浓度，mg/L；

V——试样定容体积，mL；

V_0——试样体积，mL；

1000——由 mg/L 转换为 g/L 的换算因子。

结果保留 3 位有效数字。

2. 注意事项

（1）样品用稀氨水（1+1）调节 pH 时，分多次少量加入，尽可能调节 pH 为中性。

（2）如苯甲酸或山梨酸峰型不好，可适当增加甲醇比例。

3. 思考题

为何当苯甲酸或山梨酸峰型不好时，可适当增加甲醇比例？

实验二十三　食用油脂酸价和过氧化值测定

一、实验目的

（1）学习油脂酸价和过氧化值的测定原理及方法。

（2）掌握反映油脂氧化酸败的指标及其卫生标准。

（3）了解影响油脂氧化的因素，温度与油脂氧化性的关系。

二、实验原理

油脂广泛存在于各种动植物体内，是食用油的重要来源，也是膳食中不可缺少的营养物质。食用油脂长期存放易发生氧化反应而变质，使酸价和过氧化物升高，从而影响食用油的营养价值和安全性。

酸价是脂肪中游离脂肪酸含量的标志。脂肪在长期保藏过程中，由于微生物、酶和热的作用发生缓慢水解，产生游离脂肪酸，而游离脂肪酸的含量直接影响着脂肪质量。通常，用酸价作为一项衡量指标，如脂肪生产中，酸价可作为其水解程度的指标，在脂肪保藏时，则可作为其酸败的指标。一般，酸价越小，表明油脂质量越好，精炼程度和新鲜度越好。

实验中，常根据酸碱中和的原理进行酸价的测定：即以酚酞为指示剂，用氢氧化钾标准溶液滴定中和植物油中的游离脂肪酸，以每克植物油消耗氢氧化钾的毫克数称为酸价。

油脂在酸败过程中，不饱和脂肪酸被氧化生成过氧化物，过氧化物会进一步聚合或分解产生低分子的醛、酮和酸类，这些物质使脂肪产生令人不愉快的臭感和味感，食用后会对机体产生不良影响。一般，油脂被氧化生成过氧化物的多少常以“过氧化值”来表示，即 100 g 油脂中所含的过氧化物。因此，过氧化值反映了油脂氧化酸败的程度。由于油脂中产生的过氧化物能与碘化钾作用，生成游离碘，以硫代硫酸钠标准溶液滴定，根据滴定所消耗硫代硫酸钠标准溶液的体积，可定量计算出油脂中过氧化值的含量。

反应式如下：

$$\mathrm{R{-}CH{=}CH{-}\underset{\displaystyle |\atop \displaystyle COOH}{CH}{-}CH_2{-}R'} + 2\mathrm{KI}$$

$$\xrightarrow{\mathrm{H^+}} \mathrm{R{-}CH{=}CH{-}\underset{\displaystyle |\atop \displaystyle OH}{CH}{-}CH_2{-}R'} + \mathrm{I_2} + \mathrm{K_2O}$$

$$\mathrm{I_2} + 2\mathrm{Na_2S_2O_2} \longrightarrow \mathrm{Na_2S_2O_2} + 2\mathrm{NaI}$$

三、实验仪器材料

1. 仪　器

（1）电子分析天平。

（2）恒温水浴锅。

（3）电炉。

（4）滴定装置（见图 2-3）。

（5）250 mL 锥形瓶。

（6）250 mL 碘瓶。

2. 试　剂

（1）中性乙醚-乙醇混合液：乙醚与乙醇按 2∶1 混合，临用前用 3 g/L 氢氧化钾溶液中和至酚酞指示液呈中性。

（2）酚酞指示液：10 g/L 乙醇溶液。

（3）饱和碘化钾溶液：称取 14 g 碘化钾，加 10 mL 水微热使其充分溶解，冷却后贮于棕色瓶中，临用时现配。

（4）三氯甲烷-冰乙酸混合液：量取 400 mL 三氯甲烷，加 600 mL 冰乙酸，混匀。

（5）硫代硫酸钠标准滴定溶液[$c(Na_2S_2O_3) = 0.10$ mol/L]：称取 13 g 结晶硫代硫酸钠（$Na_2S_2O_3 \cdot 5H_2O$）及 0.1 g 碳酸钠，加入适量新煮沸过的冷水使之溶解，并稀释至 500 mL，混匀，放置两周后过滤备用。

（6）硫代硫酸钠标准滴定溶液[$c(Na_2S_2O_3) = 0.002$ mol/L]：临用前取 0.10 mol/L 硫代硫酸钠标准滴定溶液 10 mL，加新煮沸过的冷水稀释至 500 mL 制成。

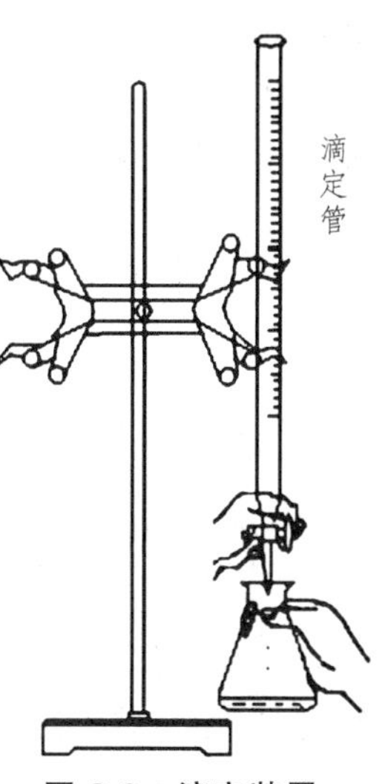

图 2-3　滴定装置

（7）淀粉指示剂（10 g/L）：称取可溶性淀粉 1.0 g，加少许水，调成糊状，倒入 100 mL 沸水中调匀，煮沸。临用时现配。

（8）乙醚（$C_4H_{10}O$，AR）。

（9）乙醇（CH_3CH_2OH，AR）。

（10）氢氧化钾（KOH，AR）。

（11）碘化钾（KI，AR）。

（12）三氯甲烷（$CHCl_3$，AR）。

（13）冰乙酸（CH_3COOH，AR）。

（14）硫代硫酸钠（$Na_2S_2O_3 \cdot 5H_2O$，AR）。

（15）蒸馏水。

3. 原　料

食用植物油。

四、实验步骤

1. 酸价的测定

称取约 2.00 g（必要时过滤）试样于锥形瓶中，加入 25 mL 中性乙醚-乙醇混合液，振摇使油溶解（必要时可置热水中，温热促其溶解），待油充分溶解后冷至室温，加入 1 ~ 2 滴酚酞指示液，以 0.050 mol/L 氢氧化钾标准滴定溶液滴定，至出现微红色，且 0.5 min 内不褪色为终点。重复平行实验 3 次。

2. 过氧化值测定

称取约 2.00 g（必要时过滤）试样于 250 mL 碘瓶中，加入 15 mL 三氯甲烷-冰乙酸混合液，使试样完全溶解，再加入 0.50 mL 饱和碘化钾溶液，塞好瓶盖并轻轻振摇 0.5 min，再放置暗处 3 min，取出加 50 mL 水，摇匀，立即用 0.002 mol/L 硫代硫酸钠标准滴定溶液滴定，当出现淡黄色时，加 0.5 mL 淀粉指示剂，继续滴定至蓝色消失为终点。重复平行实验 3 次，并取相同量碘化钾溶液、三氯甲烷-冰乙酸溶液、水，按同一方法做试剂空白试验。

五、结果与讨论

1. 结果计算

表 2-6 酸价测定结果

样品编号	m_1(g)	c_1(mol/L)	V(mL)	酸价(mg/g)	平均值(mg/g)
1					
2					
3					

表 2-7 过氧化值测定结果

样品编号	m_2(g)	c_2(mol/L)	V_1	V_2	过氧化值(g/100 g)	平均值(g/100 g)
1						
2						
3						

（1）试样的酸价按下式进行计算。

$$X = \frac{V \times c_1 \times 56.11}{m_1}$$

式中：X——试样的酸价（以氢氧化钾计），mg/g；

V——试样消耗氢氧化钾标准滴定溶液体积，mL；

c_1——氢氧化钾标准滴定溶液的实际浓度，mol/L；

m_1——试样质量，g；

56.11——与 1.0 mL 氢氧化钾标准滴定溶液[c(KOH) = 1.000 mol/L]相当的氢氧化钾毫克数。

（2）试样的过氧化值按下式进行计算。

$$X=\frac{(V_1-V_2)\times c_2\times 0.1269}{m_2}\times 100$$

式中：X——试样的过氧化值（以碘的百分数表示过氧化值），g/100 g；

V_1——试样消耗硫代硫酸钠标准滴定溶液体积，mL；

V_2——试剂空白消耗硫代硫酸钠标准滴定溶液体积，mL；

c_2——硫代硫酸钠标准滴定溶液的浓度，mol/L；

m_2——试样质量，g；

0.126 9——与 1.00 mL 硫代硫酸钠标准滴定溶液[$c(Na_2S_2O_3)$ = 1.000 mol/L]相当的碘的质量，g。

计算结果保留两位有效数字。

2. 注意事项

（1）测定酸价时，若油颜色过深，可适当减少试样用量或增加混合试剂用量。为便于观察终点，可将指示剂改为 10 g/L 麝香草酚酚酞乙醇溶液，从无色到蓝色即为终点。

（2）试验中加入乙醇可以使碱和游离脂肪酸的反应在均匀状态下进行，以防止反应生成的脂肪酸钾盐解离。氢氧化钾标准溶液用 30 %乙醇溶液配制，滴定终点更为清晰。

（3）滴定所用氢氧化钾溶液的量应为乙醇量的五分之一，以免皂化水解，如过量则有混浊沉淀，造成结果偏低。

（4）碘与硫代硫酸钠的反应必须在中性或弱酸性溶液中进行，因为碱性条件下易发生副反应；强酸条件下，硫代硫酸钠易发生分解且 I^- 易被空气中的氧所氧化。

（5）由于碘易挥发，因此，滴定时溶液的温度不宜过高且要避免剧烈晃动溶液。

（6）碘见光易升华，故应棕色瓶内保存，避免阳光照射应放于暗处。实验中当 I_2 析出后，应立即用 $Na_2S_2O_3$ 溶液滴定且滴定速度不宜过慢。

（7）淀粉指示剂应现配现用，最好在接近终点时加入，即在硫代硫酸钠标准溶液滴定碘至浅黄色时再加入。否则碘和淀粉吸附太牢，到达终点时颜色不易退去，致使终点出现过迟，引起误差。

（8）日光能促进硫代硫酸钠溶液分解，应装于棕色管中。

3. 思考题

（1）测定油脂酸价时，为什么锥形瓶和试样中均不得混有无机酸？

（2）简述减少家庭食用油氧化酸败的措施。

（3）为什么淀粉指示剂要现配现用，且在接近终点时才加入？若过早加入可能会对结果产生何影响？

（4）测定油脂过氧化值时，需要注意哪些事项？

实验二十四　大米中总灰分含量的测定

一、实验目的

（1）学习食品中总灰分测定的原理及意义。
（2）掌握称重法测定总灰分的基本操作及过程。
（3）了解减重法称量样品的方法。

二、实验原理

食品的灰分，是指食品经高温灼烧后所留下的无机物质，主要为氧化物和硫酸盐、磷酸盐、碳酸盐、硅酸盐等盐类。灰分是衡量食品中无机成分总量的一项指标，若灰分含量过高，往往表示食品受到污染，影响质量。一般，将食品试样炭化后置于 500 ~ 600 °C 高温炉内灼烧，至恒重时称量残留物的重量，即可计算出试样中总灰分的百分含量。

三、实验仪器与材料

1. 仪　器

（1）马弗炉。
（2）坩埚钳。
（3）瓷坩埚（带盖）。
（4）电子分析天平。
（5）干燥器（带硅胶）。
（6）电热板。
（7）粉碎机。

2. 试　剂

（1）盐酸（HCl，分析纯）。
（2）蒸馏水。

3. 材　料

大米（优质）。

四、实验步骤

1. 瓷坩埚的准备

将瓷坩埚用体积分数为20%的盐酸煮1 ~ 2 h，洗净晾干后，用记号笔在坩埚外壁及盖上编号，置于马弗炉中，在550 ± 25 °C下灼烧0.5 h，冷至200 °C左右，取出，放入干燥器中冷却至室温，准确称量，重复灼烧至前后两次称重之差不超过0.5 mg为恒重。

2. 样品的处理

将大米粉碎均匀，然后准确称取2.00 g（精确至0.0001 g），放入事先编好号的瓷坩埚中，在电热板上以小火加热使试样充分炭化至无烟。

3. 样品的灰化

将炭化后的试样置于马弗炉中，在550 ± 25 °C下灼烧4 h，冷至200 °C以下取出，放入干燥器中冷却30 min后准确称重（称量前如灼烧残渣有碳粒时，应向试样中滴入少许水湿润，使结块松散，蒸出水分再次灼烧至无碳粒即灰化完全）。反复灼烧至前后两次称量相差不超过0.5 mg即为恒重。

五、结果与讨论

1. 结果计算

表 2-8

编号	空坩埚质量/m_1/g	样品和坩埚质量/m_2/g	残灰和坩埚质量/m_3/g			
			1	2	3	恒重值
1						
2						
3						

样品中总灰分的计算公式如下：

$$X = \frac{m_1 - m_2}{m_3 - m_2} \times 100$$

式中：X——样品中总灰分的含量，g/100 g；

m_1——空坩埚的质量，g；

m_2——样品和坩埚的质量，g；

m_3——残灰加坩埚的质量，g。

结果保留三位有效数字。

2. 注意事项

（1）样品炭化时要注意控制温度，避免产生大量泡沫溢出坩埚；待炭化完全不再冒烟后才可放入高温电炉中，且灼烧空坩埚与灼烧样品的条件应尽量一致，以消除系统误差。

（2）将坩埚放入高温炉或从炉中取出时，应在炉口停留片刻，使坩埚预热或冷却，否则因温度剧变而使坩埚破裂。

（3）灼烧后的坩埚须冷却至 200 °C 以下再移入干燥器中，防止因过热产生对流作用，易造成残灰飞散；且冷却速度慢，冷却后干燥器内形成较大真空，盖子不易打开。

（4）富含糖分、淀粉、蛋白质的试样，炭化前加数滴纯植物油以防止其发泡溢出。

（5）新坩埚在使用前须在体积分数为 20%的盐酸溶液中煮沸 1 ~ 2 h，再用自来水和蒸馏水分别冲洗干净并烘干。旧坩埚经初步清洗后，可用废盐酸浸泡 20 min 左右，然后用水冲洗干净。

（6）判断灰化是否完全的最可靠方法是反复灼烧至恒重。因为有些样品即使灰化完全，残留不一定是白色或灰白色。例如铁含量高的食品，残灰呈褐色；锰、铜含量高的食品，残灰呈蓝绿色；而有时即使灰的表面呈白色或灰白色，但内部仍有碳粒存留。

（7）灼烧温度应控制在 600 °C 以内，防止钾、钠、氯等易挥发成分的损失。

3. 思考题

（1）什么是食品的灰分，测定灰分有何意义？

（2）为什么要控制灰化的温度，当温度过高或过低对测定结果有何影响？

（3）为什么样品在灰化前要炭化？怎么判断样品灰化是否完全？

（4）样品经长时间灼烧后，灰分中仍有炭粒遗留的主要原因是什么？

实验二十五　酱油中氨基酸态氮的含量测定

一、实验目的

（1）学会酸碱滴定的基本操作及酸度计的使用。

（2）掌握氨基酸态氮的测定原理与含量计算。

（3）了解氨基酸态氮的测定方法及操作关键。

二、实验原理

利用氨基酸的两性作用，氨基酸含有酸性的-COOH 和碱性的-NH_2，它们相互作用使氨基酸成为中性的内盐。当加入甲醛溶液以固定氨基的碱性，使羧基显示出酸性。用氢氧化钠标准溶液滴定后定量，根据酸度计指示 pH 值（-COOH 被完全中和时，pH 值约为 8.5 ~ 9.5），控制终点，从而测定氨基酸态氮的含量。

反应式如下：

$$\mathrm{R{-}CH(NH_3^+){-}COO^-} \rightleftharpoons \mathrm{R{-}CH(NH_2){-}COOH} \xrightarrow{+\mathrm{HCHO}} \mathrm{R{-}CH(N{=}CH_2){-}COOH} \xrightarrow{+\mathrm{NaOH}} \mathrm{R{-}CH(N{=}CH_2){-}COONa}$$

三、实验仪器与材料

1. 仪　器

（1）酸度计。

（2）磁力搅拌器。

（3）10 mL 微量滴定管。

（4）20 mL 移液管。

（5）100 mL 容量瓶。

（6）250 mL 烧杯。

2. 试　剂

（1）36 %甲醛（HCHO，AR）;

（2）氢氧化钠（NaOH，AR）。

3. 材　料

酱油（市售）。

四、实验步骤

（1）精确吸取 5.0 mL 试样，置于 100 mL 容量瓶中，加蒸馏水至刻度，混匀备用。

（2）吸取上述稀释液 20.0 mL，置于 200 mL 烧杯中，加 60 mL 蒸馏水，开动磁力搅拌器，用 0.050 mol/L 氢氧化钠标准溶液滴定至酸度计指示 pH = 8.2，记录此时消耗的氢氧化钠标准溶液的体积 V_0（可计算总酸含量）。

（3）向上述溶液中准确加入 10.0 mL 36%甲醛溶液，混匀。再用 0.050 mol /L 氢氧化钠标准溶液继续滴定至 pH = 9.2，记录加入甲醛后滴定所消耗的氢氧化钠标准溶液的体积 V_1。

（4）取 80 mL 蒸馏水，在同样条件下做试剂空白试验。具体操作：先用 0.050 mol/L 氢氧化钠标准溶液滴定至酸度计指示 pH = 8.2，再加入 10.0 mL 甲醛溶液，混匀，再用 0.050 mol/L 氢氧化钠溶液滴定至 pH = 9.2，记录加入甲醛后滴定所消耗氢氧化钠标准溶液的体积 V_2。

附注：按照 GB/T601-2002 的方法配制 0.5 mol/L 氢氧化钠标准滴定溶液，再用煮沸冷却后的水稀释十倍即得 0.050 mol/L 氢氧化钠标准滴定溶液。

五、结果与讨论

1. 结果计算

表 2-9

<table>
<tr><td colspan="2" rowspan="2">滴定次数</td><td colspan="3">加甲醛前</td><td colspan="3">加甲醛后</td><td rowspan="2">氨基酸态氮含量 X
(g/100 mL)</td></tr>
<tr><td>$V_{初}$</td><td>$V_{末}$</td><td>V_0</td><td>$V_{末}$</td><td>$V_{终}$</td><td>$V_1(V_2)$</td></tr>
<tr><td rowspan="3">稀释液</td><td>1</td><td></td><td></td><td></td><td></td><td></td><td></td><td></td></tr>
<tr><td>2</td><td></td><td></td><td></td><td></td><td></td><td></td><td></td></tr>
<tr><td>3</td><td></td><td></td><td></td><td></td><td></td><td></td><td></td></tr>
<tr><td colspan="2">空白试剂</td><td>/</td><td>/</td><td>/</td><td></td><td></td><td></td><td></td></tr>
<tr><td colspan="2">c_{NaOH}</td><td colspan="7"></td></tr>
<tr><td colspan="5">氨基酸态氮平均值(g/100 mL)</td><td colspan="4"></td></tr>
<tr><td colspan="5">精密度</td><td colspan="4"></td></tr>
</table>

试样中氨基酸态氮的含量为：

$$X = \frac{(V_1 - V_2)c \times 0.014}{5 \times \left(\frac{V}{100}\right)} \times 100$$

式中：X——试样中氨基酸态氮的含量，g/100 mL；

V_1——测定试样稀释液加入甲醛后消耗标准碱液的体积，mL；

V_2——测定试剂空白加入甲醛后消耗标准碱液的体积，mL；

c——氢氧化钠标准溶液的浓度，mol/L；

V——试样稀释液取用量，mL；

0.014——与 1.00 mL 氢氧化钠标准溶液[C(NaOH) = 1.000 mol/L]相当的氮的质量，g。

2. 注意事项

（1）加入甲醛后放置时间不宜过长，应立即滴定，以免甲醛聚合，影响测定结果。

（2）由于铵离子能与甲醛作用，样品中若含有铵盐，将会使测定结果偏高。

（3）计算结果保留两位有效数字。精密度在重复性条件下获得两次独立测定结果的绝对差值不得超过算术平均值的 10%。

（4）酸度计使用前要先校准，使用完后要及时清洗电极。

（5）甲醛试剂不应含有聚合物，放置久的甲醛溶液易发生聚合产生乙酸。

（6）甲醛的加入量应准确，不宜增加或减少，以免影响测定结果。

3. 思考题

（1）0.050 moL/L 氢氧化钠标准溶液如何配制与标定？

（2）加入甲醛的作用是什么？甲醛的放置时间与加入量对结果有何影响？

（3）酸度计有何作用，使用时应注意哪些事项？

实验二十六　果酒中总糖和还原糖含量的测定

一、实验目的

（1）学习斐林试剂法测定还原糖和总糖的操作方法。
（2）掌握果酒中还原糖、总糖测定的原理及方法。

二、实验原理

还原糖和总糖的测定是糖量测定的基本方法。还原糖是指含有自由醛基或酮基的糖类，单糖都是还原糖，双糖和多糖不一定是还原糖，如乳糖和麦芽糖是还原糖，但蔗糖和淀粉是非还原糖。利用糖的溶解度不同，可将植物样品中的单糖、双糖和多糖分别提取出来，对没有还原性的双糖和多糖，可用酸水解法使其降解成有还原性的单糖进行测定，再分别求出样品中还原糖和总糖的含量（还原糖以葡萄糖含量计）。

利用斐林溶液与还原糖共沸，生成氧化亚铜沉淀，以次甲基蓝为指示剂，以样品或经水解后的样品滴定煮沸的斐林溶液，达到终点时，用稍微过量的还原糖将蓝色的次甲基蓝还原为无色，以示终点。根据样品的消耗量求得总糖或还原糖的含量。

三、实验仪器与材料

1. 仪　器

（1）电炉。
（2）恒温干燥箱。
（3）干燥器。
（4）滴定管。
（5）铁架台。
（6）恒温水浴锅。
（7）100 mL容量瓶。
（8）250 mL锥形瓶。

2. 试　剂

（1）盐酸溶液（1 + 1）：量取一定量的蒸馏水于烧杯中，再量取相同体积的浓盐酸与之混合，搅拌均匀即得，此操作在通风橱里进行。

（2）200 g/L 氢氧化钠溶液：称取 20 g 氢氧化钠加水溶解后，放冷，并稀释至 100 mL。

（3）2.5 g/L 标准葡萄糖溶液：精确称取 1.25 g 在 105 ~ 110 °C 烘干至恒重的无水葡萄糖，加水溶解并定容至 500 mL。

（4）10 g/L 次甲基蓝指示剂：称取 1.0 g 次甲基蓝，溶解于水中并定容至 100 mL。

（5）1 g/L 甲基红指示剂：准确称取 0.10 g 甲基红，溶解于乙醇中并定容至 100 mL。

（6）斐林溶液Ⅰ：称取 34.7 g 硫酸铜（$CuSO_4 \cdot 5H_2O$），加水溶解并定容至 500 mL，摇匀，过滤即可。

（7）斐林溶液Ⅱ：称取 173 g 酒石酸钾钠和 50 g NaOH，加水溶解并定容至 500 mL，摇匀，过滤即成；使用时将溶液Ⅰ、Ⅱ按等体积混合。

（8）盐酸（HCl），分析纯。

（9）氢氧化钠（NaOH，AR）。

（10）葡萄糖（$C_6H_{12}O_6$，AR）。

（11）次甲基蓝（$C_{16}H_{18}ClN_3S \cdot 3H_2O$，AR）。

（12）硫酸铜（$CuSO_4 \cdot 5H_2O$，AR）。

（13）甲基红（$C_{15}H_{15}N_3O_2$，AR）。

（14）酒石酸钾钠（$KNaC_4H_4O_6 \cdot 4H_2O$，AR）。

3. 原　料

葡萄酒。

四、实验步骤

1. 斐林溶液的标定

（1）预备试验：准确吸取斐林溶液Ⅰ、Ⅱ各 5.00 mL 于 250 mL 锥形瓶中，加 30 mL 蒸馏水，混匀后在电炉上加热至沸，在沸腾状态下用 2.5 g/L 葡萄糖标准溶液滴定，待溶液的蓝色即将消失呈红色时，加入 2 滴 10 g/L 次甲基蓝指示剂，继续用 2.5 g/L 葡萄糖标准溶液滴定至蓝色消失，记录消耗的葡萄糖标准溶液的体积。

（2）正式试验：准确吸取斐林溶液Ⅰ、Ⅱ各 5.00 mL 于 250 mL 锥形瓶中，加 30 mL 蒸馏水，混匀后加入比预备试验少 1 mL 的葡萄糖标准溶液，置于电炉上加热至沸，并保持沸腾 2 min，加入 2 滴 10 g/L 次甲基蓝指示剂，在沸腾状态下于 1 min 内用 2.5 g/L 葡萄糖标准溶液滴定至终点，记录消耗的葡萄糖标准溶液的总体积。

（3）斐林溶液Ⅰ、Ⅱ各 5 mL 相当于葡萄糖的克数 F 的计算：$F = m/1000 \times V$，式中 m 为称取葡萄糖的质量（g），V 为正式标定时消耗葡萄糖标准溶液的体积（mL）。

2. 试样的制备

（1）测总糖用试样：准确吸取 2 ~ 10 mL 的样品（V_1）于 100 mL 容量瓶中，控制水解液的总糖量为 2 ~ 4 g/L，加 5 mL 盐酸溶液(1 + 1)，加水至 20 mL，摇匀。于 68 ~ 70 °C 水浴上水解 15 min，取出冷却后加入 1 滴 1 g/L 甲基红指示剂，用 200 g/L 氢氧化钠溶液中和至红色消失（近似于中性），调温至 20 °C，加水定容至刻度（V_2）。

（2）测还原糖用试样：准确吸取 2～10 mL 的样品（V_1）于 100 mL 容量瓶中，使之所含还原糖量为 2～4 g/L，加水定容至刻度（V_2）。

3. 试样的测定

以试样代替葡萄糖标准溶液，按费林溶液标定的方法进行操作，记录消耗试样的体积（V_3），计算试样中的总糖或还原糖含量。

五、结果与讨论

1. 结果与计算

表 2-10

<table>
<tr><td>项目名称</td><td colspan="3">总糖</td><td rowspan="2">总糖含量(g/L)</td><td colspan="3">还原糖</td><td rowspan="2">还原糖含量(g/L)</td></tr>
<tr><td rowspan="2">体积(mL)</td><td>V_1</td><td>V_2</td><td>V_3</td><td>V_1</td><td>V_2</td><td>V_3</td></tr>
<tr><td></td><td></td><td></td><td></td><td></td><td></td><td></td><td></td></tr>
</table>

葡萄酒总糖或还原糖的含量按下式计算：

$$X = \frac{F}{(V_1/V_2)\times V_3}\times 1000$$

式中：X——葡萄酒总糖或还原糖的含量，g/L；

F——费林溶液Ⅰ、Ⅱ各 5 mL 相当于葡萄糖的克数，g；

V_1——吸取样品的体积，mL；

V_2——样品稀释后或水解定容的体积，mL；

V_3——消耗试样的体积，mL。

2. 注意事项

（1）斐林试剂甲、乙液应分别贮存，用时才混合，否则酒石酸钾钠铜配合物长期在碱性条件下，会缓慢分解。

（2）滴定时必须在沸腾条件下进行，其原因：一是可加快还原糖与 Cu^{2+} 的反应速度；二是次甲基蓝变色反应是可逆的，还原型次甲基蓝遇空气中的氧后又变成氧化型的蓝色。此外，氧化亚铜也极不稳定，易被空气中氧所氧化。保持反应液沸腾可防止空气进入，避免次甲基蓝和氧化亚铜被氧化二增加耗糖量。

（3）滴定时不能随意摇动锥形瓶，更不能把锥形瓶从热源上取下来滴定，以防止空气进入反应液中。

（4）样品溶液预测的目的：一是本法对样品中还原糖浓度有一定要求，测定时样品溶液的消耗体积应与标定葡萄糖标准溶液时消耗的体积接近。通过预测可了解样品浓度是否合适，浓度过大或过小，应加以调整，才能提高测定结果的准确性；二是通过预测可知道样液大概消耗量，以便在正式测定时，预先加入比实际用量少 1 mL 左右的样液，只留下 1 mL 左右样液在后滴定时加入，以保证在 1 min 内完成滴定工作，提高测定的准确度。

3. 思考题

（1）根据测定步骤，正确完成实验的操作要点是什么？

（2）为什么滴定过程要保持沸腾？

（3）为什么对样品要进行预备滴定？

实验二十七 黄柏、钩藤、天麻、红花 和金银花的显微鉴定

一、实验目的

（1）学会徒手制片、粉末制片的方法。

（2）掌握显微镜的使用及中药材横切面及粉末的显微鉴别特征。

（3）了解中药材显微鉴定的一般程序。

二、实验原理

由于药材植物体内部构造比较稳定，多具有特异性，对帮助正确鉴别药材有重要应用价值。利用显微镜来观察中药材内部的组织结构、细胞性状及细胞内含物的特征，可鉴定药材的真伪优劣。样品经水合氯醛试剂透化，能溶解样品中的淀粉粒、蛋白质、挥发油、树脂、叶绿素等而使细胞组织透明清晰，再滴加细甘油可防止水合氯醛结晶（草酸钙或碳酸钙晶体）析出。

三、实验仪器与材料

1. 仪　器

（1）生物显微镜。

（2）酒精灯。

（3）盖玻片。

（4）载玻片。

（5）培养皿。

（6）镊子。

（7）解剖针。

（8）擦镜纸。

（9）吸水纸。

（10）火柴。

（11）烧杯。

（12）试管。

（13）恒温水浴锅。

（14）量筒。

（15）粉碎机。

2. 试　剂

（1）水合氯醛试液：取水合氯醛 50 g，加蒸馏水 15 mL 与甘油 10 mL 使其溶解，即为常用的透化剂。

（2）稀甘油试液：取甘油 33 mL，加蒸馏水 10 mL，再加樟脑少许或液化苯酚 1 滴，即得。本品为临时切片的常用封藏液之一。

（3）甘油醋酸试液：取甘油、50 %醋酸、蒸馏水各等分，混合即得，此为常用的一种封藏剂，能在较长时间内保持淀粉的形状、大小，防止淀粉粒崩解。

（4）甘油（$C_3H_8O_3$，AR）。

（5）水合氯醛（$CCl_3CH(OH)_2$，AR）。

（6）醋酸（CH_3COOH，AR）。

3. 原　料

黄柏、钩藤、天麻、红花和金银花。

四、实验步骤

1. 横切片显微鉴定

取浸泡软化后的黄柏、钩藤、天麻分别进行徒手切片。操作如下：用左手拇指、食指和中指夹住材料（松紧适度且材料要伸出食指外约 2 ~ 3 mm），右手持刀片垂直于药材，并使刀片与材料切口平行（切片前在材料的切面上均匀地滴上清水，以保持材料湿润），然后自左前方向右后方均匀地拉切。将切好的薄片，用镊子小心地移入盛有清水的培养皿中浸泡，取载玻片用镊子将切片转移至其上，滴加适量水合氯醛试液加热透化，再滴加 1 滴稀甘油，盖上盖玻片，用吸水纸吸干周围的透出液，置显微镜下观察各标本片的横切面形态特征。

2. 粉末片显微鉴定

取黄柏、钩藤、天麻、金银花和红花分别用粉碎机粉碎至粉末状，过 50 ~ 80 目的筛后制粉末片。操作如下：准备洁净的载玻片和盖玻片各五片，取少许黄柏、钩藤、天麻、金银花和红花粉末少许，分置于五个载玻片中央，滴加适量水合氯醛加热透化，再滴加 1 滴稀甘油，盖上盖玻片后置显微镜下观察各标本片的细胞形态特征。同上，再另制五个标本片，滴加 1 ~ 2 滴甘油醋酸试液，盖上盖玻片，置显微镜下观察细胞中的不溶性物质淀粉粒、脂肪油滴、色素颗粒等内含物；

五、结果与讨论

1. 绘图与分析

用铅笔绘出显微镜下观察到的黄柏、钩藤、天麻的横切面简图，黄柏、钩藤、天麻、金银花和红花粉末的细胞简图，并进行必要的文字描述。

2. 注意事项

（1）徒手切片时，动作要轻而快，力求切片薄而完整，操作时材料的断面与刀口须经常用水湿润。

（2）加盖玻片时应尽量避免产生气泡，且需擦净溢出液后方可进行显微观察。

（3）滴加水合氯醛试液加热透化时，一定要小火温热，切勿温度过高造成大量气泡产生，若有少许气泡，可用解剖针引出。

（4）取拿显微镜时，必须一手握住镜臂，一手托住镜座，轻取轻放，防止因撞击使镜头内各组透镜脱胶而影响观察的清晰度，每次观察标本片时，必须先用低倍镜观察，看清物象后，再换高倍镜，要注意保持显微镜的干燥和清洁，使用前后，均需将显微镜擦干净，注意镜头要用擦镜纸或绸巾单向擦拂，切勿用手、手帕或纸片等去擦，观察临时制片时，要防止水分或药液外溢以致沾污镜头及其他部分。

3. 思考题

（1）使用显微镜要注意哪些事项？

（2）金银花和红花的显微特征有何异同？

（3）天麻的组织构造中，有哪些较显著的鉴别特征？

实验二十八　牛黄解毒片、六味地黄丸的显微鉴定

一、实验目的

（1）学习粉末制片的操作方法。
（2）掌握牛黄解毒片、六味地黄丸的显微鉴定及显微特征。
（3）了解牛黄解毒片、六味地黄丸的配方组成。

二、实验原理

利用显微镜来观察中药制剂中保留有原药材的组织、细胞或内含物等显微特征，从而鉴别制剂的处方组成，以控制制剂的质量标准。

三、实验仪器与材料

1. 仪　器

（1）酒精灯。
（2）盖玻片。
（3）载玻片。
（4）镊子。
（5）解剖针。
（6）擦镜纸。
（7）吸水纸。
（8）研钵。
（9）火柴。

2. 试　剂

（1）甘油（$C_3H_8O_3$，AR）。
（2）水合氯醛（$CCl_3CH(OH)_2$，AR）。
（3）醋酸（CH_3COOH，AR）。

3. 原　料

牛黄解毒片、六味地黄丸（市售品）。

四、实验步骤

制片前先将牛黄解毒片（取片心），六味地黄丸研成粉末。准备洁净的载玻片和盖玻片各四片，取少许牛黄解毒片和六味地黄丸粉末分别置于载玻片上，滴加适量水合氯醛试液，加热透化后滴加稀甘油 1 滴，盖上盖玻片，用吸水纸吸去周围的透出液，置显微镜下观察。

五、结果与讨论

1. 绘图与分析

用铅笔绘出显微镜下观察到的牛黄解毒片和六味地黄丸标本片的细胞特征简图，并进行必要的文字解说。

2. 注意事项

（1）中药制剂必须进行粉碎，牛黄解毒片需去掉外层包衣取片心，六味地黄丸需进行适当解离，然后再取少许制片观察。

（2）制片时动作一定要轻，避免产生大量气泡，且粉末制片要均匀。

3. 思考题

（1）分别推测牛黄解毒片和六味地黄丸中可能含有哪几种中药材？

（2）根据观察到的特征，分别判断两种牛黄解毒片和六味地黄丸的质量情况？

实验二十九　黄连、黄柏的水分、灰分、浸出物的测定

一、实验目的

（1）学会查阅和应用《中国药典》。
（2）掌握黄连、黄柏的水分、灰分、浸出物的测定方法。
（3）了解不同药材黄连、黄柏中水分、灰分、浸出物的含量差异。

二、实验原理

按照2015年版《中国药典》第四部通则0832水分测定法项下的第二法（烘干法）进行水分的测定，通则2302灰分测定法进行总灰分的测定，通则2201浸出物测定法项下的热浸法和冷浸法分别进行黄连和黄柏的浸出物测定。

三、三、实验仪器试剂

1. 仪　器

（1）粉碎机。
（2）称量瓶。
（3）电子分析天平。
（4）恒温干燥箱。
（5）目筛。
（6）坩埚。
（7）马弗炉。
（8）电炉。
（9）锥形瓶。
（10）回流冷凝装置。
（11）干燥器。
（12）水浴锅。
（13）蒸发皿。
（14）过滤装置。

2. 试　剂

稀乙醇：量取529 mL乙醇置于1000 mL容量瓶中，加蒸馏水定容至刻度。

3. 原　料

黄柏、黄连。

四、实验步骤

1. 水分测定

将黄连和黄柏药材干制并破碎至直径约为 3 mm 的颗粒或薄片。分别取黄连、黄柏试品 2 ~ 5 g，平铺于事先已编号并干燥至恒重的扁形称量瓶中（厚度不超过 5 mm）进行精密称定，开启瓶盖在 100 ~ 105 °C 中干燥 5 h，将瓶盖好，移置干燥器中，冷却 30 分钟，精密称定重量。再在上述温度下干燥 1 h，冷却，称重。反复操作至前后两次称重的差异不超过 5 mg 为止，根据减失的重量，计算各试样中的含水量。重复平行实验 3 次。

2. 灰分测定

分别将黄连和黄柏药材粉碎，过 2 号筛并混合均匀。分别取两种试样各 2 ~ 3 g 置于事先已编号并炽灼至恒重的坩埚中，称定重量（精确至 0.01 g）。将坩埚先放于电炉上小火缓缓灼热，至完全碳化时，再将坩埚移至马弗炉内程序升温至 500 ~ 600 °C，使完全灰化并至恒重，根据残渣的重量，计算出试样中灰分的含量。重复平行实验 3 次。

3. 浸出物的测定

分别将黄连和黄柏药材粉碎，过 2 号筛并混合均匀。取黄连试样 2 ~ 4 g，称定重量（准确至 0.01 g），置于 100 ~ 250 mL 的锥形瓶中，精密加稀乙醇 50 ~ 100 mL，塞紧，称定重量，静置 1 h 后，连接回流冷凝管，加热至沸腾，并保持微沸 1 h，放冷后，取下锥形瓶，塞紧，称定重量，用同浓度乙醇补足减失的重量，摇匀，用干燥滤器滤过。精密量取滤液 25 mL，置已干燥恒重的蒸发皿中，在水浴上蒸干后于 105 °C 干燥 3 h，移至干燥器中，冷却 30 min，迅速精密称定重量，以干燥品计算样品中醇溶性浸出物的百分数。

取黄柏试样约 4 g，称定重量（准确至 0.01 g），置 250 ~ 300 mL 锥形瓶中，精密加入稀乙醇 100 mL，密塞，冷浸，前 6 h 内时时振摇，再静置 18 h，用干燥滤器迅速过滤，精密量取滤液 20 mL，置已干燥至恒重的蒸发皿中，在水浴上蒸干后，于 105 °C 干燥 3 h，移置干燥器中冷却 30 min，迅速精密称定重量。以干燥晶计算样品中醇溶性浸出物的百分数。

五、结果与讨论

1. 结果与计算

表 2-11　水分测定

样品	试验编号	m_0	m_1	m_2	含水率(%)	平均值(%)
黄连	1					
	2					
	3					

续表

样品	试验编号	m_0	m_1	m_2	含水率(%)	平均值(%)
黄柏	1					
	2					
	1					

水分百分含量的计算公式如下。

$$水分\% = \frac{(m_0 + m_1) - m_2}{m_0} \times 100\%$$

式中：m_0——供试品重量，g；

m_1——称量瓶恒重的重量，g；

m_2——（称量瓶+供试品）干燥至两次称重的差异不超过 5 mg 的重量，g。

表 2-12　灰分测定

样品	试验编号	m_0	m_1	m_2	含水率(%)	平均值(%)
黄连	1					
	2					
	3					
黄柏	1					
	2					
	3					

总灰分的百分含量计算公式如下。

$$总灰分\% = \frac{m_2 - m_1}{m_0} \times 100\%$$

式中：m_0——供试品重量，g；

m_1——坩埚恒重的重量，g；

m_2——（坩埚+灰分）恒重的重量，g。

表 2-13　浸出物测定

样品	试验编号	w_0	w_1	w_2	含水率(%)	平均值(%)
黄连	1					
	2					
	3					
黄柏	1					
	2					
	3					

浸出物百分含量计算公式如下：

$$浸出物\% = \frac{w_2 - w_1}{w_0} \times 100\%$$

式中：w_0——供试样品的重量，g。

w_1——为蒸发皿恒重的重量，g。

w_2——为蒸发皿+浸出物恒重的重量，g。

2. 注意事项

（1）灰分测定必须掌握好称量技术和恒重的概念。

（2）浸出物测定和水分测定所用的仪器必须清洁、干燥。

（3）水分测定和灰分测定时所用到的容器必须事先在样品恒重的相同条件（同设备同温度）下进行恒重。

（4）样品灰化时，如样品不易灰化，可将残渣放冷，加热水或 10%硝酸铵溶液 2 mL，使残渣湿润，然后置水浴上蒸干，残渣照前法炽灼，至坩埚内容物完全灰化。

3. 思考题

（1）为什么要选择醇溶性浸出物测定法项下的热浸法测定黄连的浸出物，冷浸法测定黄柏的浸出物？

（2）通过实验判断黄连、黄柏的水分、灰分和浸出物含量是否都合格？

实验三十　太子参的薄层色谱鉴别

一、实验目的

（1）学习薄层色谱板的制备。
（2）掌握薄层色谱法的原理及操作方法。
（3）了解太子参中的主要化学成分。

二、实验原理

太子参含有多种化学成分，主要包括皂苷、氨基酸、糖、挥发油、亚油酸及微量元素等。太子参的薄层色谱鉴别多集中于氨基酸类成分的鉴别。薄层色谱法系将供试品溶液点于薄层板上，在展开容器内用展开剂展开，使供试品所含成分分离，以茚三酮乙醇溶液为显示剂，氨基酸在显示剂下显紫色，所得色谱图与对照药材或对照标准品对比，可起到鉴别的作用。

三、实验仪器与材料

1. 仪　器

（1）层析缸。
（2）玻璃板（10 cm × 20 cm，厚 0.5 mm）。
（3）定量毛细管（2 μL）。
（4）研钵。
（5）电子分析天平。
（6）干燥器。

2. 试　剂

（1）0.5%的 CMC-Na 溶液：取烧杯量取 1000 mL 蒸馏水，称取 5 gCMC-Na，撒于水面上，静置 24 h 左右，然后于 50 ~ 60 °C 加热，并不断搅拌直至完全溶解，放冷，用脱脂棉过滤即得。

（2）0.2 %茚三酮乙醇溶液：称取 0.2 g 茚三酮，加 0.2 mL 冰乙酸，用少量无水乙醇溶解，再用无水乙醇定容至 100 mL。

（3）硅胶 G 薄层板的制备：称取硅胶 G 适量，加 0.5 %的 CMC-Na 溶液于研钵中，同一方向研磨搅拌至糊状。用玻璃棒将调制好的糊状物迅速涂在载玻片上，不断振动载玻片使其分布均匀，制成薄层层析板（厚度约 0.5 mm），将制好的薄层板置于水平桌面上自然风干，放入烘箱 110 °C 恒温加热 30 min 进行活化后，置于干燥器中备用。

（4）薄层层析用硅胶 G（AR）。

（5）羟甲基纤维素钠（AR）。

（6）冰醋酸（AR）。

（7）甲醇（AR）。

（8）正丁醇（AR）。

3. 材　料

太子参粉末（贵州）。

四、实验步骤

1. 供试品溶液的制备

取太子参粉末 1.0 g，置三角烧瓶中，加入甲醇 10 mL，温浸，振摇 30 min，滤过，滤液浓缩至 1 mL，作为供试品溶液。

2. 对照品溶液的制备

取太子参对照药材粉末 1.0 g 同法制成对照药材溶液。

3. 薄层层析

点样：取硅胶 CMC 板 5 × 20 cm，吸取太子参供试品溶液、对照品溶液各 1μL，分别点于同一硅胶 G 薄层板上，点样形状为圆点，点样基线（用铅笔事先画好）距底边 1.5 cm，点样直径不大于 2 mm，点样间距 1.5 cm。

展开：点好样的薄层板放入展开缸中，以正丁醇-冰醋酸-水（4∶1∶1）为展开剂，置于用展开剂预饱和 15 min 的展开缸内，展开，取出，晾干。

6. 检　视

对薄层板喷以 0.2%茚三酮乙醇溶液，在 105 °C 下加热至斑点显色清晰。供试品色谱中，在与对照药材色谱相应的位置上，显相同颜色的斑点。

五、结果与讨论

1. 结果与计算

表 2-14

项目	a(mm)	b(mm)	R_f 值	斑点颜色
对照药材				
供试品				

R_f值的计算公式如下：

$$R_f = \frac{\text{斑点中心至原点的距离}(a)}{\text{溶剂前沿至原点的距离}(b)}$$

式中：溶剂前沿为展开剂沿吸附剂上升的最前缘；

基线为距薄层板底边 1.5 cm 处的一条点样线；

原点为基线上的样品点加处。

2. 注意事项

（1）载板要求平滑清洁，没有划痕，使用前可用洗涤液或肥皂水洗涤，再清水冲洗干净。

（2）调浆时要将硅胶加到 CMC-Na 中，以免生成太多的团块，浆液要有一定的流动性，稠度以能沿玻棒成细线性下滴为宜。

（3）硅胶研磨时，要同一方向研磨，可适量加入一定量的无水乙醇或丙酮来消泡，也可搅拌后在干净容器内进行超声。

（4）铺板时一定要铺匀，特别是边、角部分，晾干时要放在平整的地方。

（5）点样时点要细，直径不要大于 2 mm，间隔 0.5 cm 以上，浓度不可过大，以免出现拖尾、混杂现象。

（6）展开时温度宜控制在 20 ~ 30 °C 范围内，温度太高或太低均使整个色谱的 R_f值偏高。

3. 思考题

（1）如何选择合适的吸附剂和展开剂？

（2）薄层色谱法在药材的成分分析方面有何重要作用？

（3）薄层板为什么要进行活化？

（4）影响 R_f值的主要因素有哪些？

（5）展开时，展开剂为何不可浸没样品原点？

实验三十一 紫外光谱法鉴定天麻真伪

一、实验目的

（1）学习紫外分光光度计的操作方法。
（2）掌握紫外分光光度法的原理及使用。
（3）了解天麻真伪鉴别的常用方法。

二、实验原理

天麻为兰科植物天麻的干燥块茎，是一种名贵药材，常有伪品混充，主要有马铃薯（茄科植物马铃薯 Solanum tuberosumL.的干燥块茎）、紫茉莉（茉莉科植物紫茉莉 Mirabilis jalapaL.的干燥根）、大丽菊（菊科植物大丽菊 Dahilia pimmataCav.的干燥块根）、巴蕉芋（美人蕉科植物芭焦芋 Canna edulis Ker.的干燥根茎）、商陆（商陆科植物商陆 Phytolacca acinosa Roxb.的根）、天花粉（葫芦科植物栝楼 Trichosanthes kirilowiimaxim 或双边栝楼 Trichosanthes rosthormii Herms 的干燥根）、慈姑（泽泻科植物慈姑 SagittariasagittifouaL.）的球茎。

天麻真品与伪品的粉末外观相近，无明显区别，容易混淆，采用紫外光谱法能对其真伪品作出确切的鉴别。以 95%乙醇为提取剂，不同的样品其紫外光谱对照，吸收峰的位置、吸收峰形状、吸收度比值各有特色，由此可区别出天麻的真伪品。

三、实验仪器与材料

1. 仪　器

（1）日本岛津 UV-2550 型分光光度仪。
（2）电子分析天平。
（3）研钵。
（4）50 mL 容量瓶。
（5）超声振荡仪。
（6）过滤装置。
（7）比色皿。
（8）烧杯。
（9）擦镜纸。

2. 试　剂

95%乙醇（AR）。

3. 原　料

天麻、大丽菊、紫茉莉、芭蕉芋、马铃薯、商陆。

四、实验步骤

1. 样品处理

称取贵州产天麻 0.5 g，粉碎后置 50 mL 容量瓶中，用 95%乙醇浸泡 24 h，振荡，过滤，提取液待用。同上述操作，分别取相同质量的伪品大丽菊、紫茉莉、芭蕉芋、马铃薯、商陆进行处理，制得不同伪品提取液。

2. 样品测定

分别取天麻真伪品提取液至 UV-2550 型分光光度仪中进行紫外光谱测定。扫描范围为 200 ~ 500 nm。

五、结果与讨论

1. 绘图与分析

运用 excel 软件或 origin 软件绘制天麻真伪品溶液的紫外光谱扫描图，并进行对比分析，

分别指出每个样品的紫外光谱特征：最大吸收峰λ_{max}、特征峰λ_i（i = 1，2，3……）及其吸光度比值。

2. 注意事项

（1）进行样品测定前需用空白试剂（95 %乙醇）来走基线。

（2）所用材料均为干燥品，天麻真伪品的提取液浓度尽可能保持相近，为减少误差，所配浓度不宜过大，使其紫外吸光度在 5 或 2 以下，1 以下误差最小。

3. 思考题

（1）鉴别天麻真伪的一般方法主要有哪些?

（2）与传统的天麻真伪鉴别法比较，紫外光谱法有什么优点?

（3）紫外光谱的基本原理?

实验三十二 牛黄解毒片中黄芩苷的含量测定

一、实验目的

（1）学习高效液相色谱仪的操作与使用。
（2）掌握中药制剂中黄芩苷的含量测定方法。
（3）了解外标一点法定量的原理及计算方法。

二、实验原理

《中国药典》记载，牛黄解毒片由石膏、牛黄、雄黄、大黄、黄芩、甘草、桔梗、冰片等八味药组成，具有清热解毒，散风止痛的功效。黄芩为唇形科植物黄芩的根，是一味清热燥湿的中药。黄芩中的主要成分为黄芩苷，黄芩苷是一种黄酮类化合物，药理作用广泛，功能主治：泻实火、除湿热、止血、安胎。

2015 年版《中国药典》规定利用高效液相色谱法分离测定牛黄解毒片中黄芩苷的含量，以 70%乙醇为萃取剂，进入高效液相色谱仪进行色谱分离，通过 DAD 检测器于$\lambda_{max} = 315$ nm 处进行检测，采用外标一点法定量。

三、实验仪器与试剂

1. 仪　器

（1）高效液相色谱仪。
（2）超声波提取器。
（3）电子分析天平。

2. 试　剂

（1）磷酸（AR）;
（2）乙醇（AR）;
（3）甲醇（LC）;
（4）双蒸水。

2. 材　料

牛黄解毒片（市售品）。

四、实验步骤

1. 对照品溶液制备

精密称取在 60 °C 减压干燥 4 h 的黄芩苷对照品适量，加甲醇，制成 1 mL 中含 60 μ g 的溶液，即得。

2. 供试品溶液制备

取本品 20 片（包衣片除去包衣），精密称定，研细，混匀，精密称取细粉 1.0 g，置烧杯中，加 70 %乙醇 40 mL，超声处理 30 min，放冷，滤过，滤液置于 100 mL 容量瓶中，用少量 70%乙醇分次洗涤容器和残渣，溶液滤入同一量瓶中，加 70%乙醇至刻度，摇匀。精密量取 1 mL 置于 10 mL 容量瓶中，加甲醇定容至刻度，摇匀即得。

3. 样品测定

色谱条件：以十八烷基硅烷键合硅胶为填充剂；甲醇-水-磷酸（45∶55∶0.2）为流动相；DAD 为检测器，检测波长为 315 nm。

分别精密吸取对照品溶液与供试品溶液各 10 μL，注入高效液相色谱仪进行测定。

五、结果与讨论

1. 结果与计算

表 2-15

样品	批号	峰高	峰面积	黄芩苷浓度(μg/mL)	平均浓度(μg/mL)
对照品	1				
	2				
	3				
供试品	1				
	2				
	3				

样品溶液中黄芩苷浓度的计算公式：

$$c_1 = A_1 \times \frac{c_2}{A_2}$$

式中：c_1——是样品溶液进样体积中所含黄芩苷的浓度，μg/mL；

A_1——样品溶液进样体积中所含黄芩苷的峰面积；

c_2——对照品溶液进样体积中所含黄芩苷的浓度，μg/mL；

A_2——对照品溶液进样体积中所含黄芩苷的峰面积。

2. 注意事项

（1）为了降低外标一点法的实验误差，应尽量使配制的对照品溶液的浓度与样品中组分的浓度相近。

（2）对照品溶液与供试品溶液的制备均采用 70 %乙醇作为溶剂提取并稀释，保持溶剂的一致性。

（3）因为合格的供试品制备的溶液所得的峰面积均>1000，故建议制备对照品溶液时将浓度制成约 50 μg/mL，使其峰面积>1000 较合适。

3. 思考题

（1）列举几种 HPLC 中常用的定量方法及其特点。

（2）除了 HPLC，还可用什么方法测定牛黄解毒片中黄芩苷的含量？

实验三十三　维 C 银翘片中维 C 含量的测定

一、实验目的

（1）学习维 C 银翘片中维生素 C 含量的检测方法。

（2）掌握高效液相色谱仪的原理及应用。

（3）了解维生素 C 银翘片的配方、功效及应用。

二、实验原理

维 C 银翘片是由 13 味药制成的中西药复方制剂，其中含有维生素 C，维生素 C(Vitaminc, Vc)又叫抗坏血酸，是一种水溶性维生素，在体内参与多种反应，在生物氧化和还原作用以及细胞呼吸中起重要作用。本实验通过超声萃取法快速萃取维 C 银翘片中的 Vc，采用高效液相色谱进行分析，以 Vc 标准系列溶液的色谱峰面积对其浓度做标准曲线，根据样品中 Vc 的峰面积，由标准曲线计算其浓度。

三、实验仪器与试剂

1. 仪　器

（1）高效液相色谱仪。

（2）电子分析天平。

（3）超声振荡仪。

（4）100 mL 容量瓶。

（5）10 mL 容量瓶。

（6）研钵。

（7）小刀。

（8）滤膜。

（9）过滤装置。

（10）移液管。

2. 试　剂

（1）维生素 C 对照品（中国药品生物制品检定所）。

（2）乙腈（C_2H_3N，AR）。

（3）重蒸水、磷酸二氢钾（KH_2PO_4，AR）。

（4）磷酸（H_3PO_4，AR）。

（5）亚硫酸钠（Na_2SO_3，AR）。

3. 材　料

维生素 C 银翘片（市售）。

四、实验步骤

1. 色谱条件的确定

以 Agilent Eclipse XDBC$_{18}$ 柱（250 mm × 4.6 mm，5 mm）为色谱柱，以氨基硅烷键合硅胶为填充剂；以 0.01 mol/L 磷酸二氢钾-乙腈（用磷酸调节 pH 值至 2.4）（30∶70）为流动相；检测波长为 246 nm；柱温为 25 °C；理论板数按维生素 C 峰计算应不低于 2000。

2. 标准曲线的绘制

精密称取维生素 C 对照品 20 mg，置 100 mL 容量瓶中，加 0.5 %亚硫酸氢钠溶液（用磷酸调节 pH 值至 2.4）溶解并稀释至刻度，摇匀，作为对照品贮备液（每 1 mL 含 200 μg 的溶液）。精密量取对照品贮备液 0.5、1、2、3、4 mL 分别置于 5 个 10 mL 容量瓶中，用 0.5%亚硫酸氢钠溶液稀释至刻度，摇匀。取上述溶液，分别进样 10 μL，以质量浓度（mg/mL）为横坐标、峰面积为纵坐标绘制标准曲线及回归方程。

3. 样品含量测定

取维 C 银翘片 10 片，除去糖衣，研细。精密称取适量（约相当于维生素 C 20 mg），置 100 mL 容量瓶中，加 0.5%亚硫酸氢钠溶液适量，超声处理 5 min，使之完全溶解，放冷并稀释至刻度，摇匀，0.45 μm 的滤膜过滤。精密量取此液 1 mL，置 10 mL 量瓶中，加 0.5%亚硫酸氢钠溶液稀释至刻度，摇匀。另取对照品贮备液 1 mL，用 0.5%亚硫酸氢钠溶液稀释至 10 mL，摇匀，作为对照品溶液。在上述色谱条件下测定，进样量为 10 μL，按外标法以峰面积计算维生素 C 含量。

五、结果与讨论

1. 结果与计算

表 2-16

样品	批号	进样量 (μL)	保留时间	峰高	峰面积	浓度 (mg/mL)	样品中维 C 的含量 (mg/100 g)
维生素 C	1						
	2						
	3						

试样中维生素 C 的含量计算公式如下。

$$X=\frac{c\times \text{稀释倍数}\times V}{m}\times 100$$

式中：X——试样中维生素 C 含量，mg/100 g；

c——由标准曲线得出的待测液维生素 C 的质量浓度，mg/mL；

V——试样定容体积，mL；

m——试样质量，g。

结果保留 3 位有效数字。

2. 注意事项

（1）维生素 C 在空气中易氧化，溶液要临用时配制。

（2）维生素 C 见光易分解，故应用棕色瓶贮备。

（3）微量金属离子会加速维生素 C 分解，故实验中所用的所有玻璃容器均需清洁干燥。

（4）绘制标准曲线时，应注意保证样品溶液浓度在标准曲线范围内。

（5）标准曲线的绘制和实际样品测定的条件应严格一致。

3. 思考题

（1）维生素 C 含量的测定方法有哪些，比较它们的优缺点？

（2）校准曲线法有何优缺点？液相色谱法中常用的定性定量方法有哪些？

（3）如何快速建立未知物的液相色谱方法？一般应考虑哪些主要因素？

实验三十四　土壤样品的采集及处理

一、实验目的

（1）学习各类不同分析目的土壤样品的采集和处理方法。

（2）掌握耕层混合土样的采集和风干样品的制备方法。

（3）了解土壤采集及分析的要求。

二、实验原理

科学地采集土样，使之对所研究的目标和对象必须具有最大的代表性，并利用样品的分析数据来研究或判断一定范围内的土壤性质和内在特征，作为论证某一事物或解决某一问题的依据，是土壤分析的最终目的。

实际操作中，往往采样误差要比分析误差大得多，而造成采样误差的主要原因是土壤的不均一性。为确保样品的代表性，必须采取以下技术措施控制采样误差。

（1）科学划定采样单元。采样前要应收集有关资料并进行现场勘察，根据土壤类型、肥力等级和地形等因素将研究范围划分为若干个采样单元，每个采样单元的土壤要尽可能均匀一致。

（2）合理确定采样点数。要能够反映出采样单元的土壤特性，需要有足够多的采样点。根据研究范围的大小、研究对象的复杂程度和试验研究所要求的精密度等因素来确定采样点的多少，一般以 5 ~ 20 个点为宜。

三、实验仪器与试剂

（1）GPS。

（2）铁铲。

（3）锄头。

（4）竹片。

（5）塑料盆。

（6）塑料棍。

（7）样品袋。

（8）铅笔。
（9）标签等。
（10）冰箱。
（11）竹筛。
（12）风干架。
（13）尼龙网筛等。

四、实验步骤

1. 土壤的采集

（1）耕层混合土样的采集。

耕层混合土样的采集需要遵循三个原则。“随机原则”：每一个采样点都是任意决定的，使采样单元内的所有点都有同等机会被采到；“等量原则”：要求每一点采取土样，深度要一致，采样量要一致；“多点混合原则”：指把一个采样单元内各点所采的土样均匀混合构成一个混合样品，以提高样品的代表性。

① 每个采样点的取土深度及采样量应均匀一致，土样上层与下层的比例要相同。采样器应垂直于地面，入土至规定的深度。用取土铲取样应先铲出一个耕层断面，再平行于断面下铲取土。

② 采集的样品放入样品袋，用铅笔写好标签内外各具一张，注明采样地点、日期、采样深度、土壤名称、编号及采样人等，同时做好采样记录。

注意事项：

对于耕作、施肥等农艺措施的耕层土壤，一般采用“S”形布点采样。但在地形变化小、地力较均匀、采样单元面积小的情况下，也可采用梅花形布点取样。

采样点的分布要尽量均匀，不宜在堆过肥料的地方和田埂、沟边及特殊地形部位采样。

一个混合土样以取 1 kg 左右为宜，如果采集的样品数量太多，可用四分法将多余的土壤弃去。方法是将采集的土壤样品放在盘子里或塑料布上，弄碎、混匀、铺成四方形，划对角线将土样分成四份，把对角的两份分别合并成一份，保留一份，弃去一份。如果所得的样品仍然很多，可再用四分法处理，直到所需数量为止（见图 3-1）。

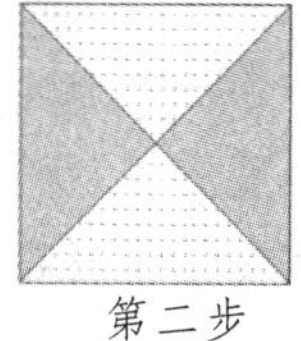

图 3-1　四分法取样步骤图

采集水稻土或湖沼土等烂泥土样时，四分法难以应用，可将所采集的样品放人塑料盆中，用塑料棍将各样点的烂泥搅拌均匀后再取出所需数量的样品。

（2）土壤剖面样品的采集。

土壤剖面样品的采集用以研究土壤基本理化性质。其方法是在能代表研究对象的采样点挖掘 1 m×1.5 m 左右的长方形土壤剖面坑，较窄的一面向阳作为剖面观察面。挖出的土应放在土坑两侧，而不要放在观察面的上方。土坑的深度根据具体情况确定，一般要求达到母质层或地下水位。根据剖面的土壤颜色、结构、质地、松紧度、湿度及植物根系分布等划分土层，按研究所需了解的项目逐项进行仔细观察、描述记载，然后自下而上逐层采集样品，一般采集各层最典型的中部位置的土壤，以克服层次之间的过渡现象，保证样品的代表性。每个土样质量 1kg 左右，将所采集的样品分别放入样品袋，在样品袋内外各具一张标签，写明采集地点、剖面号、层次、土层深度、采样日期和采样人等。

（3）土壤诊断样品的采集。

土壤诊断样品的采集目的是为诊断某些植物（包括作物）发生局部死苗、失绿、矮缩、花而不实等异常现象，而有针对性地对土壤某些成分进行分析，以查明原因。一般应在发生异常现象的范围内，采集典型土壤样品，多点混合，同时，在附近采集正常土样作为对照。

（4）土壤盐分动态样品的采集。

盐分动态样品的采集目的是为了解土壤中盐分的积累规律和动态变化。造成土壤剖面中盐分季节性变化的主要原因是淋溶和蒸发，因此，这类样品的采集应按垂直深度分层采取。即从地表起每 10 cm 或 20 cm 划为一个采样层，取样方法多用“段取”，即在该取样层内，自上而下，全层均匀地取土，这样有利于土壤储盐量的计算或绘制土壤剖面盐分分布图。研究盐分在土壤中垂直分布的特点时则多用“点取”。即在各取样层的中部位置取样。此外，应特别重视采样的时间和深度，因为盐分上下移动受不同时间的淋溶与蒸发作用的影响很大。

（5）土壤物理性质测定样品的采集。

如测定土壤容重和孔隙度等物理性状，须用原状土样，其样品可直接用环刀在各土层中采取。采取土壤结构性的样品，须注意土壤湿度，不宜过干或过湿，最好在不黏铲、经接触不变形时分层采取。在取样过程中须保持土块不受挤压，不变形，尽量保持土壤的原状，如有受挤压变形的部分要弃去。土样采后要小心装入铁盒。其他项目土壤根据要求装入铝盒或环刀，带回室内分析测定。

2. 土壤样品的处理和贮存

（1）新鲜样品。

为了能真实地反映土壤在田间自然状态下的某些理化性状，如果土壤中含有二价铁、硝态氮、铵态氮等成分，它们在风干过程中会发生显著变化，必须用新鲜样品进行分析。新鲜样品要及时送回室内进行处理分析，用粗玻璃棒或塑料棒将样品混匀后迅速称样测定。

新鲜样品一般不宜贮存，如需暂时贮存，可将新鲜样品装入塑料袋，扎紧袋口，放在冰箱冷藏室或进行速冻固定保存。

（2）风干样品。

从野外采回的土壤样品要及时放在样品盘上，摊成薄薄的一层，置于干净整洁的室内通风处自然风干，严禁曝晒，并注意防止酸、碱等气体及灰尘的污染。风干过程中要经常翻动土样并将大土块捏碎以加速干燥，同时剔除土壤以外的侵入体。

风干后的土样按照不同的分析要求研磨过筛，充分混匀后，装入样品瓶中备用。瓶内外各放标签一张，写明编号、采样地点、土壤名称、采样深度、样品粒径、采样日期、采样人及制样时间、制样人等项目。制备好的样品要妥为贮存，避免目晒、高温、潮湿和酸碱等气体的污染。全部分析工作结束，分析数据核实无误后，试样一般还要保存三个月至半年，以备查询。少数有价值需要长期保存的样品，须保存于广口瓶中，用蜡封好瓶口。

3. 一般化学分析试样

将风干后的样品平铺在制样板上，用木棍或塑料棍碾压，并将植物残体、石块等侵入体和新生体剔除干净，细小已断的植物须根，可采用静电吸附的方法清除。压碎的土样要全部通过 2 mm 孔径筛。未过筛的土粒必须重新碾压过筛，直至全部样品通过 2 mm 孔径筛为止。过 2 mm 孔径筛的土样可供 pH 值、盐分、交换性能及有效养分项目的测定。

将通过 2 mm 孔径筛的土样用四分法取出一部分继续碾磨，使之全部通过 0.25 mm 孔径筛，供有机质、腐殖质组成、全氮、碳酸钙等项目的测定。将通过 0.25 mm 孔径筛的土样用四分法取出一部分继续用玛瑙研钵磨细，使之全部通过 0.149 mm 孔径筛，供矿质成分、全量分析等项目的测定。

4. 微量元素分析试样

用于微量元素分析的土样，其处理方法同一般化学分析样品，但在采样、风干、研磨、过筛、运输、贮存等诸环节都要特别注意，不要接触能造成污染的金属器具。如采样、制样使用不锈钢、木、竹或塑料工具，过筛使用尼龙网筛等。通过 2 mm 孔径尼龙筛的样品可用于测定土壤有效态微量元素。将通过 2 mm 孔径筛的土样用四分法或多点取样法取出一部分继续用玛瑙研钵磨细，使之全部通过 0.149 孔径尼龙筛，供土壤全量微量元素测定。处理好的样品应放在塑料瓶中保存备用。

5. 颗粒分析试样

将风干土样反复碾碎，使之全部通过 2 mm 孔径筛。留在筛上的碎石称量后保存，同时将过筛的土样称量，以计算石砾质量百分数，然后将土样混匀后盛于广口瓶内，用于颗料分析及其他物理性质测定。若在土壤中有铁锰结核、石灰结核、铁子或半风化体，不能用木棍碾碎，应细心拣出称量保存。

6. 思考题

（1）为使采集的土样具有最大的代表性，其分析结果能反映田间实际情况，应如何使采样误差减小到最低程度？

（2）采集一个代表性混合土样有哪些要求？应该注意些什么？

（3）土样在制备过程中应注意哪些事项？

实验三十五　土壤中有机质含量的测定

一、实验目的

（1）学习油浴加热重铬酸钾氧化-容量法测定土壤中有机质方法。

（2）掌握测定土壤中有机质的基本原理和油浴锅加热方法。

（3）了解土壤有机质对土壤理化性状、微生物活动及土壤肥力的影响。

二、实验原理

在加热条件下，用过量的重铬酸钾-硫酸溶液氧化土壤有机质，过剩的重铬酸钾用硫酸亚铁铵标准溶液滴定，以样品和空白消耗重铬酸钾的差值计算出有机碳量。因本方法与干烧法对比只能氧化 90%的有机碳，因此，将测得的有机碳乘以校正系数 1.1，再乘以常数 1.724（按土壤有机质平均含碳 58%计算），即为土壤有机质含量。其氧化反应为：

$$2K_2Cr_2O_7 + 3C + 8H_2SO_4 = 2K_2SO_4 + 2Cr_2(SO_4)_3 + 3CO_2 + 8H_2O$$

注：本方法适用于有机质含量低于 150 g/kg 的土壤有机质的测定。

三、实验仪器与试剂

1. 仪　器

（1）油浴锅：用紫铜皮做成或用高度约 20 cm ~ 26 cm 的不锈钢锅代替，内装固体石蜡（工业用）或食用菜油。

（2）硬质试管：18 mm ~ 25 mm × 200 mm；铁丝笼：大小和形状与油浴锅配套，内有若干小格，每格内可插入一支试管。

（3）滴定管：10.00 mL、25.00 mL；温度计：300 °C；可调温电炉：1 000 W。

2. 试　剂

（1）重铬酸钾-硫酸溶液[$c(\frac{1}{6}K_2Cr_2O_7) = 0.4$ mol/L]：称取 40.0 g 重铬酸钾溶于 600 mL ~ 800 mL 水中，用滤纸过滤到 1 L 量筒内，用水洗涤滤纸，并加水至 1 L。将此溶液转移至 3 L 大烧杯中；另取 1 L 密度为 1.84 的浓硫酸，慢慢地倒入重铬酸钾水溶液中，不断搅动。为避免溶液急剧升温，每加约 100 mL 浓硫酸后可稍停片刻，并把大烧杯放在盛有冷水的大塑料盆内冷却，当溶液温度降到不烫手时再加另一份浓硫酸，直到全部加完为止。此溶液可以长期保存。

（2）重铬酸钾标准溶液[$c(\frac{1}{6}K_2Cr_2O_7) = 0.2000$ mol/L]：称取经 130 °C 烘 2 ~ 3 h 的重铬酸钾（优级纯）9.807 g，先用少量水溶解，然后无损地移入 1000 mL 容量瓶中，加水定容。

（3）硫酸亚铁铵标准溶液｛$c[Fe(NH_4)_2(SO_4)_2 \cdot 6H_2O] = 0.2000$ mol/L｝：称取硫酸亚铁铵 78.4 g，溶解于 600 mL ~ 800 mL 水中，加浓硫酸 20 rnL，搅拌均匀，加水定容至 1 000 mL（必要时过滤），贮于棕色瓶中保存。此溶液易被空气氧化而致浓度下降，每次使用时应标定其准确浓度。

（4）硫酸亚铁铵标准溶液的标定：吸取 0.2000 mo1/L 重铬酸钾标准溶液 20.00 mL 于 150 mL 三角瓶中，加浓硫酸 3 mL ~ 5 mL 和邻菲啰啉指示剂 2 ~ 3 滴，用硫酸亚铁铵标准溶液滴定，根据硫酸亚铁铵溶液消耗量计算其准确浓度。

（5）邻菲啰啉($C_{12}HgN_2 \cdot H_2O$)指示剂：称取邻菲啰啉 1.49 g 溶于含有 1.00 g 硫酸亚铁铵[$Fe(NH)_2(SO_4)_2 \cdot 6H_2O$]的 100 mL 水溶液中。此指示剂易变质，应密闭保存于棕色瓶中。

四、实验步骤

（1）称取通过 0.25 mm 孔径筛的风干试样 0.05 ~ 0.5 g（精确到 0.0001 g，称样量根据有机质含量范围而定），放入硬质试管中，然后从滴定管准确加入 10.00 mL 0.4 mol/L 重铬酸钾-硫酸溶液，摇匀并在每个试管口插入一玻璃漏斗。将试管逐个插入铁丝笼中，再将铁丝笼沉人已在电炉上加热至 375 °C ~ 190 °C 的油浴锅内，使管中的液面低于油面，要求放入后油浴温度下降至 170 °C ~ 370 °C，待试管中的溶液沸腾时开始计时，此刻必须控制电炉温度，不使溶液剧烈沸腾，其间可轻轻提起铁丝笼在油浴锅中晃动几次，以使液温均匀，并维持在 170 °C ~ 370 °C，在 5 ± 0.5 min 后将铁丝笼从油浴锅中提出，冷却片刻，擦去试管外壁的油液。把试管内的消煮液及土壤残渣无损地转入 250 mL 三角瓶中，用水冲洗试管及小漏斗，洗液并入三角瓶中，使三角瓶内溶液的总体积控制在 50 mL ~ 60 mL。加 3 滴邻菲啰啉指示剂，用硫酸亚铁铵标准溶液滴定剩余的 $K_2Cr_2O_7$，溶液的变色过程是橙黄—蓝绿—棕红。

（2）每批试样分析时，必须同时做两个空白试验，即称取大约 0.2 g 灼烧过的浮石粉或土壤代替土样，其他步骤与土样测定相同。如果试样滴定所用硫酸亚铁铵标准溶液的体积不到空白试验所耗硫酸亚铁铵标准溶液体积的 1/3，则有氧化不完全的可能，应减少土壤称样量重测。

特别注意：油浴用锅应根据材质不同定期强制更换，以防止石蜡渗漏引发火灾。

五、结果与讨论

1. 结果计算

（1）硫酸亚铁铵标准溶液的标定：

$$c = \frac{c_1 \cdot V_1}{V_2}$$

式中：c——硫酸亚铁铵标准溶液的浓度，mol/L；

c_1——重铬酸钾标准溶液的浓度，mo1/L；

V_1——吸取的重铬酸钾标准溶液的体积，mL；

V_2——滴定时消耗硫酸亚铁铵标准溶液的体积，mL。

（2）$有机质(g/kg)=\frac{c\times(V_0-V)\times0.003\times1.724\times1.10}{m}\times1000$

式中：V_0——空白试验所消耗硫酸亚铁铵标准溶液体积，mL；

V——试样测定所消耗硫酸亚铁铵标准溶液体积，mL；

c——硫酸亚铁铵标准溶液的浓度，mol/L；

0.003——1/4 碳原子的毫摩尔质量，g；

1.724——由有机碳换算成有机质的系数；

1.10——氧化校正系数；

m——风干试样的质量，g；

1000——换算成每千克含量。

平行测定结果用算术平均值表示，保留三位有效数字。

2. 精密度

平行测定结果允许相差。

表 3-1

有机质含量（g/kg）	允许绝对相差（g/kg）
<10	≤0.5
10～40	≤1.0
40～70	≤3.0
>100	≤5.0

2. 注意事项

（1）由于此法与干烧法对比只能氧化约 90%的有机质，所以在计算分析结果时应乘上氧化校正系数 1.1。

（2）测定土壤有机质必须采用风干样品。因为水稻土及一些长期渍水的土壤，由于较多的还原性物质存在，可消耗重铬酸钾，使结果偏高。

（3）一般土壤中的氯化物对有机质的测定结果影响不大。以氯化物为主的盐土等在测定有机质时，可同时测定氯离子含量后扣除。在土壤 C_1：C 比为 5：1 以下时，可采用如下方法校正。

土壤含碳量（g/kg）≈未经校正土壤含碳量（g/kg）－[土壤 C_1 含量（g/kg）/12]

（4）加热时，产生的二氧化碳气泡不是真正沸腾，只有在真正沸腾时才能开始计算时间。

（5）如样品的有机质含量超过 150 g/kg，由于称量过少，难以得到准确的分析结果。遇此情况时，一是可采用增加 H_2SO_4-$K_2Cr_2O_7$ 溶液的用量，同时带空试样另做；二是可以用固体稀释法将灼烧土与样品充分混匀，称量，计算时扣除稀释倍数。

（6）样品处理过程中，应注意用静电吸附等方法挑除土壤样品中的植物根叶等有机残体。

（7）用 Fe^{2+}滴定 $Cr_2O_7^{2-}$，当 H_2SO_4 的浓度保持在 $c(\frac{1}{2}H_2SO_4) = 2 \sim 3$ mol/L 时，滴定曲线的突跃范围为 0.85 ~ 1.22 V。指示剂变色敏锐，若增加 $K_2Cr_2O_7$-H_2SO_4 用量时，滴定前应加水稀释。

（8）如果土壤施用了风化煤粉或含有煤屑的城市垃圾，采用本方法测定，可能会出现有机质含量迅速升高的假象。这是由不属于土壤有机质的高度缩合碳引起的，应特别注意。

（9）不同土壤有机质含量的称样量。

表 3-2

有机质含量(g/kg)	试样质量(g)
<20	0.4 ~ 0.5
20 ~ 70	0.2 ~ 0.3
70 ~ 100	0.1
100 ~ 150	0.05

（10）如果需要提供干基含量，可测定土壤水分进行折算。折算公式为：

$$土壤有机质(烘干基) = 土壤有机质(风干基) \times 100/[100 - \omega(H_2O)]\ (g/kg)$$

式中：$\omega(H_2O)$——风干土水分含量，%。

（11）灼烧过的浮石粉或土壤可按以下步骤制备：承浮石粉或矿物质土壤约 200 g，磨细并通过 0.25 mm 孔径筛，分别装入数个瓷蒸发皿中，在 700 ~ 800 °C 的高温电炉内灼烧 2 ~ 3 h，把有机质完全烧尽后备用。

（12）硫酸亚铁铵标准溶液也可用硫酸亚铁标准溶液代替，称取 55.6 g 硫酸亚铁($FeSO_4 \cdot 7H_2O$)，其他步骤同硫酸亚铁铵标准溶配制。

3. 思考题

（1）重铬酸钾氧化-容量法测定土壤中有机质的原理是什么？

（2）油浴锅加热时，应注意哪些事项？

实验三十六　土壤 pH 值的测定（电位法）

一、实验目的

（1）学习电位法测定土壤 pH 值。

（2）掌握电极的使用方法和原理。

（3）了解土壤 pH 值是土壤的理化性质、微生物活动及植物生长发育重要影响因素。

二、实验原理

采用电位法测定土壤 pH 值，是将 pH 玻璃电极（指示电极）和甘汞电极（参比电极）插入土壤悬液或浸出液中构成一原电池，测定其电动势值，再换算成 pH 值。采用酸度计（或 pH 离子计）进行测定，经过标准溶液校正后则可直接读取 pH 值。水土比例对 pH 值影响较大，尤其对于石灰性土壤稀释效应的影响更为显著。以采取较小水土比为宜，本方法规定水土比为 2.5：1。同时酸性土壤除测定水浸土壤 pH 值外，还应测定盐浸 pH 值，即以 1 mol/L KCl 溶液浸提土壤 H^+后用电位法测定。

三、实验仪器与材料

1. 仪　器

（1）pH 离子计或 pH 酸度计（精确到 0.01 pH 值单位）：有温度补偿功能。

（2）pH 玻璃电极。

（3）饱和甘汞电极，当 pH 值大于 10，须用专用电极。

（4）搅拌器。

2. 试　剂

（1）去除 CO_2 的水：煮沸 10 min 后加盖冷却，立即使用。

（2）氯化钾溶液[c (KCl) = 1 mo1/L]：称取 74.6 g KC1 溶于 800 mL 水中，用稀氢氧化钾和稀盐酸调节溶液 pH 值为 5.5 ~ 6.0，稀释至 1 L。

（3）pH 值为 4.01 (25 °C)的标准缓冲溶液：称取经 100 ~ 120 °C 烘干 2 ~ 3 h 的邻苯二甲酸氢钾 10.21 g 溶于水，移入 1 L 容量瓶中，用水定容，贮于聚乙烯瓶。

（4）pH 值为 6.87 (25 °C)的标准缓冲溶液：称取经 110 ~ 130 °C 烘干 2 ~ 3 h 的磷酸氢二钠 3.533 g 和磷酸二氢钾 3.388 g 溶于水，移入 1 L 容量瓶中，用水定容，贮于聚乙烯瓶。

（5）pH 值为 9.37(25 °C)的标准缓冲溶液：称取经平衡处理的硼砂($Na_2B_4O_7 \cdot 10H_2O$)

3.800 g 溶于无 CO_2 的水中，移入 1 L 容量瓶，用水定容，贮于聚乙烯瓶。

硼砂的平衡处理：将硼砂放在盛有蔗糖和食盐饱和水溶液的干燥器内平衡两昼夜。

四、实验步骤

1. 仪器校准

将 pH 离子计的温度补偿器调到待测液与标准缓冲溶液调到同一温度值。用标准缓冲溶液校正仪器时，先将电极插入与所测试样 pH 值相差不超过 2 个 pH 单位的标准缓冲溶液，启动读数开关，调节定位器使读数刚好为标准液的 pH 值，反复几次至读数稳定。取出电极洗净，用滤纸条吸干水分，再插入第二个标准缓冲溶液中，两标准液之间允许偏差 0.1 pH 单位，如超过则应检查仪器电极或标准液缓冲溶液是否有问题。仪器校准无误后，方可用于样品测定。

2. 土壤水浸液 pH 值的测定

称取通过 2 mm 孔径筛的风干土壤 10.0 g 于 50 mL 高型烧杯中，加 25 mL 去除 CO_2 的水，以搅拌器搅拌 1 min，使土粒充分分散，静置 30 min 后进行测定。将电极插入待测液中（注意玻璃电极球泡下部位于土液界面处，甘汞电极插入上部清液），轻轻摇动烧杯以除去电极上的水膜，促使其快速平衡，静置片刻，按下读数开关，待读数稳定（在 5 s 内 pH 值变化不超过 0.02）时记下 pH 值。放开读数开关，取出电极，以水洗涤，用滤纸条吸干水分后即可进行第二个样品的测定。每测 5 ~ 6 个样品后需用标准缓冲溶液检查定位。

3. 土壤氯化钾盐浸提液 pH 值的测定

当土壤水浸液 pH 值<7 时，应测定土壤盐浸提液 pH 值。测定方法除用 lmol/L 氯化钾溶液代替无 CO_2 水以外，其他步骤与水浸液 pH 值测定相同。

五、结果及讨论

1. 结果计算

用酸度计测定 pH 值时，直接读取 pH 值，不需计算，结果保留一位小数，并标明浸提剂的种类。

精密度：平行测定结果允许绝对相差：中性、酸性土壤≤0.1 pH 值单位，碱性土壤≤0.2 pH 值单位。

2. 注意事项

（1）长时间存放不用的玻璃电极需要在水中浸泡 24 h，使之活化后才能进行正常反应。暂时不用的可浸泡在水中，长期不用时，应干燥保存。玻璃电极表面受到污染时，需进行处理。甘汞电极腔内要充满饱和氯化钾溶液，在室温下应有少许氯化钾结晶存在，但氯化钾结晶不宜过多，以防堵塞电极与被测溶液的通路。玻璃电极的内电极与球泡之间、甘汞电极内电极和陶瓷芯之间不得有气泡。

（2）电极在悬液中所处的位置对测定结果有影响，要求将甘汞电极插入上部清液中，尽量避免与泥浆接触，以减少甘汞电极液接电位的影响。

（3）pH 值读数时摇动烧杯会使读数偏低，应在摇动后稍加静止再读数。

（4）操作过程中避免酸碱蒸气侵入。

（5）标准缓冲溶液在室温下一般可保存 1~2 个月，在 4 °C 冰箱中可延长保存期限。用过的标准缓冲溶液不要倒回原液中混存，发现浑浊、沉淀，就不能再使用。

（6）温度影响电极电位和水的电离平衡，温度补偿器、标准缓冲溶液、待测液温度要一致。标准缓冲溶液 pH 值随温度稍有变化，校准仪器时可参照表 3-3。

表 3-3　标准缓冲溶液在不同温度下的变化

温度/ °C	pH 值		
	标准缓冲溶 4.01	标准缓冲溶液 6.87	标准缓冲液 9.37
0	4.003	6.984	9.464
5	3.999	6.951	9.395
10	3.998	6.923	9.332
15	3.999	6.900	9.276
20	4.002	6.881	9.225
25	4.008	6.865	9.370
30	4.015	6.853	9.139
35	4.024	6.844	9.102
38	4.030	6.840	9.081
40	4.035	6.838	9.068
45	4.047	6.834	9.038

（7）依照仪器使用说明书，至少使用两种 pH 值标准缓冲溶液进行 pH 计的校正。

（8）测定批量样品时，最好按土壤类型等将 pH 值相差大的样品分开测定，可避免因电极响应迟钝而造成的测定误差。

（9）如果复合电极质量不稳定，会导致读数稳定时间过度延长，因此，测试期间应经常检查复合电极是否正常。

（10）测量时土壤悬浮液的温度与标准缓冲溶液的温度之差不应超过 1 °C。

（11）pH 标准缓冲溶液也可购买 pH 值标准缓冲试剂直接配制。

3. 思考题

（1）电位法测定土壤 pH 值的原理是什么？

（2）酸度计测定 pH 值时应注意哪些事项？

实验三十七　土壤全氮的测定（凯氏蒸馏法）

一、实验目的

（1）学习凯氏蒸馏法测定土壤全氮含量。

（2）掌握凯氏蒸馏法基本原理和操作方法。

（3）了解土壤全氮、土壤有机氮和土壤无机氮的概念及其相互关系。

二、实验原理

土样在加速剂的参与下，用浓硫酸消煮时，各种含氮有机化合物，经过复杂的高温分解反应，转化为铵态氮。碱化后蒸馏出来的氨用硼酸吸收，以酸标准溶液滴定，计算土壤全氨含量（不包括硝态氮）。

包括硝态和亚硝态氮的全氮测定，在样品消煮前，需先用高锰酸钾将样品中的亚硝态氮氧化为硝态氮后，再用还原铁粉使全部硝态氮还原，转化成铵态氮。

三、实验仪器与试剂

1. 仪　器

（1）消化管（与消煮炉、定氮仪配套），容积 250 mL。

（2）定氮仪；可控温铝锭消煮炉（升温不低于 400 °C）。

（3）半微量滴定管，10 mL。

（4）弯颈漏斗：与消化管配套。

2. 试　剂

（1）硫酸[$\rho(H_2SO_4) = 1.84$ g/mL]。

（2）硫酸标准溶液[$c(\frac{1}{2}H_2SO_4) = 0.01$ mol/L]或盐标准深液[$c(HC1) = 0.01$ mol/L]。

（3）氢氧化钠溶液[$\rho(NaOH) = 400$ g/L]：称取 400 g 氢氧化钠溶于水中，稀释至 1 L。

（4）硼酸-指示剂混合液。

（5）硼酸溶液[$\rho(H_3BO_4) = 20$ g/L]：称取硼酸 20.00 g 溶于水中，稀释至 1 L。

（6）混合指示剂：称取 0.5 g 溴甲酚绿和 0.1 g 甲基红于玛瑙研钵中，加入少量 95%乙醇，研磨至指示剂全部溶解后，加 95%乙醇至 100 mL。使用前，每升硼酸溶液中加 20 mL 混合指示剂，并用稀酸或稀碱调节至红紫色（pH 值约 4.5）。此液放置时间不宜过长，如在使用过程中 pH 值有变化，需随时用稀酸或稀碱调节；

（7）加速剂：称取 100 g 硫酸钾，10 g 硫酸铜($CuSO_4 \cdot 5H_2O$)，1 g 硒粉于研钵中研细，必须充分混合均匀；

（8）高锰酸钾溶液[$\rho(KMnO_4) = 50$ g/L]：称取 25 g 高锰酸钾溶于 500 mL 水，贮于棕色瓶中。

（9）硫酸溶液（1∶1）。

（10）还原铁粉：磨细通过 0.149 mm 孔径筛。

（11）辛醇。

四、实验步骤

1. 称　样

称取通过 0.25 mm 孔径筛的风干试样 0.5 ~ 1 g（含氮约 1 mg，精确到 0.0001 g）。

2. 土样消煮

（1）不包括硝态和亚硝态氮的消煮：将试样送入干燥的消化管底部，加入 2.0 g 加速剂，加水约 2 mL 湿润试样，再加 8 mL 浓硫酸，摇匀。将消化管置于控温消煮炉上，用小火加热，待管内反应缓和时（约 10 min ~ 15 min），加强火力至 375 °C。待消煮液和土粒全部变为灰白稍带绿色后，再继续消煮 1 h，冷却，待蒸馏。在消煮试样的同时，做两份空白试验；

（2）包括硝态氮和亚硝态氮的消煮：将试样送入干燥的消化管底部，加 1 mL 高锰酸钾溶液，轻轻摇动消化管，缓缓加入 2 mL 1∶1 硫酸溶液，不断转动消化管，放置 5 min 后，再加入 1 滴辛醇。通过长颈漏斗将 0.5 g（4 ± 0.01 g）还原铁粉送入消化管底部，瓶口盖上弯颈漏斗，转动消化管，使铁粉与酸接触，待剧烈反应停止时（约 5 min），将消化管置于控温消煮炉上缓缓加热 45 min（管内土液应保持微沸，以不引起大量水分丢失为宜）。停止加热，待消化管冷却后，加 2.0 g 加速剂和 8 mL 浓硫酸，摇匀。消煮至试液完全变为黄绿色，再继续消煮 1 h，冷却，待蒸馏。在消煮试样的同时，做两份空白试验。

3. 氨的蒸馏和滴定

蒸馏前先按仪器使用说明书检查定氮仪，并空蒸 0.5 h 洗净管道。待消煮液冷却后，向消化管内加入约 60 mL 水，摇匀，置于定氮仪上。于三角瓶中加入 25 mL 20 g/L 硼酸-指示剂混合液，将三角瓶置于定氮仪冷凝器的承接管下，管口插入硼酸溶液中，以免吸收不完全。然后向消化管内缓缓加入 35 mL 400 g/L 氢氧化钠溶液，蒸馏 5 min，用少量的水洗涤冷凝管的末端，洗液收入三角瓶内。

用 0.01 mol/L 硫酸（或 0.01 mol/L 盐酸）标准溶液滴定馏出液，当溶液颜色由蓝绿色至刚变为红紫色时，记录所用酸标准溶液的体积。空白测定所用酸标准溶液的体积，一般不得超过 0.40 mL。

五、结果与讨论

1. 结果计算

（1）土壤全氮(N) = $\frac{c\times(V-V_0)\times0.014}{m}\times1000$（g/kg）

式中：V——滴定试液时所用酸标准溶液的体积，mL；

V_0——滴定空白时所用酸标准溶液的体积，mL；

c——酸标准溶液的浓度，mol/L；

0.014——氮原子的毫摩尔质量；

m——风干试样质量，g；

1000——换算成每千克含量。

平行测定结果用算术平均值表示，保留小数点后两位。

（2）精密度。

平行测定结果允许相差如下：

表 3-4

土壤含氮量(g/kg)	允许绝对相差(g/kg)
>1	≤0.05
1～0.6	≤0.04
<0.6	≤0.03

2. 注意事项

（1）因试样烘干过程中可能使全氮量发生变化，因此土壤全氮用风干样品测定。如果需要提供烘干基含量，可测定土壤水分进行折算。折算公式为：

土壤全氮(烘干基) = 土壤全氮(风干基) × 100 / [100 − $\omega(H_2O)$]　(g/kg)

式中：$\omega(H_2O)$——风干土水分含量，%。

（2）试样的粒径，这里采用 0.25 mm 孔径筛，但如果含氮量高，称量<0.5 g 时，则应通过 0.149 mm 孔径筛。

（3）一般土壤中硝态氮含量不超过全氮量的 1%，故可忽略不计。如硝态氮含量高，则要用高锰酸钾和铁粉预处理，硝态氮的回收率在 90%以上。

（4）某些还原铁粉会有大量氮，在试剂选择上应注意。

（5）消煮的温度应控制在 360～400 °C 范围内，此时，消煮的土液保持微沸，硫酸蒸汽在消化管上部 1/3 处冷凝流回。超过 400 °C 土液将剧烈沸腾，硫酸蒸气达到消化管顶部甚至溢出，将引起硫酸铵的热分解而导致氮素损失。

（6）蒸馏时间一般为 5 min，但由于仪器型号及蒸馏电流设置不同，应首先做试验确定，即用纳氏试剂逐分钟检查蒸馏液中是否含有铵。

3. 思考题

（1）在土样消煮时，为什么在消煮液澄清后，还需要继续消煮一段时间？

（2）为什么说消煮过程包括氧化和还原两个过程？加速剂的主要作用是什么？硫酸钾在消煮过程中的作用是什么？

实验三十八　土壤水解性氮的测定（碱解扩散法）

一、实验目的

（1）学习碱解扩散法测定土壤水解性氮。
（2）掌握碱解扩散法原理和操作方法。
（3）了解碱解氮的概念及碱解扩散法测定土壤中的碱解氮的优点。

二、实验原理

在碱性条件下，土样中易水解氮经碱解转化为氨态氮，由硼酸溶液吸收，以标准酸滴定，计算碱解氮的含量。对于硝态氮含量较高旱地土壤，须加还原剂还原后，再用 1.8 mol/L 氢氧化钠溶液处理土样。而对于硝态氮含量甚微的水稻土和经常淹水的土壤，不需加还原剂，直接用 1.2 mol/L 氢氧化钠溶液处理即可。

三、实验仪器与材料

1. 仪　器

（1）恒温培养箱（控温在 60 °C 以内）。
（2）扩散皿（见图 3-2）。

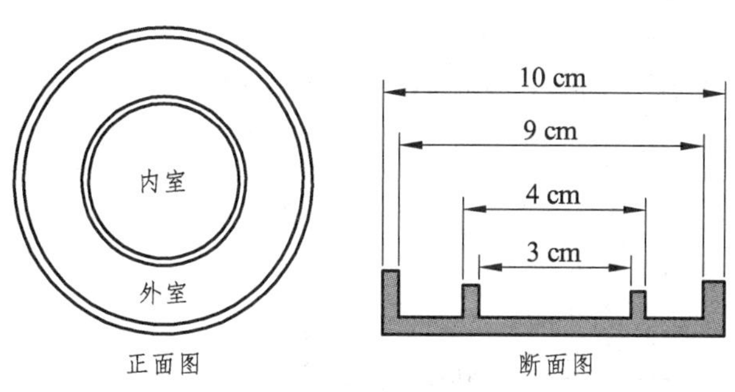

图 3-2　扩散皿示意图

（3）半微量滴定管：10 mL。

2. 试　剂

（1）氢氧化钠溶液[$c(NaOH) = 1.8$ mol/L]：称取 72.0 g 氢氧化钠，溶解于水，稀释至 1 L。
（2）氢氧化钠溶液[$c(NaOH) = 1.2$ mol/L]：称取 48.0 g 氢氧化钠，溶解于水，稀释至 1 L。

（3）锌-硫酸亚铁还原剂：称取 50.0 g 磨细并通过 0.25 mm 孔径筛的硫酸亚铁($FeSO_4 \cdot 7H_2O$)及 10.0 g 锌粉混匀，贮于棕色瓶中。

（4）碱性胶液：称取 40 g 阿拉伯胶放入装有 50 mL 水的烧杯中，加热至 70 ~ 80 °C，搅拌促溶，约 1 h 后放冷。加入 20 mL 甘油和 20 mL 饱和碳酸钾水溶液，搅匀，放冷。离心除去泡沫和不溶物，将清液贮于玻璃瓶中备用。

（5）硫酸标准溶液[$c(\frac{1}{2}H_2SO_4) = 0.01$ mol/L]或盐酸标准溶液[$c(HCl) = 0.01$ mol/L]。

（6）定氮混合指示剂：称取 0.5 g 溴甲酚绿和 0.1 g 甲基红于玛瑙研钵中，加入少量 95%乙醇，研磨至指示剂全部溶解后，加 95%乙醇至 100 mL。

（7）硼酸溶液[$\rho(H_3BO_3) = 20$ g/L]：称取硼酸 20.00 g 溶于水中，稀释至 1 L。每升 20 g /L 硼酸溶液中加 20 mL 混合指示剂，并用稀碱或稀酸调至红紫色（pH 值约 4.5）。此溶液放置时间不宜过长，如在使用过程中 pH 值有变化，需随时用稀酸或稀碱调节。

四、实验步骤

（1）称取通过 2 mm 孔径筛的风干试样 2 g（精确至 0.01 g）和 1 g 锌-硫酸亚铁还原剂，均匀平铺于扩散皿外室内（若为水稻土，不需加还原剂）。

（2）在扩散皿内室加入 2 mL 20 g/L 硼酸溶液，在皿的外室边缘涂上碱性胶液，盖上毛玻璃，旋转数次，使毛玻璃与皿边完全黏合，再慢慢转开毛玻璃的一边，使扩散皿外室露出一条狭缝，迅速加入 10 mL 1.8 mol/L 氢氧化钠溶液（水稻土样品用 1.2 mol/L 氢氧化钠溶液）于扩散皿外室，立即用毛玻璃盖严。

（3）水平地轻轻转动扩散皿，使氢氧化钠溶液与土样充分混合，然后小心地用橡皮筋两根交叉成十字形圈紧，使毛玻璃固定。放在恒温培养箱中于 40 °C 保温 24 h ± 0.5 h。

（4）将扩散皿取出，小心转开毛玻璃用 0.01 mol/L 盐酸（或硫酸）标准溶液滴定内室硼酸中吸收的氨量，颜色由蓝色刚变紫红色即达终点。滴定时应用细玻璃棒搅动内室溶液，不宜摇动扩散皿，以免溢出。

在样品测定同时进行空白试验，校正试剂和滴定误差。

五、结果与讨论

1. 结果计算

（1）水解氮 (N) $= \frac{c \times (V - V_0) \times 14}{m} \times 1000$ (mg/kg)

式中：V——滴定待测液消耗酸标准溶液的体积，mL；

V_0——滴定空白消耗酸标准溶液的体积，mL；

c——酸标准溶液的浓度，mol/L；

m——风干试样质量，g；

14——氮的毫摩尔质量，mg；

1000——换算成每千克含量。

平行测定结果用算术平均值表示，保留整数。

（2）精密度

平行测定结果允许相差≤10%。

2. 注意事项

（1）由于碱性胶液的碱性很强，在涂胶液和恒温扩散时，必须特别细心，慎防污染内室。

（2）碱性胶液可用碱性甘油代替，其配制方法为：在 100 mL 甘油中溶解几十小粒固体氢氧化钠即可。

（3）用硼酸溶液吸收氨时，温度不宜超过 40 °C，温度过高，影响硼酸对氨的吸收。

（4）在扩散过程中，扩散皿必须盖严，不使漏气。

（5）扩散皿的洗涤：用完后的扩散皿用自来水稍加冲洗后，放入稀酸中浸泡，再按一般玻璃器皿洗涤方法洗涤。

3. 思考题

（1）碱解扩散法测定土壤中水解性氮有哪些优缺点？

（2）碱解扩散法测定土壤中水解性氮应注意哪些事项？

实验三十九　土壤全磷的测定

一、实验目的

（1）学习氢氧化钠熔融-钼锑抗比色法测定土壤全磷。

（2）掌握比色法测定土壤全磷的原理，高温电炉和紫外-可见分光光度计使用。

（3）了解土壤中全磷存在的形态，影响其供应能力有哪些主要因素。

二、实验原理

低温下，土壤样品与氢氧化钠熔融，使土壤中含磷矿物及有机磷化合物全部转化为可溶性的正磷酸盐，用水和稀硫酸溶解熔块，在酸性条件下样品溶液中的磷酸根与钼锑抗显色剂反应，生成磷钼蓝，其颜色的深浅与磷的含量成正比，通过分光光度法定量测定。

三、实验仪器和材料

1. 仪　器

（1）分光光度计或紫外-可见分光光度计。

（2）高温电炉：可升温至 1200 °C，温度可调。

（3）镍（或银）坩埚：容量≥30 mL。

（4）具塞三角瓶：50 mL。

2. 试　剂

（1）氢氧化钠。

（2）无水乙醇。

（4）碳酸钠[$\rho(Na_2CO_3) = 100$ g/L]溶液：称取 10.0 g 无水碳酸钠溶于水，稀释至 100 mL。

（5）硫酸溶液[$\omega(H_2SO_4) = 5\%$]：吸取 5 mL 浓硫酸缓缓加入 90 mL 水中，冷却后加水至 100 mL。

（6）硫酸溶液[$c(\frac{1}{2}H_2SO_4) = 3$ mol/L]：量取 168 mL 浓硫酸缓缓加入到盛有约 800 mL 水的大烧杯中，不断搅拌，冷却后，稀释至 1 L。

（7）二硝基酚指示剂：称取 0.2 g 2,6-二硝基酚溶于 100 mL 水中配成溶液。

（8）酒石酸锑钾溶液[$\rho(KSbOC_4H_4O_6 \cdot \frac{1}{2}H_2O) = 5$(g/L)]：称取酒石酸锑钾 0.5 g 溶于

100 mL 水中配成溶液。

（9）硫酸钼锑贮备液：量取 153 mL 浓硫酸，缓缓加入到 400 mL 水中，不断搅拌，冷却。另称取钼酸铵$[(NH_4)_6Mo_7O_{24} \cdot 4H_2O]$10.0 g 溶于温度约 60 °C 的 300 mL 水中，冷却。然后将硫酸溶液缓缓倒入钼酸铵溶液中。再加入 5 g/L 酒石酸锑钾溶液 100 mL，冷却后，加水稀释至 1 L，摇匀，贮于棕色瓶中。

（10）钼锑抗显色剂：称取 1.5 g 抗坏血酸（$C_6H_8O_6$左旋）溶于 100 mL 钼锑贮备液中。此溶液有效期不长，须随配随用。

（11）磷标准贮备液[ρ(P) = 100μg/mL]：称取经 105 °C 烘干 2 h 的磷酸二氢钾（优级纯）0.4390 g，用水溶解后，加入 5 mL 浓硫酸，然后加水定容至 1 L。该溶液放入冰箱可长期保存。

（12）磷标准溶液[ρ(P) = 5μg /mL]：吸取 5.00 mL 磷标准贮备液于 100 mL 容量瓶中，加水定容。该溶液用时现配。

四、实验步骤

（1）称取过 0.149 mm 孔径筛的风干试样 0.25 g，精确到 0.0001 g，小心放入镍（或银）坩埚底部，切勿黏在壁上。加入无水乙醇 3 ~ 4 滴，润湿样品，在样品上平铺 2.0 g 氢氧化钠。将坩埚（处理大批样品时，暂放入大干燥器中以防吸潮）放入高温电炉，升温。当温度升至 400 °C 左右时，切断电源，暂停 15 min。然后继续升温至 720 °C，并保持 15 min，取出稍冷。加入约 80 °C 的水 10 mL，待熔块溶解后无损转入 100 mL 容量瓶，同时用 3 mol/L 硫酸溶液 10 mL 和水多次洗坩埚，洗涤液也一并移入容量瓶。冷却，定容。用无磷定性滤纸干过滤或离心澄清。同时做空白试验。

（2）吸取待测样品溶液 5 ~ 10 mL（含磷 5μg ~ 25μg）于 50 mL 容量瓶中，用水稀释至约 30 mL。加入二硝基酚指示剂 2 ~ 3 滴，并用 100 g/L 碳酸钠溶液或 5%硫酸溶液调节溶液至刚呈微黄色。加入 5.00 mL 钼锑抗显色剂，摇匀，加水定容。在室温 20 °C 以上条件下，放置 30 min。显色的样品溶液在分光光度计上，于 700 mm 处，用 1 cm 光径比色皿进行比色测定。

（3）校准曲线绘制：分别吸取 5μg /mL 磷标准溶液 0.00、1.00、2.00、3.00、4.00、5.00、6.00 mL 于 50 mL 容量瓶中，同时加入与显色测定所用的样品溶液等体积的空白试液，用水稀释至约 30 mL，同样品测定调节酸度，显色，定容。用水稀释至约 30 mL，加入 5.00 mL 钼锑抗显色剂，定容，即得含磷量分别为 0.0、0.1、0.2、0.3、0.4、0.5、0.6μg/mL 的系列溶液。于 20 °C 以上温度放置 30 min 后，以磷含量为零的系列溶液调节仪器零点，在波长 700 nm 处测定其吸光度，绘制校准曲线或计算回归方程。

五、结果与讨论

1. 结果计算

（1）全磷(P) = $\dfrac{\rho \cdot V \cdot D}{m \times 10^6} \times 1000$ (g/kg)

式中：ρ——查校准曲线或求回归方程而得测定液中 P 的质量浓度，μg /mL；

V——显色时溶液定容的体积，mL，本试验为 50；

D——分取倍数，熔融后定容体积/显色时分取的体积，本试验为 100/(5 ~ 10)；

10^6 和 1000——分别将μg 换算成 g 和将 g 换算为 kg；

m——风干试样质量，g。

平行测定结果以算术平均值表示，保留小数点后两位。

（2）精密度。

平行测定结果的绝对相差≤0.05 g/kg。

2. 注意事项

（1）在本方法所规定的酸度及钼酸铵浓度下，钼锑抗法显色以 20 ~ 40 °C 为宜，如室温低于 20 °C，可放置在 30 ~ 40 °C 烘箱中保温 30 min，取出冷却后比色。

（2）如果需要提供烘干基含量，可测定土壤水分后进行折算。折算公式为：

$$\text{土壤全磷（烘干基）} = \text{土壤全磷（风干基）} \times 100/[100 - \omega(H_2O)] \quad (g/kg)$$

式中：$\omega(H_2O)$——风干土水分含量，%。

（3）本法钼蓝显色液比色时用 880 nm 波长比 700 nm 更灵敏，但需用紫外-可见分光光度计。

（4）本法要求显色液中硫酸浓度为 $c(\frac{1}{2}H_2SO_4) = 0.55$ mol/L。如果酸度小于 $c(\frac{1}{2}H_2SO_4) = 0.45$ mol/L，虽然显色加快，但稳定时间较短；如果酸度大于 $c(\frac{1}{2}H_2SO_4) = 0.65$ mol/L，则显色变慢。因此，待测液中原有酸度如不确定，必须先行中和除去。

3. 思考题

（1）测定土壤全磷中使用高温电炉熔融有哪些主要步骤？

（2）影响氢氧化钠熔融-钼锑抗比色法测定土壤全磷的因素有哪些？

实验四十　土壤有效磷的测定

一、实验目的

（1）学习碳酸氢钠浸提—钼锑抗比色法（Olsen法）测定土壤有效磷。

（2）掌握测定土壤有效磷的基本原理和恒温振荡机使用方法。

（3）了解土壤中有效磷的概念及其影响测定的各种因素。

二、实验原理

土壤中磷的存在形态较为复杂，碳酸氢钠溶液除可提取水溶性磷外，也可以抑制 Ca^{2+}的活性，使一定量活性较大的 Ca-P 盐类中的磷被浸出，也可使一定量活性 Fe-P 和 A1-P 盐类中的磷通过水解作用而浸出。由于浸出液中 Ca、Fe、A1 浓度较低，不会产生磷的再沉淀。在酸性条件下，浸提液中的磷可用钼锑抗比色法定量测定。土壤浸出的磷量与土液比、液温、振荡时间及方式有关。因此，本法严格规定土液比为 1∶20，浸提液温度为 25 °C ± 1 °C，振荡提取时间为 30 min。

三、实验仪器与材料

1. 仪　器

（1）分光光度计或紫外-可见分光光度计。

（2）恒温（控温 25 °C ± 1 °C）往复式或旋转式振荡机，或放置在恒温室的普通振荡机，满足 370 ± 20 r/min 的振荡频率或达到相同效果。

（3）塑料瓶，200 mL。

（4）无磷滤纸。

2. 试　剂

（1）无磷活性炭粉：如所用活性炭含磷，应先用 1∶1 盐酸溶液浸泡 24 h，然后移至平板漏斗抽气过滤，用水淋洗到无 Cl^- 为止（约 4 ~ 5 次），再用碳酸氢钠浸提剂浸泡 24 h，在平板漏斗上抽气过滤，用水洗尽碳酸氢钠，并至无磷为止，烘干备用。

（2）氢氧化钠溶液[ρ (NaOH) = 100 g/L]：称取 10 g 氢氧化钠溶于 100 mL 水中。

（3）碳酸氢钠浸提剂[ρ ($NaHCO_3$)] = 0.50 mol/L，pH = 8.5]称取 42.0 g 碳酸氢钠($NaHCO_3$)溶于约 950 rnL 水中，用 100 g/L 氢氧化钠溶液调节 pH 值至 8.5（用酸度计测定），用水稀释至 1 L。贮存于聚乙烯瓶或玻璃瓶中备用。如贮存期超过 20 d，使用时须重新校正 pH 值。

（4）酒石酸锑钾溶液[ρ ($SKbOC_4H_4O_6 \cdot \frac{1}{2}H_2O$) = 3 g/L]：称取 0.3 g 酒石酸锑钾溶于水中，稀释至 100 mL。

（5）钼锑贮备液：称取 10.0 g 钼酸铵[$(NH_4)_6Mo_7O_{24} \cdot 4H_2O$]溶于 300 mL 约 60 °C 水中，冷却。另取 371 mL 浓硫酸缓缓注入 800 mL 水中，搅匀，冷却。然后将稀硫酸注入钼酸铵溶液中，搅匀，冷却。再加入 100 mL 3 g/L 酒石酸锑钾溶液，最后用水稀释至 2 L，盛于棕色瓶中备用。

（6）钼锑抗显色剂：称取 0.5 g 抗坏血酸（$C_6H_8O_6$左旋）溶于 100 mL 钼锑贮备液中。此溶液有效期不长，应用时现配。

（7）磷标准贮备液[ρ (P) = 100μg/mL]：称取经 105 °C 下烘干 2 h 的磷酸二氢钾（优级纯）0.4390 g，用水溶解后，加入 5 mL 浓硫酸，然后加水定容至 1000 mL。该溶液放入冰箱可供长期使用。

（8）磷标准溶液[ρ (P) = 5μg/mL]：吸取 5.00 mL 磷标准贮备液于 100 mL 容量瓶中，定容。该溶液用时现配。

四、实验步骤

（1）称取通过 2 mm 孔径筛的风干试样 2.50 g，置于 200 mL 塑料瓶中，加入约 lg 无磷活性炭，加入 25 °C ± 1 °C 的碳酸氢钠浸提剂 50.0 mL，摇匀，在 25 °C ± 1 °C 温度下，于振荡机上用 370 ± 20 r/min 的频率振荡 30 ± 1 min，立即用无磷滤纸过滤于干燥的 150 mL 三角瓶中。

（2）吸取滤液 10.00 mL 于 25 mL 比色管中，缓慢加入显色剂 5.00 mL，慢慢摇动，排出 CO_2后加水定容至刻度，充分摇匀。在室温高于 20 °C 处放置 30 min，用 1 cm 光径比色皿在分光光度计或紫外-可见分光光度计设定波长 700 mm 处比色，测量吸光度。

（3）校准曲线的绘制：吸取磷标准溶液[ρ (P) = 5 μg/mL] 0.00、0.50、1.00、1.50、2.00、2.50、3.00 mL 于 25 mL 比色管中，加入浸提剂 10.00 mL，显色剂 5 mL，慢慢摇动，排出 CO_2后加水定容至刻度。此系列溶液中磷的浓度依次为 0.00、0.10、0.20、0.30、0.40、0.50、0.60 μg/mL。在室温高于 20 °C 处放置 30 min 后，按上述样品待测液分析步骤、条件进行比色，用系列溶液的零浓度调节仪器零点，测量吸光值，绘制校准曲线或计算回归方程。

五、结果与讨论

1. 结果计算

（1）有效磷(P) = $\dfrac{\rho \cdot V \cdot D}{m \times 10^3} \times 1000$ （mg/kg）

式中：ρ——查校准曲线或求回归方程而得测定液中 P 的质量浓度，μg/mL；

V——显色液体积，25 mL；

D——分取倍数，即试样提取液体积/显色时分取体积，本试验为 50/10；

10^3 和 1000——分别将μg 换算成 mg 和将 g 换算为 kg；

m——风干试样质量，g。

平行测定结果以算术平均值表示，保留小数点后一位。

（2）精密度。

平行测定结果的允许误差：

表 3-5

测定值(P，mg/kg)	允许差(P，mg/kg)
<10	绝对差值≤0.5
10～20	绝对差值≤1.0
>20	相对相差≤5%

2. 注意事项

（1）测定时也可采用紫外-可见分光光度计于波长 880 nm 处比色，由于此波长处浸出的有机质已基本无吸收，浸提时可不加活性炭脱色。

（2）如果土壤有效磷含量较高，应减少浸提液的吸样量，并加浸提剂补足至 10.00 mL 后显色，以保持显色时溶液的酸度。计算时按所取浸提液的分取倍数计算。

（3）10 mL $NaHCO_3$ 浸提滤液加入钼锑抗试剂后，即产生大量的 CO_2 气体，由于容器瓶口较小，CO_2 不易逸出，易造成试液外溢。实际操作过程中也可采用将 10.00 mL $NaHCO_3$ 浸提滤液、5.00 mL 钼锑抗试剂和 10.00 mL 水均准确加入 50 mL 三角瓶中，无需再定容进行显色的方式操作。

（4）用 $NaHCO_3$ 溶液浸提有效磷时，温度影响较大，应严格控制浸提温度。

（5）土样经风干和贮存后，测定的有效磷含量可能稍有改变，但一般无大影响。

（6）在本方法所规定的酸度及钼酸铵浓度条件下，钼锑抗法显色以 20～40 °C 为宜，如室温低于 20 °C，可放置在 30～40 °C 的烘箱中保温 30 min，取出冷却后比色。

3. 思考题

（1）如何选择合适的土壤有效磷浸提剂？为什么 0.5 moI/L $NaHCO_3$ 是石灰性土壤有效磷的较好的浸提剂？钼锑抗法的显色条件是什么？

（2）讨论影响土壤有效磷浸提的因素。

实验四十一　土壤速效钾的测定

一、实验目的

（1）学习乙酸铵浸提-火焰光度法或原子吸收分光光度法测定土壤速效钾。

（2）掌握乙酸铵浸提土壤速效钾的基本原理。

（3）了解土壤速效钾含量与作物吸钾量之间关系。

二、实验原理

在中性条件下，用乙酸铵溶液为浸提剂，使乙酸铵中 NH_4^+ 与土壤胶体表面的 K^+ 进行交换，连同水溶性钾一起进入溶液。浸出液中的钾可直接用火焰光度计或原子吸收分光光度计测定。

三、实验仪器和材料

1. 仪　器

（1）旋转式振荡机。

（2）火焰光度计或原子吸收分光光度计。

（3）200 mL 塑料瓶，50 mL 容量瓶。

2. 试　剂

（1）乙酸铵溶液[$c(CH_3COONH_4) = 1$ mol/L]：称取 77.08 g 乙酸铵溶于近 1 L 水中，用稀乙酸(CH_3COOH)或氨水(1：1)($NH_3 \cdot H_2O$)调节 pH 值为 7.0，用水稀释至 1 L。该溶液不宜久放。

（2）钾标准溶液[$\rho(K) = 100$ μg/mL]：称取经 110 °C 烘 2 h 的氯化钾（优级纯）0.1907 g，用水溶解后定容至 1 L，贮于塑料瓶中。

四、实验步骤

（1）称取通过 2 mm 孔径筛的风干试样 10.00 g 于 200 mL 塑料瓶中，加入 100.0 mL 乙酸铵溶液（土液比为 1：10），盖紧瓶塞，摇匀，在 20 °C ~ 25 °C 下，在转速为 150 ~ 370 r/min 的旋转式振荡机上振荡 30 min，过滤后的滤液直接在火焰光度计上测定或用乙酸铵溶液稀释后在原子吸收分光光度计上测定（测定前须以乙酸铵溶液调节仪器零点）。同时做空白试验。

（2）校准曲线的绘制：分别吸取 100 μg/mL 钾标准溶液 0.00、3.00、6.00、9.00、12.00、15.00 L 于 50 mL 容量瓶中，用乙酸铵溶液定容，即为浓度 0、6、12、37、24、30 μg/mL 的

钾标准系列溶液。同样品用火焰光度计或原子吸收分光光度计测定，绘制校准曲线或求回归方程。

五、结果与讨论

1. 结果计算

（1）速效钾(K) = $\dfrac{\rho \times V \times D}{m \times 10^3} \times 1000$（mg/kg）

式中：ρ——查校准曲线或求回归方程而得测定液中 K 的质量浓度，μg/mL；

V——加入浸提剂体积，50 mL；

D——稀释倍数，若不稀释则 $D = 1$；

10^3 和 1000——分别将 μg 换算成 mg 和将 g 换算为 kg；

m——风干试样质量，g。

平行测定结果以算术平均值表示，结果取整数。

（2）精密度。

平行测定结果的相对相差不大于 5%。

不同实验室测定结果的相对相差不大于 8%。

2. 注意事项

（1）含乙酸铵的钾标准溶液不能久放，以免长霉影响测定结果。

（2）若样品含量过高需要稀释时，应采用乙酸铵浸提剂稀释定容，以消除基体效应。

3. 思考题

（1）为什么以 1 mo1/L 乙酸铵溶液作为土壤速效钾的标准浸提剂？它有什么优点？

（2）测定土壤速效钾时，应注意哪些问题？

实验四十二　土壤缓效钾的测定

一、实验目的

（1）学习硝酸提取-原子吸收分光光度法测定土壤缓效钾。

（2）掌握油浴锅加热消煮处理样品方法和原子吸收分光光度计使用方法。

（3）了解土壤缓效钾及速效钾与作物实际吸收的钾之间的关系。

二、实验原理

在 130 °C 下，以 1 mol/L 硝酸溶液浸提土壤中黑云母、伊利石、含水云母分解的中间体以及黏土矿物晶格所固定的钾离子，用原子吸收分光光度计测定提取液中的钾含量，减去其中的速效钾含量即为缓效钾含量。

三、实验仪器与材料

1. 仪　器

（1）火焰光度计或原子吸收分光光度计。

（2）消煮管。

（3）油浴或磷酸浴。

2. 试　剂

（1）硝酸溶液[$c(HNO_3) = 1$ mo1/L]：量取 62.5 mL 浓硝酸(HNO_3，$\rho \approx 1.42$ g/mL)稀释至 1 L。

（2）硝酸溶液[$c(HNO_3) = 0.1$ mo1/L]：量取 1 mol/L 硝酸溶液 100.0 mL 稀释至 1 L。

（3）钾标准溶液[ρ(K)] = 100 μg/mL]：称取经 110 °C 烘 2 h 的氯化钾（优级纯）0.1907 g，用水溶解后定容至 1 L，贮于塑料瓶中。

四、实验步骤

（1）称取通过 2 mm 孔径筛的风干试样 2.50 g 于消煮管中，加入 25.0 mL 1 mol/L 的硝酸溶液（土液比为 1∶10），轻轻摇匀，在瓶口插入弯颈小漏斗，可将多个消煮管置于铁丝笼中，放入温度为 130～140 °C 的油浴（或磷酸浴）中，于 120～130 °C 煮沸（从沸腾开始准确计时）10 min 取下，稍冷，擦去试管外壁的油液，趁热干过滤于 100 mL 容量瓶中，用 0.1 mol/L

硝酸溶液洗涤消煮管 4 次，每次 15 mL，冷却后定容，经适当稀释采用原子吸收分光光度计测定。同时做空白试验。

（2）校准曲线的绘制：分别吸取 100μg/mL 钾标准溶液 0.00、3.00、6.00、9.00、12.00、15.00 mL 于 100 mL 容量瓶中，加入 25 mL 1 mol/L 硝酸溶液，定容，即为浓度：0、3、6、6、9、12、15μg /mL 的钾标准系列溶液。以钾浓度为零的溶液调节仪器零点，用原子吸收分光光度计测定，绘制校准曲线或求回归方程。

五、结果与讨论

1. 结果计算

（1）缓效钾(K) = $\dfrac{\rho \times V \times D}{m \times 10^3} \times 1000 - \omega_1$（mg/kg）

式中：ρ——查校准曲线或求回归方程而得测定液中 K 的质量浓度，μg/mL；

V——试样的定容体积，100 mL；

D——稀释倍数，若不稀释则 $D = 1$；

m——风干试样质量，g；

10^3 和 1000——分别将μg 换算成 mg 和将 g 换算为 kg；

ω_1——测定的速效钾含量，mg/kg。

平行测定结果以算术平均值表示，结果取整数。

（2）精密度。

平行测定结果的相对相差不大于 8%；不同实验室测定结果的相对相差不大于 15%。

2. 注意事项

（1）对某些富含有机质或碳酸钙的土壤，煮沸时应注意避免溶液溢出，可考虑改用 200 mL 高型烧杯。

（2）加热时温度要均匀，不要忽高忽低。煮沸时间要严格掌握，煮沸 10 min 是从开始沸腾起计算时间。碳酸盐土壤消煮时有大量 CO_2 气泡发生，不要误认为是沸腾。

3. 思考题

（1）硝酸提取-火焰光度法测定土壤缓效钾的基本原理。

（2）影响土壤缓效钾提取的因素有哪些？

实验四十三　交换性钙和镁的测定

一、实验目的

（1）学习原子吸收分光光度法测定土壤中交换性钙和镁含量。

（2）掌握原子吸收分光光度计测钙、镁的条件和原理。

（3）了解交换性钙镁对土壤的作用。

二、实验原理

以乙酸铵为交换剂，浸取酸性或中性土壤中的交换性钙、镁。为了消除铝、磷和硅对钙测定的干扰，在土壤浸出液中加入释放剂锶（Sr），用原子吸收分光光度法测定交换浸出液中的钙、镁含量。测定时所用的钙、镁标准溶液中也要同时加入同量的乙酸铵溶液，以消除基体效应。

三、实验仪器和材料

1. 仪　器

（1）天平（感量：0.01 g）。

（2）原子吸收分光光度计（配置钙和镁空心阴极灯）。

（3）离心机。

（4）100 mL 离心管。

2. 试　剂

（1）乙酸铵溶液[$c(CH_3COONH_4)$ = 1 mol/L，pH = 7.0]：称取乙酸铵(CH_3COONH_4) 77.08 g 溶于约 950 mL 水中，用（1∶1）氨水和稀乙酸调节至 pH 值 7.0，加水稀释到 1 L。

（2）氯化锶溶液[$\rho(SrCl_2 \cdot 6H_2)$ = 30 g/L]：称取氯化锶($SrCl_2 \cdot 6H_2O$) 30 g 溶于水，定容至 1 L。

（3）盐酸溶液（1∶1）。

（4）钙标准贮备液[ρ(Ca) = 1000μg/mL]：称取经 110 °C 烘 4 h 的碳酸钙（$CaCO_3$，优级纯）2.4972 g 于 250 mL 高型烧杯中，加少许水，盖上表面皿，小心从杯嘴处加入（1∶1）盐酸溶液 100 mL 溶解，待反应完全后，用水洗净表面皿，小心煮沸赶去二氧化碳，将溶液无损移入 1 L 容量瓶中，用水定容。

（5）钙标准溶液[ρ(Ca) = 100 μg/mL]：吸取 10.00 mL 钙标准贮备溶液于 100 mL 容量瓶中，定容。

（6）镁标准贮备液[ρ(Mg) = 500 μg/mL]：称取金属镁（光谱纯）0.5000 g 于 250 mL 高型烧杯中，盖上表面皿，小心从杯嘴处加入（1∶1）盐酸溶液 100 mL 溶解，用水洗净表面皿，将溶液无损移入 1 L 容量瓶中，定容。

（7）镁标准溶液[ρ(Mg) = 50 μg/mL]：吸取 10.00 mL 镁标准贮备溶液于 100 mL 容量瓶中，定容。

四、实验步骤

（1）称取通过 2 mm 孔径筛的风干试样 2.0 g（精确至 0.01 g，质地轻的土壤称 5.0 g）于 100 mL 离心管中，沿离心管壁加入少量乙酸铵溶液（pH 值 7.0），用橡皮头玻璃棒搅拌土样，使成为均匀的泥浆状。再加入乙酸铵溶液至总体积约 60 mL，并充分搅拌均匀。用乙酸铵溶液洗净橡皮头玻棒，溶液收入离心管内。

（2）将离心管成对放在粗天平的两盘上，加乙酸铵溶液使其平衡。平衡好的离心管对称地放入离心机中，离心 3 ~ 5 min（转速 3000 ~ 4000 r/min），清液收集在 250 mL 容量瓶中，如此用乙酸铵溶液处理 3 ~ 5 次，直到最后浸出液中无钙离子反应为止。收集的浸出液最后用乙酸铵溶液定容。同时做空白试验。

（3）吸取上述乙酸铵处理土壤的浸出液 20 mL 于 50 mL 容量瓶中，加入氯化锶溶液 5.0 mL，用乙酸铵溶液定容。以乙酸铵浸提剂调节仪器零点，直接在原子吸收分光光度计上与校准曲线同条件测定。

（4）校准曲线的绘制。

钙、镁混合标准系列溶液：分别吸取含钙（Ca）100 μg/mL 的标准溶液 0.00、2.00、4.00、6.00、8.00、10.00 mL 于 100 mL 容量瓶中，另分别吸取含镁（Mg）50 μg/mL 的标准溶液 0.00、1.00、2.00、4.00、6.00、8.00 mL 于上述相应容量瓶中，各加入氯化锶溶液（30 g/L）5 mL，用乙酸铵溶液定容。即为含钙（Ca）0.00、2.00、4.00、6.00、8.00、10.00 μg/mL 和含镁（Mg）0.00、0.50、1.00、2.00、3.00、4.00 μg/mL 的钙、镁混合标准系列溶液。以乙酸铵浸提剂调节仪器零点，在原子吸收分光光度计上测定，绘制校准曲线或计算回归方程。

五、结果与讨论

1. 结果计算

（1）交换性钙(Ca) = $\dfrac{\rho_{(\mathrm{Ca})} \times V \times D}{m \times 10^3} \times 1000$（mg/kg）

（2）交换性镁(Mg) = $\dfrac{\rho_{(\mathrm{Mg})} \times V \times D}{m \times 10^3} \times 1000$（mg/kg）

式中：ρ(Ca)或ρ(Mg)——查校准曲线或求回归方程得测定液中 Ca 或 Mg 的质量浓度，μg/mL；

V——测定液体积，50 mL；

D——分取倍数，浸出液总体积/吸取浸出液体积 = 250/20；

10^3 和 1000——分别将μg 换算成 mg 和将 g 换算为 kg；

m——风干试样质量，g。

平行测定结果以算术平均值表示，保留一位小数。

（2）精确度。

平行测定结果允许相对相差≤10%。

2. 注意事项

（1）土壤浸出液中如有漂浮的枯枝落叶等物，要先过滤除去，避免阻塞喷雾装置。

（2）原子吸收分光光度计测钙、镁的条件，参照仪器说明书。

（3）待测液可采用阳离子交换量测的交换液。

3. 思考题

（1）钙、镁标准贮备液如何配制？

（2）测定土壤交换性钙、镁土壤浸出液中加入释放剂锶的作用是什么？

实验四十四　土壤中有效硼的测定

一、实验目的

（1）学习姜黄素比色法测定土壤中有效硼。
（2）掌握分光光度计的原理和使用方法。
（3）了解土壤有效硼的概念及其姜黄素吸光度法测定土壤中有效硼的优点。

二、实验原理

用沸水浸提土壤中有效硼，与作物对硼的反映有较高的相关性。浸提液中硼在草酸存在下与姜黄素作用，经脱水生成玫瑰红色的络合物（玫瑰花青苷）。玫瑰花青苷溶解于乙醇后用分光光度计测定其吸光度。玫瑰花青苷溶液在 0.0014 ~ 0.06 mg/L 的浓度范围内符合比尔定律。

三、实验仪器与材料

1. 仪　器

（1）分光光度计。
（2）四联或六联电炉。
（3）恒温水浴。
（4）250 mL 石英三角烧瓶。
（5）50 mL 石英蒸发皿。
（6）石英回流冷凝装置。

2. 试　剂

（1）95%乙醇；硫酸镁溶液[$\rho(MgSO_4 \cdot 7H_2O) = 100$ g/L]：称取 10.00 g 硫酸镁溶于水中，稀释至 100 mL。

（2）姜黄素-草酸溶液：称取 0.040 g 姜黄素，5.00 g 草酸溶于 100 mL 的乙醇（95%）溶液中。

（3）硼标准贮备溶液[$\rho(B) = 100\ \mu g$ /mL]：称取预先在浓硫酸干燥器内至少干燥 24 h 的硼酸（H_3BO_3，优级纯）0.571 9 g 于 400 mL 烧杯中，加 200 mL 无硼水溶解，移入 1 L 容量瓶中定容，贮于塑料瓶中。称取干燥的硼酸 0.571 9 g 于 400 mL 烧杯中，加 200 mL 无硼水溶解，移入 1 L 容量瓶中定容，即为 100 μg/mL 硼标准贮备液，贮于塑料瓶中；

（4）硼标准系列溶液：吸取 50.00 mL 硼标准贮备液于 500 mL 容量瓶中，用无硼水定容，即为 10 μg/mL 硼标准溶液，贮于塑料瓶中。分别吸取 10 μg/mL 硼标准溶液 0.00、0.50、1.00、2.00、3.00、4.00、5.00 mL 于 7 个 50 mL 容量瓶中，用无硼水定容，即为 0.0、0.1、0.2、0.4、0.6、0.8、1.0 μg/mL 硼标准系列溶液，贮于塑料瓶中。

四、实验步骤

（1）称取通过 2 mm 孔径尼龙筛的风干试样 10.00 g 于 250 mL 石英三角瓶中，加入 20.00 mL 水，装好回流冷凝器，文火煮沸并微沸 5 min（准确计时），移开热源，继续回流冷凝 5 min（准确计时），取下三角瓶，冷却。在煮沸过的样品溶液中加入 2 滴硫酸镁溶液加速澄清，一次倾入滤纸上（或离心），滤液承接于塑料杯中（最初滤液浑浊时可弃去）。同时做空白试验。

（2）吸取 1.00 mL 滤液于 50 mL 石英（或瓷）蒸发皿内，加入 4.00 mL 姜黄素-草酸溶液，置于 55 ± 3 °C 的恒温水浴上蒸发至干（皿底部全部接触水面），自呈现玫瑰红色时开始计时继续烘焙 15 min，取下冷却至室温，加入 20 mL 95%乙醇，用塑料棒搅动至残渣完全溶解。用中速滤纸过滤到具塞容器内（此溶液放置时间不要超过 3 h），以 95%乙醇溶液调零，在分光光度计上用 550 nm 波长，1 nm 光径比色皿比色，测定吸光度。以扣除空白后的吸光值查校准曲线或求回归方程得到测定液的含硼量(m_1)。

（3）校准曲线的绘制。

分别吸取含 0.0，0.1，0.2，0.4，0.6，0.8，1.0 μg/mL 硼标准系列溶液 1.00 mL 于 50 mL 石英（或瓷）蒸发皿中，此标准系列中硼的含量分别为 0.0，0.1，0.2，0.4，0.6，0.8，100 μg。以下同样品操作测定，计算回归方程或绘制工作曲线。

五、结果与讨论

1. 结果计算

（1）有效硼(B) = $\dfrac{m_1 \times D}{m \times 10^3} \times 1000$（mg/kg）

式中：m_1——显色液中硼的含量，μg；

D——分取倍数；本试验为 20/1 = 20；

10^3 和 1000——分别将μg 换算成 mg 和将 g 换算为 kg；

m——风干试样质量，g。

平行测定结果以算术平均值表示，保留两位小数。

（2）精密度

平行测定结果允许绝对相差。

表 3-6

有效硼含量，mg/kg	允许绝对相差，mg/kg
<0.20	≤0.03
0.20 ~ 0.50	≤0.05
>0.50	≤0.06

2. 注意事项

（1）配制试剂须用石英蒸馏器重蒸馏过的水或用无硼去离子水。所使用的玻璃器皿不应与试剂、试样溶液长时间接触，应尽量储存在塑料器皿中。

（2）水提取液中若硝酸盐超过 20 μg/L 需加氢氧化钙蒸发至干并灼烧来破坏硝酸盐，再用 0.1 mo1/L 盐酸溶解残渣后过滤，吸取滤液进行测定。

（3）测硼时必须严格控制显色条件。蒸发的温度、速度和空气流速等必须保持一致，否则再现性不良。所用的蒸发皿要经过严格挑选，以保证其形状、大小和厚度尽可能一致。恒温水浴应尽可能采用水层较深的水浴，并且完全敞开，将蒸发皿直接漂在水面上。水浴的水面应尽可能高，使蒸发皿不致被水浴的四壁挡住而影响空气的流动，以保证蒸发速度一致。

（4）显色测定过程中，不宜中途停止，如因故必须暂停工作，应在加入姜黄素试剂以前，不要在加入姜黄素试剂以后，否则结果会不准确；蒸发显色后不应将蒸发皿长时间暴露在空气中，应将蒸发皿从水浴中取出擦干，随即放入干燥器中，待比色时在取出。以免玫瑰花青苷因吸收空气中的水分而发生水解，影响测定结果。

（5）酒精溶解后应尽可能迅速比色，因酒精易挥发使溶液的吸收值发生变化。

3. 思考题

（1）姜黄素法测定溶液中硼的工作范围、测定条件。

（2）测定土壤中有效硼过程中需注意哪些事项？

实验四十五　土壤有效钼的测定

一、实验目的

（1）学习草酸-草酸铵浸提-极谱法测定土壤有效钼。

（2）掌握示波极谱仪的工作原理及使用方法。

（3）了解土壤中有效钼的概念及对作物生长的作用。

二、实验原理

以草酸-草酸铵溶液为提取剂浸提土样中的有效钼，灼烧破坏草酸盐，酸性土壤用氢氧化钠沉淀分离铁、锰（石灰性土壤可不分离），在钼-苯羟乙酸-氯酸盐-硫酸体系中，用示波极谱仪测定土样中的有效钼的量。

三、实验仪器与材料

1. 仪　器

（1）示波极谱仪。

（2）往复式或旋转式振荡机。

（3）满足 370 ± 20 r/min 的振荡频率或达到相同效果。

（4）带盖塑料瓶（200 mL）。

2. 试　剂

（1）草酸-草酸铵浸提剂：称取 24.9 g 草酸铵[$(NH_4)_2C_2O_4 \cdot H_2O$]与 12.6 g 草酸($H_2C_2O_4 \cdot 2H_2O$)溶于水，定容至 1 L。pH 值为 3.3，必要时定容前用 pH 计校准。

（2）苯羟乙酸（苦杏仁酸）溶液{$\rho[C_6H_5CH(OH)COOH] = 100$ g/L}：称取 10.00 g 苯羟乙酸溶于水中，稀释至 100 mL。

（3）氯酸钾溶液[$\rho(KClO_3) = 67$ g/L]：称取 6.70 g 氯酸钾溶于水中，稀释至 100 mL。

（4）硫酸溶液[$c(\frac{1}{2}H_2SO_4) = 12.5$ mol/L]：量取 347.2 mL 浓硫酸缓缓倒入水中，冷却后，稀释至 1000 mL。

（5）氢氧化钠溶液[$\rho(NaOH) = 400$ g/L]：称取 40.0 g 氢氧化钠溶于水中，稀释至 100 mL。

（6）酚酞溶液：称取 0.5 g 酚酞指示剂溶于 90 mL95%的乙醇中，加水至 100 mL。

（7）盐酸溶液（1∶2）。

（8）钼标准贮备液[ρ(Mo) = 1μg/mL]：称取 0.252 2 g 钼酸钠($Na_2MoO_4 \cdot 2H_2O$)溶于水中，定容至 1000 mL。

（9）钼标准溶液[ρ(Mo) = 1 μg/mL]吸取 10.00 mL 钼标准贮备液用水定容至 1000 mL，即为 1 μg/mL 钼标准溶液。

四、实验步骤

（1）称取过 2 mm 孔径筛的风干试样 5.00 g 于 200 mL 塑料瓶中，加入 50 mL 草酸-草酸铵浸提剂，盖严后摇匀，在 20 ~ 25 °C 的条件下，于振荡器上以 370 ± 20 r/min 的频率振荡 30 min 后放置过夜。将上述滤液干过滤后为待测液。

（2）吸取滤液 25.00 mL 于 50 mL 高型烧杯中，在电热板上低温蒸干。移人高温炉中于 450 °C 灼烧 4 h，破坏草酸盐。冷却后用 2 mL1∶2 盐酸溶液溶解残渣，加 4 mL 12.5 mol/L 硫酸溶液在电热板上加热至冒烟，赶尽 Cl^-。取下冷却至室温，用少许水冲洗杯壁，低温加热使盐类溶解，加酚酞指示剂 1 滴，以 400 g/L 氢氧化钠中和至溶液出现红色，移入 25 mL 比色管中，定容，盖塞摇匀，放置澄清。取上层清液 5.00 mL 于 25 mL 小烧杯中，加 0.5 mL 12.5 mol/L 硫酸溶液，1 mL 100 g/L 苯羟乙酸溶液，6 mL 67 g/L 氯酸钾溶液，摇匀，放置 20 min，在示波极谱仪从 – 0.1V 开始记录钼的极谱波峰电流值（格或微安），并记录电流倍率。同时做空白试验。以扣除空白的极谱波峰电流值查校准曲线或计算回归方程得到测定液的含钼量(m_1)。

（3）校准曲线的绘制。

分别吸取 1 μg/mL 钼标准工作液 0.00、0.10、0.20、0.40、0.60、0.80、1.00 mL 于 50 mL 烧杯中，加 25.00 mL 浸提液，在电热板上蒸干，放入高温电炉中于 450 °C 灼烧，以下操作同试样分析。此时，标准系列中钼含量分别为：0.00、0.10、0.20、0.40、0.60、0.80、1.00 μg，以测得的峰电流（扣除标准系列溶液的零浓度峰电流值）和相应的标准液含钼量绘制校准曲线或计算回归方程。

五、结果与讨论

1. 结果计算

（1）有效钼(Mo) = $\dfrac{m_1 \times D}{m \times 10^3} \times 1000$ （mg/kg）

式中：m_1——查校准曲线或求回归方程而得测定液含钼量，μg；

D——分取倍数，$\dfrac{50}{25} \times \dfrac{25}{5}$；

10^3 和 1000——分别将 μg 换算成 mg 和将 g 换算为 kg；

m——风干试样质量，g。

平行测定结果用算术平均值表示，保留小数点后两位。

（2）精密度。

平行测定结果允许相对相差≤15%。

2. 注意事项

（1）石灰性土壤可不分离铁、锰。吸取 5.00 mL 滤液于 25 mL 烧杯中，经蒸干并高温灼烧后，直接加 0.5 mL 12.5 mol/L 硫酸，加蒸馏水 5 mL 低温加热溶解，冷却，加 1 mL 100 g/L 苯羟乙酸，6 mL 67 g/L 氯酸钾，摇匀，放置 20 min，在示波极谱仪上测定，并做相应的校准曲线和空白试验。

（2）所用试剂须无钼。

（3）溶液在蒸干过程中，要防止溅出，浓度越高溅出的危险越大，因此蒸干过程中电热板温度不宜太高，并逐步降低温度直至关闭，利用余热将液体蒸干。放人高温电炉之前，残渣必须完全蒸干，否则在残渣灼烧时有溅出的可能。

（4）温度对钼的催化电流影响较大，温度系数为 4.4%度，因此，校准曲线和样品测定应在同一温度条件下进行，最好保持测定温度在 25 °C 左右。

（5）可用 HNO_3-$HClO_4$ 作氧化剂，取代 450 °C 高温灼烧法来破坏草酸盐，而且破坏草酸盐和消除铁的干扰可一次完成。因不需转移、分取等操作，既加快了分析速度，又可提高分析结果的精密度和准确度。方法：吸取 1 mL 滤液于 25 mL 烧杯中，低温蒸干后，往蒸干的残渣中加入 10 滴浓硝酸和 2 滴高氯酸，在电热板上高温蒸发，使试液在 1 ~ 2 min 左右沸腾，蒸干且烟冒尽后，再向蒸干的残渣中加入 5 滴 1：1 盐酸溶液，低温蒸至湿盐状，取下冷却后，依次加入 1 mL 2.5 mo1/L 硫酸溶液、1 mL 0.5 mol/L 苯羟乙酸溶液，8 mL 67 g/L 氯酸钾溶液于极谱仪上测定。

3. 思考题

（1）催化极谱法测定土壤有效钼的原理是什么？

（2）催化极谱法测定土壤有效钼有哪些主要干涉因子？怎样消除？

实验四十六　土壤有效硫的测定

一、实验目的

（1）学习酸性或碱性土壤浸提中有效硫的浸提方法及硫酸钡比浊法测定原理。

（2）掌握磷酸盐-乙酸溶液浸提法和氯化钙溶液浸提法。

（3）了解土壤有效硫对植物生长过程的重要意义。

二、实验原理

酸性土壤用磷酸盐-乙酸溶液浸提，石灰性土壤用氯化钙溶液浸提，浸出液中的少量有机质用过氧化氢消除，浸出的 SO_4^{2-} 与 Ba^{2+} 作用形成的 $BaSO_4$ 白色沉淀以极细的颗粒悬浮在溶液中，可用分光光度计测定出溶液中 SO_4^{2-} 的含量。

三、实验仪器与材料

1. 仪　器

（1）往复式（或旋转式）振荡机，满足 ± 20 r/min 的振荡频率或达到相同效果。

（2）电热板或砂浴。

（3）分光光度计。

（4）电磁搅拌器。

（5）塑料瓶，200 mL。

2. 试　剂

（1）氯化钡晶粒：将氯化钡($BaCl_2 \cdot 2H_2O$)研细，通过 0.5 mm 孔径筛。

（2）过氧化氢[$\omega(H_2O_2) = 30\%$]。

（3）乙酸溶液[$c(CH_3COOH) = 2$ mol/L]：量取 137 mL 冰醋酸用水定容至 1 L。

（4）磷酸盐-乙酸浸提剂：称取 2.04 g 磷酸二氢钙[$Ca(H_2PO_4) \cdot H_2O$]溶于 1 L 2 mol/L 乙酸溶液中。

（5）氯化钙浸提剂（用于石灰性土壤）：称取氯化钙($CaCl_2$) 1.50 g 溶于水，稀释至 1 L。

（6）盐酸溶液（1∶4）。

（7）阿拉伯胶溶液(2.5 g/L)取 0.25 g 阿拉伯胶溶于 100 mL 水中，必要时过滤。

（8）硫标准贮备液[$\rho(S) = 100$ μg/mL]：称取 0.5436 g 硫酸钾（K_2SO_4，优级纯）溶于水，用水稀释至 1 L。

（9）硫标准溶液[ρ(S) = 10 μg/mL]：吸取 10.00 mL 硫标准贮备溶液于 100 mL 容量瓶中，用水稀释至刻度，摇匀。

四、实验步骤

（1）称取通过 2 mm 孔径筛的风干试样 10.00 g 于 200 mL 塑料瓶中，加磷酸盐-乙酸浸提剂（中性和酸性土壤）或氯化钙浸提剂（石灰性土壤）50.00 mL，盖紧瓶盖，摇匀，在 20 ~ 25 °C 下，于振荡器上振荡 1 h（振荡频率 370 r · min ± 20 r · min），干过滤；

（2）吸取 25.00 mL 滤液于 100 mL 三角瓶中，在电热板或砂浴上加热，加 6 ~ 8 滴过氧化氢氧化有机物。待有机物分解完全后，继续煮沸 3 min，除尽过剩的过氧化氢。加入 1 mL（1∶4）盐酸溶液，得到清亮的溶液后再加热 3 min。将溶液无损移入 25 mL 具塞比色管中，加 2 mL 阿拉伯胶水溶液，用水稀释至刻度，摇匀后转入 150 mL 烧杯中，加 1.0 g 氯化钡晶粒，用电磁搅拌器搅拌 1 min。在 5 ~ 30 min 内在分光光度计上波长 440 nm 处，用 3 cm 光径比色皿比浊，读取吸光度。同时做空白试验。以扣除空白后的吸光值查校准曲线或求回归方程得到测定液中硫的质量浓度（ρ）。

3. 校准曲线的绘制

分别吸取 10 μg/mL 硫标准溶液 0.00、1.00、3.00、5.00、8.00、10.00、12.00 mL 于 25 mL 比色管中，加 1 mL（1∶4）盐酸溶液和 2 mL，阿拉伯胶水溶液，用水稀释至刻度，摇匀，即为含硫（S）0.00、0.40、1.20、2.00、3.20、4.00、4.80 μg/mL 标准系列溶液。将溶液转入 150 mL 烧杯中，同样品测定操作步骤，用标准系列溶液的零浓度调节仪器零点，与试样溶液同条件比浊测定，读取吸光度。绘制校准曲线或求回归方程。

五、结果与讨论

1. 结果计算

（1）有效硫(S) = $\dfrac{\rho \times V \times D}{m \times 10^3} \times 1000$（mg/kg）

式中：ρ——查校准曲线或求回归方程而得测定液中硫(S)的质量浓度，μg/mL；

V——测定溶液体积，25 mL；

D——分取倍数，50/25 = 2；

10^3 和 1000——分别将 μg 换算成 mg 和将 g 换算为 kg；

m——风干试样质量，g。

平行测定结果以算术平均值表示，保留两位小数。

（2）精密度。

平行测定结果允许相对相差≤10%。

2. 注意事项

（1）石灰性土壤用氯化钙溶液浸提时，其土液比、振荡时间、浸提温度及其他操作与磷酸盐-乙酸提取一样。

（2）校准曲线在浓度低的一端不成直线。为了提高测定的可靠性，可在样品溶液和标准系列中都添加等量的 $SO_4^{2-}-S$，使浓度提高 1 μg/mL 硫（S）（加入 2.5 mL 10 μg/mL 硫标准溶液）。

3. 思考题

（1）硅钼蓝比色法测定土壤有效硫的基本原理是什么？测定过程加入过氧化氢的作用是什么？如何除尽过剩的过氧化氢？

（2）测定土壤有效硫时用什么浸提剂浸提？用什么方法定量？

实验四十七　土壤有效硅的测定

一、实验目的

（1）学习柠檬酸浸提-硅钼蓝比色法测定土壤有效硅。
（2）掌握柠檬酸浸提土壤中有效硅的原理及方法。
（3）了解土壤有效硅的存在形态及对作物生长的意义。

二、实验原理

以 0.025 mol/L 柠檬酸为提取剂浸提土壤中有效硅，浸提出的硅酸在酸性溶液中可与钼酸铵反应生成硅钼黄，用草酸等掩蔽剂去除磷的干扰后，硅钼黄可被抗坏血酸等还原剂还原成硅钼蓝，在一定浓度范围内，蓝色深浅与硅含量成正比，可进行比色测定。

三、实验仪器与试剂

1. 仪　器

（1）分光光度计。
（2）旋转式振荡机。

2. 试　剂

（1）无水碳酸钠（Na_2CO_3）。

（2）柠檬酸溶液[$c(C_6H_8O_7) = 0.025$ mol/L]：称取 5.25 g 柠檬酸（$C_6H_8O_7 \cdot H_2O$）溶于水中，稀释至 1 L。

（3）硫酸溶液[$c(\frac{1}{2}H_2SO_4) = 0.6$ mol/L]：吸取 16.6 mL 浓硫酸，缓缓加入到 800 mL 水中，冷却后稀释至 1 L。

（4）硫酸溶液[$c(\frac{1}{2}H_2SO_4) = 6$ mol/L]：量取 166 mL 浓硫酸，缓缓加入到 800 mL 水中，冷却后稀释至 1 L。

（5）钼酸铵溶液{$\rho[(NH_4)_6Mo_7O_{24} \cdot 4H_2O] = 50$ g/L}：称取 50.00 g 钼酸铵溶于水中，稀释至 1 L。

（6）草酸溶液[$\rho(H_2C_2O_4 \cdot 2H_2O) = 50$ g/L]：称取 50.00 g 草酸溶于水中，稀释至 1 L。

（7）抗坏血酸溶液[$\rho(C_6H_8O_6) = 15$ g/L]：称取 1.50 g 抗坏血酸（左旋，$C_6H_8O_6$），用

$[c(\frac{1}{2}H_2SO_4) = 6\ mol/L]$硫酸溶液溶解并稀释至 100 mL。此液需随用随配。

（8）硅标准储备溶液$[\rho(Si) = 500\ \mu g/mL]$：称取经 920 °C 灼烧过的二氧化硅（$SiO_2$，优级纯）0.5347 g，放入铂坩埚中，另取 4 g 无水碳酸钠于一干净容器中，将 3/4 的碳酸钠加入铂坩埚内，以细圆头玻棒（以防玻棒划伤坩埚）小心搅拌均匀，再用剩余的碳酸钠擦洗玻棒并无损移入坩埚中覆盖在混合物表面。在 920 °C 高温电炉中熔融 30 min，取出稍冷，熔块用热水溶解，洗入 500 mL 容量瓶中，定容后立即倒入塑料瓶中存放。

（8）硅(Si)标准溶液$[\rho(Si) = 25\ \mu g/mL]$：吸取硅标准储备溶液 5.00 mL 于 100 mL 容量瓶中，定容后摇匀，于塑料瓶中保存。

四、实验步骤

（1）称取过 2 mm 孔径筛的风干试样 5.00 g 于 200 mL 塑料瓶中，加入 50.0 mL 0.025 mo1/L 柠檬酸溶液，塞好瓶盖，摇匀，在 25 ~ 30 °C 的条件下，在转速为 370 ± 20 r/min 的旋转式振荡机上连续振荡 2 h，取出后迅速干过滤于 100 mL 塑料器皿中，弃去最初少量滤液后，保留滤液待测定用。

（2）吸取上述滤液 1.00 ~ 5.00 mL（使含硅在 10 ~ 125 μg 范围内）于 50 mL 容量瓶中，用水稀释至 20 mL 左右，加入 5 mL$[c(\frac{1}{2}H_2SO_4) = 0.6\ mol/L]$硫酸溶液，在 30 ~ 35 °C 下放置 15 min，加 5 mL 50 g/L 钼酸铵溶液，摇匀后放置 5 min，再加入 5 mL 50 g/L 草酸溶液和 5 mL5 g/L 抗坏血酸溶液，用水定容，摇匀后放置 20 min，1.5 h 内在分光光度计上 700 nm 波长处用 1 cm 光径比色皿比色测定。同时做空白试验。以扣除空白后的吸光值查校准曲线或求回归方程得到测定液中硅的质量浓度（ρ）。

3. 校准曲线的绘制

在试液测定的同时，分别吸取硅标准溶液 0.00、0.50、1.00、2.00、3.00、4.00、5.00 mL 于 50 mL 容量瓶中，用水稀释至 20 mL 左右，同样品测试显色、定容。此标准溶液硅的浓度分别为 0.00、0.25、0.50、1.00、1.50、2.00、2.50μg/mL。摇匀后放置 20 min，1.5 h 内在分光光度计上，用标准系列溶液的零浓度调节仪器零点进行比色，绘制工作曲线或求回归方程。

五、结果与讨论

1. 结果计算

（1）有效硅(Si) $= \frac{\rho \times V \times D}{m \times 10^3} \times 1000$（mg/kg）

式中：ρ——查校准曲线或求回归方程而得测定液中硅的质量浓度，μg/mL；

V——测定时定容体积，50 mL；

D——分取倍数，加入浸提剂体积 / 浸提液吸取体积，50/(1 ~ 5)；

10^3 和 1000——分别将μg 换算成 mg 和将 g 换算为 kg；

m——风干试样质量，g。

平行结果用算术平均值表示，保留两位小数。

（2）精密度。

平行测定结果允许相对相差≤10%；不同实验室测定结果允许相对相差≤15%。

2. 注意事项

（1）酸度对硅钼黄和硅钼蓝的生成和稳定时间有很大影响，因此要严格控制酸度。

（2）不同浸提剂浸出土壤有效硅的差别较大。对于我国南方水稻土来说，用 pH 值 4.0 的乙酸缓冲液浸提，浸出量多为 30 ~ 300 mg/kg 二氧化硅，用 0.025 mol/L 柠檬酸浸提一般可浸提出 80 ~ 500 mg/kg。

（3）生成的硅钼黄的稳定时间受温度影响很大，因此从加入钼酸铵溶液到加入草酸溶液之间的时间间距应视温度而定。为了保证结果重现性好，统一规定：在加入[$c(\frac{1}{2}H_2SO_4)$ = 0.6 mol/L]硫酸溶液后于 30 ~ 35 °C 保温 15 min，加入钼酸铵溶液后，摇匀放置 5 min。

3. 思考题

（1）硅钼蓝比色法测定土壤有效硅的基本原理是什么？不同浸提剂对土壤有效硅测定结果有何影响？

（2）硅钼蓝比色法测定土壤有效硅时，酸度对硅钼蓝颜色生成和稳定有何影响？加入草酸和抗坏血酸的作用是什么？

实验四十八　土壤全量铜、锌、铁、锰的测定

一、实验目的

（1）学习原子吸收分光光度法测定土壤全量铜、锌、铁、锰。

（2）掌握高氯酸-硝酸-氢氟酸消化处理土壤样品的原理和方法。

（3）了解铜、锌、铁、锰对植物生长的重要意义。

二、实验原理

首先用硝酸-高氯酸消化以氧化土壤样品中有机质，用氢氟酸脱去土样中的硅后，再用高氯酸赶走其中的氟。所得的消化物经盐酸溶解后，用原子吸收分光光度计测定溶液中的铜、锌、铁、锰。

三、实验仪器与试剂

1. 仪　器

（1）原子吸收分光光度计（包括铜、锌、铁、锰空心阴极灯）。

（2）可调温电热板。

（3）聚四氟乙烯坩埚：带盖，30 mL。

2. 试　剂

（1）浓硝酸：优级纯，密度 1.42。

（2）高氯酸：优级纯，70% ~ 72%。

（3）氢氟酸：优级纯，40%。

（4）1∶2 盐酸（优级纯）溶液。

（5）1∶1 硝酸（优级纯）溶液。

（6）铜标准贮备液[ρ(Cu) = 1000 μg/mL]：称取 1.000 0 g 金属铜（优级纯），溶解于 20 mL 1∶1 硝酸溶液，移入 1 L 容量瓶中，用水定容。分取此液 5.00 mL 于 100 mL 容量瓶中，用水定容，即为含 50 μg/mL 铜标准溶液。

（7）锌标准贮备[ρ(Zu) = 1000 μg/mL]：称取 1.000 0 g 金属锌（优级纯），溶解于 40 mL 1∶2 盐酸溶液，移入 1 L 容量瓶中，用水定容。分取此液 5.00 mL 于 100 m 容量瓶中，用水定容，即为含 50 μg/mL 锌标准溶液。

（8）铁标准贮备[ρ(Fe) = 1000 μg/mL]：称取 1.000 0 g 金属铁（优级纯），溶解于 40 mL

1：2 盐酸溶液中（加热溶解），移入 1 L 容量瓶中，用水定容。分取此液 5.00 mL 于 100 m 容量瓶中，用水定容，即为含 50 μg/mL 铁标准溶液。

（9）锰标准贮备[ρ(Mn) = 1000 μg/mL]：称取 1.000 0 g 金属锰（优级纯），用 20 mL 1：1 销酸溶液溶解，移入 1 L 容量瓶中，用水定容。分取此液 5.00 mL 于 100 m 容量瓶中，用水定容，即为含 50 μg/mL 锰标准溶液。

四、实验步骤

（1）称取通过 0.149 mm 孔径尼龙筛的烘干试样 0.5 g（精确到 0.000 1 g），放入聚四氟乙烯坩埚中，用几滴水湿润样品，加入浓硝酸 5 mL，加盖，在通风橱中于 100 °C ~ 150 °C 电热板上微沸 20 min，取下冷至室温。加浓高氯酸 5 mL，加盖，在 200 °C 左右电热板上加热微沸 10 min，取下冷至室温。加浓氢氟酸 5 mL，在 80 °C 左右电热板上加热 1 h，然后逐渐升温使氢氟酸蒸发，待出现浓烈白烟时，取下冷却。加 1：2 盐酸溶液 4 mL 及少量水，在电热板上稍加热溶解残渣，移入 50 mL 容量瓶中，冷却后用水定容。铜、锌可用原液直接上机测定，铁稀释 50 ~ 100 倍、锰稀释 5 ~ 10 倍（铁、锰的 500 mL 测定液中须加入一定量的盐酸，使其浓度与标准系列溶液一致）后上机测定，读取浓度值或吸光度。同时做空白试验。

（2）校准曲线绘制。

分别吸取 50 μg/mL 铜、锌、铁、锰标准溶液一定体积于 6 个 100 mL 容量瓶中，加入 1：2 盐酸溶液 8 mL，用水定容，即为铜、锌、铁、锰混合标准系列溶液（分取体积及系列浓度见表 3-7），与样品同条件上机测定。分元素绘制校准曲线。

表 3-7　铜锌铁锰混合标准系列溶液配制

容量瓶编号	Cu		Zn		Fe		Mn	
	加入标准溶液量（mL）	配成浓度（μg/mL）	加入标准溶液量（mL）	配成浓度（μg/mL）	加入标准溶液量（mL）	配成浓度（μg/mL）	加入标准溶液量（mL）	配成浓度（μg/mL）
1	0.00	0.0	0.00	0.0	0.00	0.0	0.00	0.0
2	1.00	0.5	0.50	0.25	4.00	2.0	2.00	1.0
3	2.00	1.0	1.00	0.5	8.00	4.0	4.00	2.0
4	3.00	1.5	2.00	1.0	12.00	6.0	6.00	3.0
5	4.00	2.0	3.00	1.5	16.00	8.0	8.00	4.0
6	5.00	2.5	4.00	2.0	20.00	10.0	10.00	5.0

五、结果与讨论

1. 结果计算

（1）全量铜（锌、铁、锰）$= \dfrac{\rho \times V \times D}{m \times 10^3} \times 1000$（mg/kg）

式中：ρ——仪器直接读取或由校准曲线查出样品测定液中元素的质量浓度，μg/mL；

V——测定液体积，mL；

D——分取倍数；

m——试样质量，g。

平行测定结果以算术平均值表示，保留一位小数。

（2）精密度。

平等测定结果允许相对差如表 3-8。

表 3-8

元素	允许相对相差(%)
全铜	≤10
全锌	≤10
全锰	≤10
全铁	≤5

2. 注意事项

（1）对于难分解的样品，延长在高氯酸和氢氟中的消解时间很必要。样品磨细到要求的粒径是溶解完全的关键。

（2）亦可用铂坩埚消化溶样。

3. 思考题

（1）高氯酸-硝酸-氢氟酸消化，原子吸收分光光度法测定土壤全量铜、锌、铁、锰的原理是什么？氯酸-硝酸-氢氟酸消化过程中，采取哪些措施确保消化分解完全？

（2）如何配制铜锌铁锰混合标准系列溶液？

实验四十九　土壤有效态铜、锌、铁、锰的测定

一、实验目的

（1）学习DTPA浸提-原子吸收分光光度法或ICP法测定土壤有效态铜、锌、铁、锰。

（2）掌握 DTPA 浸提土壤有效态铜、锌、铁、锰原理及方法。

（3）了解土壤有效铜、锌、铁、锰对作物生长的意义及其浸提测定土壤有效态铜、锌、铁、锰的影响因素。

二、实验原理

用 pH 值 7.3 的 DTPA-TEA-$CaCl_2$ 混合缓冲溶液作为浸提剂，螯合浸提出土样中有效态锌、锰、铜、铁，用原子吸收分光光度法测定。其中 DTPA 为螯合剂，能与金属锌、锰、铜、铁离子形成稳定的螯合物，氯化钙能防止石灰性土壤中游离碳酸钙的溶解，避免因碳酸钙所包蔽的锌、铁等元素释放而产生的影响。三乙醇胺作为缓冲剂，能使溶液 pH 值保持 7.3 左右，对碳酸钙溶解也有抑止作用。

三、实验仪器与试剂

1. 仪　器

（1）原子吸收分光光度计（包括铜、锌、铁、锰元素空心阴极灯），或等离子体发射光谱仪。

（2）酸度计。

（3）恒温（控温 25 °C ± 2 °C）往复式或旋转式振荡机，或放置在恒温室内的普通振荡机，满足 370 r/min ± 20 r/min 的振荡频率或达到相同效果。

（4）带盖塑料瓶：200 mL。

2. 试　剂

（1）DTPA 浸提剂[c (DTPA) = 0.005 mol/L，c ($CaCl_2$) = 0.01 mol/L，c (TEA) = 0.1 mol/L，pH 值 7.30]：称取 1.967 g 二乙三胺五乙酸(DTPA)，溶于 14.92 g（约 13.3 mL）三乙醇胺(TEA)和少量水中；再将 1.47 g 氯化钙($CaCl_2 \cdot 2H_2O$)溶于水后，一并转入 1 L 容量瓶中，加水至约 950 mL；在酸度计上用 1∶1 盐酸溶液或 1∶1 氨水调节 pH 值至 7.3，用水定容，贮于塑料瓶中。此溶液可保存几个月，但用前需校准 pH 值。

（2）铜标准贮备液[ρ(Cu) = 1000 μg/mL]：称取 1.000 0 g 金属铜（优级纯），溶解于 20 mL 1：1 硝酸溶液，移入 1 L 容量瓶中，用水定容；或用硫酸铜配制：称取 3.928 g 硫酸铜（$CuSO_4 \cdot 5H_2O$，未风化），溶于水中，移入 1 L 容量瓶中，用水定容。

（3）铜标准贮备液[ρ(Cu) = 1000 μg/mL]：吸取铜标准贮备液 10.00 mL 于 100 mL 容量瓶中，用水定容。

（4）锌标准贮备液[ρ(Zn) = 1000 μg/mL]：称取 1.000 g 金属锌（优级纯），用 30 mL 1：1 盐酸溶液溶解（加热溶解），移入 1 L 容量瓶中，用水定容；或用硫酸锌配制：称取 4.398 g 硫酸锌（$ZnSO_4 \cdot 7H_2O$，未风化），溶于水中，移入 1 L 容量瓶中，加 5 mL 1：5 硫酸溶液，稀释至刻度，混匀。

（5）锌标准贮备液[ρ(Zn) = 1000 μg/mL]：吸取锌标准贮备液 5.00 mL 于 100 mL 容量瓶中，用水定容。

（6）铁标准贮备液[ρ (Fe) = 1000 μg/mL]：称取 1.000 0 g 金属铁（优级纯），溶解于 30 mL 1：1 盐酸溶液（加热溶解），移入 1 L 容量瓶中，用水定容；或用硫酸铁铵配制：称取 8.634 g 硫酸铁铵（$NH_4Fe(SO_4)_2 \cdot 12H_2O$，未风化），溶于水中，移入 1 L 容量瓶中，加 10 mL 1：5 硫酸溶液，稀释至刻底，混匀。

（7）铁标准贮备液[ρ (Fe）= 1000 μg/mL]：吸取铁标准贮备液 10.00 mL 于 100 mL 容量瓶中，用水定容。

（8）锰标准贮备液[ρ (Mn）= 1000 μg/mL]：称取 1.000 0 g 金属锰（优级纯），用 20 mL 1：1 销酸溶液溶解（加热溶解），移入 1 L 容量瓶中，用水定容；或用硫酸锰配制：称取 2.749 g 已于 400 ~ 500 °C 灼烧至恒重的无水硫酸锰($MnSO_4$)溶于水中，移入 1 L 容量瓶中，加 5 mL 1：5 硫酸溶液，稀释至刻底，混匀。

（9）锰标准贮备液[ρ (Mn）= 1000 μg/mL]：吸取锰标准贮备液 10.00 mL 于 100 mL 容量瓶中，用水定容。

四、实验步骤

（1）称取通过 2 mm 孔径尼龙筛的风干试样 10.00 g 于 200 mL 塑料瓶中，加入 25 ± 2 °C 的 DTPA 浸提剂 20 mL，盖好瓶盖，摇匀，在 25 ± 2 °C 的条件下，在转速为 370 ± 20 $r \cdot min^{-1}$ 的旋转式振荡机上振荡 2 h，立即过滤。保留滤液，在 48 h 内完成测定。同时做空白试验。

（2）测定。

① 原子吸收分光光度法。

校准曲线的绘制：按表 3-9 分别吸取铜、锌、铁、锰标准溶液一定体积于 100 mL 容量瓶中，用 DTPA 浸提剂定容，即为铜、锌、铁、锰混合标准系列溶液。测定前，根据待测液元素性质，参照仪器使用说明书，调整仪器至最佳工作状态。以 DTPA 溶液校正仪器零点，采用乙炔-空气火焰，在原子听收分光光度计上测定。分别绘制铜、锌、铁、锰校准曲线。

与校准曲线绘制的步骤相同，依次测定空白试剂和试样溶液中的锌、锰、铁、铜的浓度。

表 3-9　原子吸收分光光度法混合标准溶液系列

容量瓶编号	Cu		Zn		Fe		Mn	
	加入标准溶液量(mL)	配成浓度(μg/mL)	加入标准溶液量(mL)	配成浓度(μg/mL)	加入标准溶液量(mL)	配成浓度(μg/mL)	加入标准溶液量(mL)	配成浓度(μg/mL)
1	0	0	0	0	0	0	0	0
2	0.50	0.50	0.50	0.50	1.00	1.00	1.00	1.00
3	1.00	1.00	1.00	1.00	2.00	2.00	2.00	2.00
4	2.00	2.00	2.00	2.00	4.00	4.00	4.00	4.00
5	3.00	3.00	3.00	3.00	6.00	6.00	6.00	6.00
6	4.00	4.00	4.00	4.00	8.00	8.00	8.00	8.00
7	5.00	5.00	5.00	5.00	10.00	10.00	10.00	10.00

注：标准系列的配制可根据仪器灵敏度和试样溶液中待测元素含量高低适当调整。

② 等离子体发射光谱法（ICP 法）。

校准曲线的绘制：按表 3-10 分别吸取铜、锌、铁、锰标准溶液（铁、锰用标准贮备溶液）一定体积于 100 mL 容量瓶中，用 DTPA 浸提剂定容，即为铜、锌、铁、锰混合标准系列溶液。测定前，根据待测液元素性质，参照仪器使用说明书，调整仪器最佳工作状态。以 DTPA 溶液为标准溶液系列的最低标准点，用等离子体发射光谱仪器测量混合标准溶液中锌锰铁铜的强度，经微机处理各元素的分析数据，得出校准工作曲线。

与校准曲线绘制的步骤相同，以 DTPA 浸提剂为低标，标准溶液系列中浓度最高的标准溶液（应尽量接近试样溶液浓度并略高一些）为高标，校准校准曲线，然后依次测定空白试剂和试样溶液中的锌、锰、铁、铜的浓度。

表 3-10　等离子发射光谱法混合标准溶液系列

序号	Zu		Mn		Fe		Cu	
	加入标准溶液量(mL)	配成浓度(μg/mL)	加入标准溶液量(mL)	配成浓度(μg/mL)	加入标准溶液量(mL)	配成浓度(μg/mL)	加入标准溶液量(mL)	配成浓度(μg/mL)
1	0	0	0	0	0	0	0	0
2	0.50	0.50	0.50	5.0	1.00	10.0	0.50	0.50
3	1.00	1.00	1.00	10.0	2.50	25.0	1.00	1.00
4	2.50	2.50	2.50	25.0	5.00	50.0	2.50	2.50
5	5.00	5.00	5.00	50.0	10.00	100.0	5.00	5.00

注：标准溶液系列的配制可根据溶液中待测元素含量高低适当调整。

五、结果与讨论

1. 结果计算

（1）有效铜（锌、铁、锰）$=\dfrac{\rho\times V\times D}{m\times 10^3}\times 1000$（mg/kg）

式中：ρ——查校准曲线或求回归方程而得测定液中 Cu(Zn、Fe、Mn)的质量浓度，μg/mL；

V——浸提液体积，mL；

D——浸提液倍数，若不稀释则 D = 1

10^3 和 1000——分别将 μg 换算成 mg 和将 g 换算为 kg；

m——试样质量，g。

取平行测定结果以算术平均值作为测定结果。

有效锌、铜的计算结果表示到小数点后两位，有效锰、铁的计算表示到小数点后一位，但有效数字位数最多不超过三位。

（2）精密度 （见表 3-11）。

表 3-11 土壤有效锌、铜、锰、铁的测定允许差值

有效锌（以 Zn 计）或有效铜（以 Cu 计）的质量分数	平行测定允许差值	不同实验室间测定允许差值
<1.50 mg/kg ≥1.50 mg/kg	绝对差值≤0.50 mg/kg 相对相差≤10%	绝对差值≤0.30 mg/kg 相差≤30%
有效锰（以 Mn 计）或有效铁（以 Fe 计）的质量分数	平行测定允许差值	不同实验间测定允许差值
<15.0 mg/kg ≥15.0 mg/kg	绝对差值≤1.50 mg/kg 相对相差≤10%	绝对差值≤3.0 mg/kg 相对相差≤30%

2. 注意事项

（1）DTPA 提取是一个非平衡体系提取，因而提取条件必须标准化。包括土样的粉碎程度、振荡时间、振荡强度、提取液的酸度、提取温度等。DTPA 提取液 pH 值应严格控制在 7.3，为了准确控制提取液的酸度，在调节溶液 pH 值时使用酸度计校准。

（2）测试时若需稀释，应用 DTPA 浸液稀释，以保持基体一致，并在计算时乘上稀释倍数。

（3）如果测定需要的试液数量较大，则可称取 15.00 g 或 20.00 g 试样，但应保持土液比为 1∶2，同时浸提使用的容器应足够大，确保试样的充分振荡。

（4）所用玻璃皿应事先在 10% HNO_3 溶液中浸泡过夜，洗净后备用。

3. 思考题

（1）DTPA 浸提-原子吸收分光光度法测定土壤有效态铜、锌、铁、锰的基本原理是什么？操作过程应注意哪些问题？

（2）土壤 pH 值对硼、钼、锌、铁、锰、铜的有效性影响有何不同？以硼的测定为例，简述如何正确评价土壤有效养分的测定结果。

（3）为尽可能减少污染，在样品采集到测定的全过程中土壤微量元素分析应该注意哪些问题？

实验五十　作物样品的采集、处理及常量元素测定

第一节　作物样品的采集、制备与处理

一、实验目的

（1）学习作物样品的采集、制备与处理技术。

（2）掌握不同作物各个器官部位样品的采集、制备与处理方法。

（3）了解不同作物诊断取样部位形态特征。

二、实验原理

作物中各个器官的营养元素含量有很大的差异，不仅在不同的生长时期差异很大，而且在一日之内也有变化，因此采集样品时应根据分析的目的和要求，充分考虑各种影响养分含量的因素。用于相互比较的样品应同时采集，采样部位应固定一致，采样还要充分考虑随机和代表性。

三、实验仪器与试剂

（1）不锈钢刀。

（2）布袋。

（3）标签。

（4）铅笔等采样工具。

（5）鼓风烘箱。

（6）植物粉碎机。

（7）瓷研钵。

四、实验步骤

（1）根据不同作物不同器官对不同元素的敏感程度不一，在进行营养诊断时参考表 3-12 选择取样部位进行采样。

表 3-12 各种作物诊断取样部位

诊断成分	作物名称	采样部位
硝态氮	棉花 番茄 玉米 小麦 大豆	顶叶下 3～4 叶柄 叶柄 果穗相对应的叶片中脉（早期用下部基节） 取第 2～3 茎节或心叶下～叶鞘 心叶片
氨态氮	水稻 棉花	心叶下第 2-3 片叶鞘。天门冬酰胺的测定，则取顶端末展开或半展开的针状叶 叶柄
水溶性磷	番茄 玉米 大豆 水稻	叶柄 幼玉米取茎部或果穗相对应的基部组织或叶脉、叶片 植株上部叶柄或上部茎节 取基部茎鞘
水溶性钾	玉米 大豆 棉花 水稻 小麦	幼玉米取中茎节，老玉米取与果穗同高度叶片中脉 或茎秆，吐丝期取穗下手对生叶 取植株顶端叶柄基部扩大处 取植株主茎茎叶混合组织或主茎顶已展开叶片或叶柄 取心叶下第 3～5 叶鞘或茎节

（2）采集后的样品应及时做上标记，并及时处理，以防营养元素发生变化。新鲜样品应在 105 °C 的鼓风烘箱中杀青 10～30 分钟，然后在 60 °C 鼓风烘箱中烘干 4～8 小时。处理过程中应避免各种烟雾和尘埃污染。

（3）烘干后的样品可直接在植物粉碎机粉碎，将全部样品通过 0.3～0.5 mm 孔径筛子，然后装瓶或装袋、贴上标签，贮于阴凉干燥处。当进行微量元素分析时，应用不锈钢粉碎机或瓷研钵研磨。

五、注意事项

（1）水稻、苜蓿、紫花道蓿、野豌豆和木本植物组织中没有硝态氮或仅有微量，不作诊断对象。

（2）采集的样品要及时制备与处理，妥当保存备用。

第二节　作物样品常量元素测定

一、实验目的

（1）学习作物样品常量元素全氮、全磷、全钾测试技术。
（2）掌握作物各个器官部位样品的消煮及全氮、全磷、全钾测试方法。
（3）了解作物样品分析的过程和原理。

二、实验原理

用H_2SO_4 - H_2O_2消煮作物样品，定容作待测液，根据氮、磷、钾分析的目的和要求（见土壤氮、磷、钾原理），进行全氮、全磷、全钾测试。

三、实验仪器与试剂

1. 仪　器

（1）通风消煮炉。
（2）扩散皿。
（3）恒温培养箱。
（4）分光光度计。
（5）火焰光度计。

2. 试　剂

（1）93%～98%浓硫酸。
（2）30%双氧水(H_2O_2)。
（3）制备好的样品。
（4）2%硼酸溶液。
（5）10 mol/L NaOH 溶液。
（6）钒钼黄试剂。
（7）6 mol/L NaOH。
（8）2，6-二硝基酚。
（9）50 mg/kg P 标准溶液。
（10）1 000 mg/kg K 标准溶液。

四、实验步骤

1. 待测液制备

称取干样 0.5～1 g 或新样鲜品 2.5～5 g 于 100 mL 开氏瓶的底部，干样滴加少量水湿润样品，然后加 8 mL 浓硫酸，摇匀（最好放置过夜）。插入弯颈小漏斗后于电炉上慢慢加热至开始冒大量白烟，取下稍放（约半分钟）逐滴加入 30%约 0.5 mL。继续加热微沸 2 ~ 5 min，再取下稍放冷，添加几滴 H_2O_2。再加热消煮，必要时可再滴加少量 H_2O_2（用量逐次减少，一次不可加入过多，严禁在加热过程中直接滴加 H_2O_2），直到消煮液完全清亮为止。最后一次应微沸 5 min，除尽剩余 H_2O_2，冷却后加入 10 mL 水，无损地转入 100 mL 溶量瓶中，冷却后定容。放置过夜澄清或干滤纸过滤。此液可供全氮、全磷和全钾测定之用。

2. 常量元素测定

（1）作物全氮的测定（扩散法）。

用移管吸收待测消煮液 2 mL（含 N 0.05 ~ 0.20 mg），放入扩散皿外室。内装 2%硼酸溶液和 1 滴定氮指示剂。扩散皿外圈涂上碱性甘油，盖上毛玻片，并留一小缝，注入 2 mL 10 mol/L NaOH 溶液后立即盖严，在 40 °C 培养箱中扩散 24 h，或在室温下放置 1 ~ 2 昼夜。然后用 0.01 mol/L 标准酸（见土壤全氮测定）滴定至指示剂刚显紫红色。同时做空白试验。要求高时，可用标准 NH_4-N 溶液按相同的扩散法做回收率试验。

（2）作物全磷的测定（钒钼黄比色法）。

用移液管吸取待测消煮液 20 mL（含 P0.05 ~ 1 mg），于 50 mL 量瓶中，加 2 滴二硝基酚指示剂，用 6 mol/L NaOH 中和至刚呈微黄色（约需 10 mL），准确加入 10 mL 钒钼黄试剂，用水定容摇匀。同时做空白试验。15 min 后在分光光度计波长 450 nm 处比色。

工作曲线绘制：分别吸取 0、2.5、5、7.5、10、15、20 mL50 mg/kg P 标准溶液（见土壤全磷测定）于 50 mL 量瓶中，同上显色比色，各自的 P 浓度为 0、2.5、5、7.5、10、15、20 mg/kg。在分光光度计上测读后制成曲线。

（3）作物全钾的测定（火焰光度法）。

用移液管吸收待测消煮液 5 mL 于 25 mL 容量瓶中，用水定容。此液中的钾浓度应为 10 ~ 50 mg/kg，用火焰光度法测定；

工作曲线绘制：吸取 1000 mg/kg K 标准溶液（见土壤全钾测定）25 mL 于 250 mL 容量瓶中，用水定容，即成 100 mg/kg K 标液。然后分别吸取 0、2.5、5、10、15、20、25 mL 于 50 mL 量瓶中，各加入 10 mL 空白消煮液，用水定容。其 K 浓度分别为 0、2.5、5、10、15、20、25 mg/kg。在火焰光度计上测读后制成曲线。

五、结果与讨论

1. 结果计算

（1）作物全氮

$$样品全氮含量(N,\%)=\frac{(标准酸用量-空白)\times 标准酸浓度\ (mol/L)\times 0.014\times 100}{称样量\ (g)\times 吸样量}\times 100$$

表 3-13　旱作不同生育期全氮含量

作物	栽培条件	采样部位	采样时期	氮素营养状况（%）			
				低	中	高	过
冬小麦（鄂麦 6 号）	田间	植株	拔节期	1.68	<2.00	>2.00	3.1
冬小麦	田间	叶片	起身	<3.1	3.2-3.5	>3.80	
		叶片	拔节期	<3.5	3.6-3.9	>4.20	
		叶片	孕穗期	<4.0	4.0-4.5	>4.80	
棉花	田间	叶片	蕾期	3.23	3.68	4.23	
		叶片	初花期	2.15	3.69	4.03	
		叶片	花铃期	2.49	2.85	3.13	
油菜	田间	植株	苗期		3.60		
			薹期		4.30		
			花期		2.30		
			成熟期		1.64		
番茄	田间	叶柄	果实成熟期			0.20-0.25（占鲜重）	
马铃薯	田间	地上部	60 天		3.76	6.33	
		地上部	73 天		3.43	4.89	
		地上部	88 天		2.87	3.00	
柑桔	田间	叶片	春天未结果顶枝	<2.26	2.20 ~ 2.40	2.40 ~ 2.60	>2.60

表 3-14　水稻不同生育期全氮量

作物	栽培条件	采样部位	采样时期	氮素营养状况（%）			
				低	中	高	过
农垦 58	田间	功能叶	分蘖期	2.72	2.83	3.99	4.95
广陆矮	田间	功能叶第 2、3 叶	分蘖期	3.15	4.04	4.88	5.00
			幼穗分化期	2.02	3.15	3.82	4.80
早稻	田间		一苞期幼穗分化	2.06	2.47	2.71	
			二次权梗幼穗分化	2.57	2.74	2.93	
			雌雄蕊形成期	2.28	2.64	2.99	
			减数分裂期	1.97	2.27	2.40	
			始穗期	1.16	1.76	2.16	
			齐穗期	1.46	1.63	1.82	
杂交水稻	田间	植株	分蘖期	<2.5	3.0 ~ 3.5		
		植株	幼穗分化期	<2.5	>2.5		
		植株	抽穗期	<1.2	1.2 ~ 1.3		

（2）作物全磷

$$样品全磷含量（P,\%）=\frac{(比色液浓度-空白)\times 50\times 100}{称样量\ (g)\times 20\times 10^{-6}}\times 100$$

表 3-15　作物不同生育期磷素营养状况

作物	栽培条件	采样部位	采样时期	磷素营养状况(P，mg/kg)			
				极缺	缺乏	中量	高量
水稻	田间	基部叶鞘 基部叶鞘	分蘖期 分蘖期 分蘖期	<30	<40 60～90 35	40～80 30～60 35	>80 >120 100
小麦	田间	植株	分蘖期		<60	100	>120
春小麦	田间	茎鞘	苗期		<40	60～100	
玉米	田间	基部叶鞘 茎鞘	苗 4 叶期 苗 7 叶期	10～16		60～120 100～120	
玉米	田间 田间	茎鞘基部 心叶下 3～4 叶中脉 第 1 果穗下 第 1 叶中脉 第 1 果穗下 第 1 叶中脉	苗期 拔节期 扬花期 灌浆期			80～100 80～100 100 160	
棉花	田间	叶柄	苗期 花铃期 吐絮期		50 50	100 250 200	300

（3）作物全钾

$$样品全钾含量(K,\%)=\frac{稀释的K浓度(mg/kg)\times 5}{称样量(g)\times 100}$$

表 3-16　作物不同生育期的钾素营养状况

作物	栽培条件	采样部位	采样时期	磷素营养状况(P，mg/kg)			
				极缺	缺乏	中量	高量
水稻（南优 6 号）	田间	植株	抽穗期	0.81		1.0	
春玉米	田间	叶片	苗期 抽雄期	0.60	3.90	4.65 1.20	

续表

作物	栽培条件	采样部位	采样时期	磷素营养状况(P，mg/kg)			
				极缺	缺乏	中量	高量
棉花	田间	主茎下第 3 叶	苗蕾期	0.36 ~ 0.56		1.00	
大豆	田间 田间 田间	地上部分 地下部分	苗期 结荚期	<0.51 <0.45		>1.69 >0.92 1.61 ~ 3.0	
蚕豆	田间	植株上部叶片	5 ~ 6 月	0.58 ~ 1.19		1.05 ~ 1.75	
花生	田间			1.70 ~ 3.30			
马铃薯	田间	叶 上部叶片	茎中部 7 ~ 8 月	3.00 ~ 3.50 1.20 ~ 2.10		5.85 ~ 6.79 2.10 ~ 3.80	
甜菜	田间 田间或水培	叶柄 叶片 叶柄	新定型叶	0.37 0.43 ~ 0.98 0.20 ~ 0.60		0.94 ~ 8.00 1.00 ~ 11.0	
甘蔗	砂培	叶片 茎	11 月 ~ 竖年 4 月 11 月 ~ 绎年 4 月	0.56 ~ 0.72 0.28 ~ 0.34		0.96 ~ 2.48 0.44 ~ 1.50	
烟草	田间	叶片 上部叶片 下部叶片	9 月	2.79 ~ 3.70 0.55 ~ 1.08 0.42 ~ 0.51		4.37 ~ 5.29 2.64 3.17 2.44 ~ 2.83	
苹果	田间	叶 叶	3 ~ 月 定型叶片	0.44 ~ 1.25 <0.50		1.31 ~ 2.12 >1.00	
柑桔	田间	叶 叶	结果期 结果期	<0.30 <0.30	0.30 ~ 0.70 0.30 ~ 0.50	0.70 ~ 1.50 0.50 ~ 1.00	1.50 ~ 2.00 1.00 ~ 1.50

2. 注意事项

（1）消煮 H_2O_2 滴加时应直接滴入瓶底溶液中，否则失去氧化效果。

（2）溶液中残余的 H_2O_2 需要加热分解除尽，否则会影响 N、P 的比色测定。

（3）如果待测消煮液中氮、磷、钾含量太高，可将消煮液先稀释后，再吸取稀释液进行测定。

（4）溶液中的酸度对测定结果有影响，一般不得超过 0.25 mol/L。

（5）若只需测植株的全钾含量，也可采用提取法代替消煮法。具体方法是：取 0.5 g 样品加 100 mL 1 mol/L 中性醋酸铵溶液，振荡 1 h，用干滤纸过滤。吸滤液 5 mL 于 25 mL 容量瓶中，加水定容，用火焰光度计测定。但在绘制标准曲线时，应加 10 mL 1 mol/L 醋酸铵代替 10 mL 空白消煮液。结果计算与上相同。据研究，此法可提取植株样品中钾量的 95%以上。

3. 思考题

（1）植物样品采集应符合哪些基本原则？这些原则是否也适合土壤样品的采集？

（2）为什么样品的磨细程度与样品的称量多少，确定测定内容或所选择的测定方法有关？

（3）作物常量元素测定的样品前处理是如何进行的？比较作物中氮、磷、钾元素测定的方法和土壤样品的测定的方法有什么不同？

实验五十一　高效液相法测定鸡可食性组织中尼卡巴嗪残留量

一、实验目的

（1）学习可食性组织中尼卡巴嗪残留量检测方法。
（2）掌握鸡可食性组织中尼卡巴嗪残留量的 HPLC 分析方法。
（3）了解外标法定量方法及高效液相色谱法（HPLC）检测原理。

二、实验原理

尼卡巴嗪，又称球虫净，为二硝基均二苯脲和羟基二甲基嘧啶复合物，多用于饲料中以预防鸡和火鸡球虫病。一般，每 1000 kg 饲料中加入 125 g 尼卡巴嗪。尼卡巴嗪的两种成分能分别由家禽消化道吸收，并广泛分布于组织及体液中。但用量过大或受外界环境的影响，尼卡巴嗪会以 4,4-二硝基均二苯脲的形式残留于家禽组织内。实验中，多采用高效液相色谱法检测试样中尼卡巴嗪标识残留物 4,4-二硝基均二苯脲残留量，即采用乙腈提取，当 4,4-二硝基均二苯脲充分释放出来后，采用正己烷除脂，C_{18} 固相萃取柱净化，乙腈水溶液洗脱，紫外检测器波长 340 nm 处检测，外标法定量。

三、实验仪器和试剂

1. 仪　器

（1）高效液相色谱仪（配紫外检测器）。
（2）分析天平（感量 0.01 mg）。
（3）天平（感量 0.01 g）。
（4）均质机。
（5）旋转蒸发仪。
（6）漩涡混合器。
（7）超声波清洗器。
（8）离心机。

（9）鸡心瓶（50 mL）。

（10）具塞离心管（10 mL、50 mL）

（11）滤膜（有机相 0.45 μm）。

2. 试　剂

（1）4,4-二硝基均二苯脲对照品（含量≥99%）（也可用标液）。

（2）N,N-二甲基甲酰胺。

（3）乙腈（色谱纯和分析纯）。

（4）甲醇（色谱纯）。

（5）正己烷（分析纯）。

（6）正丙醇。

（7）C18 固相萃取柱（500 mg/3 mL）。

（8）实验用水均为超纯水。

四、实验步骤

1. 试剂与标准品配制

（1）洗脱液：取乙腈 70 mL，用水溶液并稀释至 100 mL。

（2）标准品配制：精密称取 4,4，-二硝基均二苯脲对照品 25 mg 于 25 mL 的容量瓶中，用二甲基甲酰胺溶解并稀释至刻度，配成浓度为 1 mg/mL 标准贮备液，-20 °C 以下保存，有效期 6 个月。再取上述溶液 1.0 mL，于 10 mL 量瓶中，用甲醇溶解并稀释至刻度，配制成浓度为 100 μg/mL 标准工作液，2 ~ 4 °C 以下保存，有效期一周。

2. 样品制备

取样品肌肉组织 400 g，制成不大于（2.0 × 2.0 × 2.0）cm 方块，直接搅碎，高速匀浆机匀浆，装入样品瓶中，－20 °C 保存

3. 样品提取

称取试料（2.0 ± 0.02）g，于 50 mL 离心管中，加乙腈 10 mL，超声 5 min，4 000 r/min 离心 12 min，取上清液，于 50 mL 鸡心瓶中。残渣中加乙腈 10 mL，重复提取一次，合并两次上清液，加正丙醇 3 mL，60 °C 旋转蒸近干。加乙腈 0.5 mL、正己烷 1 mL，涡旋 3 min，溶解，移至 10 mL 的具塞离心管中。用乙腈 0.5 mL 和正己烷 1 mL 重复涡旋溶解一次。合并两次溶液至 10 mL 的具塞离心管中，加入正己烷 2 mL，漩涡混合 3 min，4 000 r/min 离心 5 min，弃上层正己烷液。再加正己烷 2 mL，重复提取一次，4 000 r/min 离心 5 min，取下层液，备用。

4. 样品净化

C_{18} 柱用乙腈 10 mL 活化，取备用液过柱，自然流干，收集滤液。用洗脱液 4 mL 洗脱，

收集洗脱液，合并滤液和洗脱液，40 °C 氮吹近干，用流动相 2.0 mL 溶解残余物，0.45 μm 滤膜过滤，供高效液相色谱测定

5. 标准曲线的制备

精密量取 100 μg/mL 4,4-二硝基均二苯脲标准工作液适量，用流动相稀释，配制成浓度为 20、50、100、150、200、500 μg/L 的系列标准溶液，供高效液相色谱测定。以测得峰面积为纵坐标，对应的标准溶液浓度为横坐标，绘制标准曲线。求回归方程和相关系数。

6. 测　定

（1）色谱条件。

色谱柱：C_{18}（250 mm × 4.6 mm，粒径 5 μm）或相当者；

流动相：乙腈+水（58+42，V/V）；

检测器：紫外检测器；

流速 1.0 mL/min；波长 340 nm；柱温 30 °C；进样量 20 μL。

（2）测定法。

取试样溶液和相应的标准溶液，作单点或多点校准，按外标法，以峰面积计算。标准溶液及试样溶液中 4,4-二硝基均二苯脲响应值应在仪器检测的线性范围之内。

五、结果与讨论

1. 结果计算

试料中 4,4-二硝基均二苯脲的残留量（μg/kg）按下式计算。

$$X = \frac{A \times c_s \times V}{As \times m}$$

式中：X——供试试料中 4,4-二硝基均二苯脲的残留量，μg/kg；

A——试样溶液中 4,4-二硝基均二苯脲的峰面积；

A_S——标准溶液中 4,4-二硝基均二苯脲的峰面积；

c_s——标准溶液中 4,4-二硝基均二苯脲的浓度，μg/L；

V——溶解残余物的流动相体积，mL；

m——供试试料质量，g。

注：计算结果需扣除空白值，测定结果用平行测定的算术平均值表示，保留至小数点后三位。

2. 注意事项

（1）尼卡巴嗪残留标识物 4,4-二硝基均二苯脲不溶于水，微溶于 N,N-二甲基甲酰胺，因此在配制标准品时须微量缓慢溶解标准品，溶解后应快速定容以防固体析出，同时立即配制低一级浓度的标准储备液，方便取用。

（2）本方法的检测限为 20 μg/kg，定量限为 100 μg/kg。

（3）本方法在 100 ~ 400 μg/kg 添加浓度水平上的回收率为 70% ~ 110%。

（4）本方法批内相对标准偏差≤15%，批间相对标准偏差≤20%

3. 思考题

（1）本方法样品提取部分在旋转蒸发前加入正丙醇的目的分别是什么？

（2）样品净化后为什么要用 0.45 μm 滤膜过滤？

实验五十二　高效液相法测定动物食品中磺胺类药物残留

一、实验目的

（1）学习动物食品中磺胺类药物残留的检测方法。

（2）掌握磺胺间甲氧嘧啶、磺胺氯哒嗪残留量 HPLC 检测方法。

（3）了解动物食品中的磺胺类药物的单个或多个残留量分析方法及高效液相色谱的操作使用。

二、实验原理

磺胺类药物是一类广泛应用的可抑制核酸合成的抗菌药，常用于家禽以预防球虫病、霍乱和感染性鼻炎及水产品养殖以控制疔疮和肠败血症等。该类药品可残留在动物组织中，食用含有磺胺类药物残留的动物源食品可引起过敏、尿和造血紊乱等不良反应。为此，监测这些药物的残留具有重要的意义。本实验采用高效液相色谱法检测动物食品中磺胺类药物残留：采用乙酸乙酯提取样品中残留的磺胺类药物，使用 0.1 mol/L 盐酸溶液转换溶剂，提取液用正己烷除脂并通过固相萃取柱净化，高效液相色谱仪测定，外标法定量。

三、实验仪器和试剂

1. 仪　器

（1）高效液相色谱仪（配紫外检测器或二极管阵列检测器）。

（2）分析天平（感量 0.01 mg）。

（3）天平（感量 0.01 g）。

（4）均质机。

（5）旋转蒸发仪。

（6）漩涡混合器。

（7）氮吹仪。

（8）固相萃取装置。

（9）离心机。

（10）鸡心瓶（100 mL）。

（11）聚四氟乙烯离心管（50 mL）。

（12）滤膜（有机相 0.22 μm）。

2. 试　剂

（1）磺胺氯哒嗪。

（2）磺胺间甲氧嘧啶（含量≥99%，也可用标液）。

（3）乙酸乙酯（分析纯）。

（4）乙腈（色谱纯）。

（5）甲醇（色谱纯）。

（6）正己烷（分析纯）。

（7）盐酸（色谱纯）。

（8）氨水，MCX 柱（60 mg/3 mL）。

（9）实验用水均为超纯水。

四、实验步骤

1. 试剂标准品配制

（1）0.1%甲酸溶液：取甲酸 1 mL，用水溶解并稀释至 1 000 mL。

（2）0.1%甲酸乙腈溶液：取 0.1 %甲酸 830 mL，用乙腈溶解并稀释至 1 000 mL。

（3）洗脱液：取氨水 5 mL，用甲醇溶解并稀释至 100 mL。

（4）0.1 mol/L 盐酸溶液：取盐酸 0.83 mL，用水溶解并稀释至 100 mL。

（5）50%甲醇乙腈溶液：取甲醇 50 mL，用乙腈溶解并稀释至 100 mL。

（6）洗脱液：取乙腈 70 mL，用水溶液并稀释至 100 mL。

（7）标准品配制：精密称取磺胺氯哒嗪、磺胺间甲氧嘧啶标准品各 10 mg，于 100 mL 量瓶中，用乙腈溶解并稀释至刻度，配制成浓度为 100 μg/mL 的磺胺氯哒嗪、磺胺间甲氧嘧啶标准贮备液。－20 °C 以下保存，有效期 6 个月。精密量取上述浓度磺胺氯哒嗪、磺胺间甲氧嘧啶标准贮备液 5.0 mL，于 50 mL 量瓶中，用乙腈稀释至刻度，配制成浓度为 10 μg/mL 的磺胺氯哒嗪、磺胺间甲氧嘧啶标准工作液。－20 °C 以下保存，有效期 6 个月。

2. 样品制备

装入样品瓶中，－20 °C 保存。

3. 样品提取

称取试料（5 ± 0.05）g，于 50 mL 聚四氟乙烯离心管中，加乙酸乙酯 20 mL，涡动 2 min，4 000 r/min 离心 5 min，取上清液于 100 mL 鸡心瓶中，残渣中加乙酸乙酯 20 mL，重复提取一次，合并两次提取液。

4. 样品净化

鸡心瓶中加 0.1 mol/L 盐酸溶液 4 mL，于 40 °C 下旋转蒸发浓缩至少于 3 mL，转至 10 mL 离心管中。用 0.1 mol/L 盐酸溶液 2 mL 洗鸡心瓶，转至同一离心管中。再用正己烷 3 mL 洗鸡心瓶，将正己烷转至同一离心管中，涡旋混合 30 s，3 000 r/min 离心 5 min，弃正己烷。再次用正己烷 3 mL 洗鸡心瓶，转至同一离心管中，涡旋混合 30 s，3 000 r/min 离心 5 min，弃正己烷，取下层液备用。

MCX 柱依次用甲醇 2 mL 和 0.1 mol/L 盐酸溶液 2 mL 活化，取备用液过柱，控制流速 1 mL/min。依次用 0.1 mol/L 盐酸溶液 1 mL 和 50 %甲醇乙腈溶液 2 mL 淋洗，用洗脱液 4 mL 洗脱，收集洗脱液，于 40 °C 氮气吹干，加 0.1%甲酸乙腈溶液 1.0 mL 溶解残余物，滤膜过滤，供高效液相色谱测定。

5. 标准曲线制备

精密量取取 10 μg/mL 磺胺类药物混合标准工作液适量，用 0.1%甲酸乙腈溶液稀释，配制成浓度为 10、50、100、250、500 μg/L 的系列混合标准溶液，供高效液相色谱测定。以测得峰面积为纵坐标，对应的标准溶液浓度为横坐标，绘制标准曲线。求回归方程和相关系数。

6. 测　定

（1）色谱条件。

色谱柱：ODS-3C_{18}（250 mm × 4.5 mm，粒径 5 μm）或相当者；

流动相：0.1%甲酸+乙腈，梯度洗脱见表 4-1；

流速 1 mL/min；柱温 30 °C；检测波长 270 nm；进样体积 100 μL。

表 4-1　流动相梯度洗脱条件

时间 min	0.1%甲酸%	乙腈%
0.0	83	17
5.0	83	17
10.0	80	20
22.3	60	40
22.4	10	90
30.0	10	90
31.0	83	17
48.0	83	17

（2）测定法。

取试样溶液和相应的对照溶液，作单点或多点校准，按外标法，以峰面积计算。对照溶液及试样溶液中磺胺类药物响应值应在仪器检测的线性范围之内。在上述色谱条件下，对照溶液和试样溶液的高效液相色谱图见结果计算（2）。空白试验为除不加试料外，采用完全相同的步骤进行平行操作。

五、结果与讨论

1. 结果计算

（1）试料中磺胺类药物的残留量（μg/kg）按下式计算。

$$X = \frac{c \times V}{m}$$

式中：X——供试试料中相应的磺胺类药物的残留量，μg/kg；

c——试样溶液中相应的磺胺类药物浓度，μg/mL；

V——溶解残余物所用 0.1%甲酸乙腈溶液体积，mL；

m——供试试料质量，g。

注：计算结果需扣除空白值，测定结果用平行测定后的算术平均值表示，保留三位有效数字。

（2）对照溶液和试样溶液的高效液相色谱图。

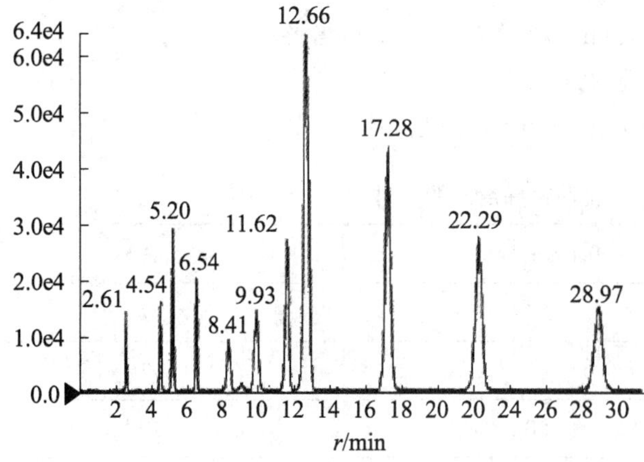

磺胺醋酰，2.61 min；
磺安甲噻二唑，4.54 min；
磺胺嘧啶，5.20 min；
磺胺氯哒嗪，6.54 min；
磺胺甲基异恶唑，8.41 min；
磺胺甲基嘧啶，9.93 min；
磺胺对甲氧嘧啶，12.66 min；
磺胺甲氧哒嗪，17.28 min；
磺胺苯吡唑，22.29 min；
磺胺间二甲氧嘧啶，28.97 min.

图 4-1

2. 注意事项

（1）本方法猪和鸡的肌肉组织的检测限为 5 μg/kg，定量限为 10 μg/kg；猪和鸡的肝脏组织的检测限为 12 μg/kg，定量限为 25 μg/kg。

（2）本方法肌肉组织在 10 ~ 200 μg/kg、肝脏组织在 25 ~ 200 μg/kg 浓度添加水平上的回收率为 60 % ~ 120 %。

（3）本方法的批内相对标准偏差≤15 %，批间相对标准偏差≤20 %。

3. 思考题

（1）为什么样品提取完后洗脱液浓缩后采用 0.1%甲酸乙腈溶液溶解残余物？流动相中加入 0.1%甲酸的目的是什么？

（2）为什么实验中的旋转蒸发和氮吹温度不得超过 40 °C？

实验五十三　高效液相法测定鸡蛋中氟喹诺酮类药物残留

一、实验目的

（1）学习鸡蛋中氟喹诺酮类药物残留的检测方法。

（2）掌握鸡蛋中氟喹诺酮类（环丙沙星、达氟沙星、恩诺沙星和沙拉沙星）残留量的 HPLC 分析方法。

（3）了解高效液相色谱的使用和外标法定量方法。

二、实验原理

氟喹诺酮类药物是一类人工合成的广谱杀菌性抗菌药物，主要用来预防和治疗动物疾病。少量使用对动物具有促进生长的作用，但过量或使用不当会导致残留，从而最终造成对人体神经系统的危害。包括中国在内的许多国家都规定了动植物源食品中氟喹诺酮类药物的最高残留限量（不得超过 10 ~ 40 μg/kg）。氟喹诺酮类药物的检测方法主要有高效液相色谱法、分光光度法、荧光法、薄层色谱等。本实验采用高效液相色谱法测定氟喹诺酮类药物（环丙沙星、达氟沙星、恩诺沙星和沙拉沙星）的残留量：采用磷酸盐溶液提取鸡蛋中的氟喹诺酮类药物，提取液经正己烷脱脂，再经 HLB 固相萃取柱净化，供高效液相色谱定量（荧光检测器）测定，外标法定量。

三、实验仪器和试剂

1. 仪　器

（1）高效液相色谱仪（配荧光检测器）。

（2）天平（感量 0.01 g）。

（3）均质机。

（4）旋转蒸发仪。

（5）漩涡混合器。

（6）固相萃取装置。

（7）离心机。

（8）pH 计。

（9）超声波清洗仪。

2. 试　剂

（1）环丙沙星、达氟沙星、恩诺沙星、沙拉沙星（含量≥99 %，也可使用标液）。

（2）乙腈（色谱纯）。

（3）甲醇（色谱纯）。
（4）正己烷（分析纯）。
（5）三乙胺（分析纯）。
（6）氢氧化钠（分析纯）。
（7）磷酸二氢钾（分析纯）。
（8）浓磷酸（分析纯）。
（9）聚四氟乙烯离心管（50 mL）。
（10）滤膜（有机相 0.22 μm）。
（12）长颈药匙，HLB 柱（60 mg/3 mL，或相当者）。

四、实验步骤

1. 试剂、标准品配制

（1）0.03 mol/L 氢氧化钠溶液：取氢氧化钠 0.6 g，加水稀释至 500 mL。

（2）6.0 mol/L 氢氧化钠溶液：取氢氧化钠 1.2 g，加水稀释至 5 mL。

（3）磷酸/三乙胺溶液 0.05 mol/L（pH 2.4）：取浓磷酸 3.4 mL，加水稀释至 1000 mL，搅拌均匀后滴加三乙胺，调 pH 至 2.4。

（4）乙腈(30%)-缓冲液：量取 30 mL 乙腈和 70 mL 的磷酸/三乙胺溶液 0.05 mol/L(pH2.4)，混合均匀。

（5）磷酸盐提取液：称取磷酸二氢钾 6.8 g，加水稀释至 500 mL，用 6.0 mol/L 氢氧化钠溶液调 pH 至 7.0。

（6）标准品制备：精密量取适宜体积的纯标准品溶液，置于 10 mL 棕色容量瓶中，加入 0.03 mol/L 氢氧化钠溶液定容至刻度，摇匀后配置成 10 μg/mL 的各标准品储备液。4 °C 下保存，一周内使用。

2. 样品制备

取适量新鲜鸡蛋，将蛋清和蛋黄混匀后装入样品瓶中，–20 °C 保存。

3. 样品提取

称取（2 ± 0.05）g 试样，置于离心管中，精确加入磷酸盐提取液 20.0 mL，搅匀振荡混合 10 min，5000 r/min 下离心 10 min。上清液转入另一离心管。加入 10 mL 水饱和正己烷，振荡 5 min，5000 r/min 下离心 10 min，去除上层正己烷及固体，再加入 10 mL 水饱和正己烷重复一次。弃去上层正己烷，下层为备用液。

4. 样品净化

HLB 柱（3 mL）依次用 5 mL 乙腈，5 mL 乙腈(30 %)-缓冲液和 5 mL 磷酸盐提取液润洗。备用液取 5 mL 过柱，用 3 mL 水洗，真空抽干。加 2 mL 乙腈(30 %)-缓冲液洗脱，收集洗脱液，过 0.22 μm 微孔滤膜后上机分析。

5. 标准曲线制备

精密量取 10 μg/mL 的环丙沙星、达氟沙星、恩诺沙星、沙拉沙星标准储备液，配置成混合标准工作液适量，用乙腈(30%)-缓冲液稀释，配制成环丙沙星、恩诺沙星、沙拉沙星浓度为 5、10、20、50、100 μg/L 和达氟沙星浓度为 1、2、4、10、20 μg/L 的系列混合标准溶液，供高效液相色谱测定。以测得峰面积为纵坐标，对应的标准溶液浓度为横坐标，绘制标准曲线。求回归方程和相关系数。

6. 测　定

（1）色谱条件。

色谱柱：C_{18}（250 mm × 4.5 mm，粒径 5 μm），或相当者；

流动相：A：0.05 mol/L 磷酸/三乙胺　B：乙腈（A：B　89∶11），等度洗脱；

流速 1 mL/min；柱温 30 °C；进样体积 20 μL；

检测波长：激发波长 280 nm；发射波长 450 nm。

（2）测定法。

取试样溶液和相应的对照溶液，作单点或多点校准，按外标法，以峰面积计算。对照溶液及试样溶液中氟喹诺酮类药物响应值应在仪器检测的线性范围之内。在上述色谱条件下，对照溶液和试样溶液的高效液相色谱图见结果计算。空白试验为除不加试料外，采用完全相同的步骤进行平行操作。

五、结果与讨论

1. 结果计算

（1）试料中氟喹诺酮类药物的残留量(μg/kg)按下式计算。

$$X = \frac{c \times V \times V_2}{V_1} \times 1000$$

式中：X——供试试料中相应的氟喹诺酮类药物的残留量，μg/kg；

c——试样溶液中相应的氟喹诺酮类药物浓度，μg/mL；

V——磷酸盐提取液体积，mL；

V_1——备用液过柱体积，mL；

V_2——乙腈(30%)-缓冲液洗脱体积，mL；

m——供试试料质量，g。

注：计算结果需扣除空白值，测定结果用平行测定后的算术平均值表示，保留至小数点后 2 位。

（2）对照溶液和试样溶液的高效液相色谱图。

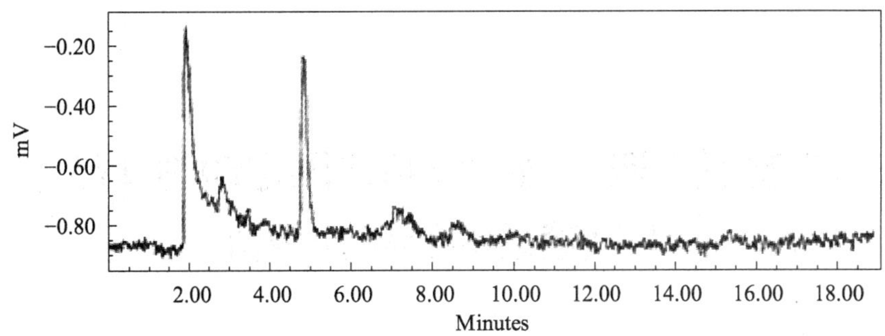

图 4-2　空白鸡蛋中的液相色谱图

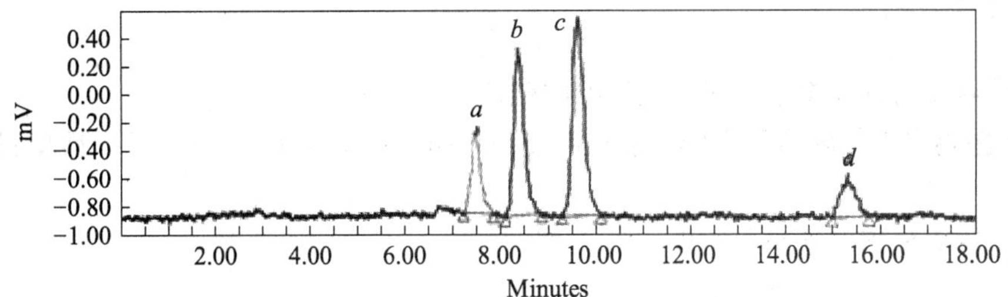

图 4-3　环丙沙量、达氟沙量、恩诺沙量和沙拉沙量后的标准溶液液相色谱图

a—环丙沙星；b—达氟沙星；c—恩诺沙星；d—沙拉沙星，环丙沙星、恩诺沙星和沙拉沙星浓度为 10 μg/L，达氟沙星浓度为 2 μg/L

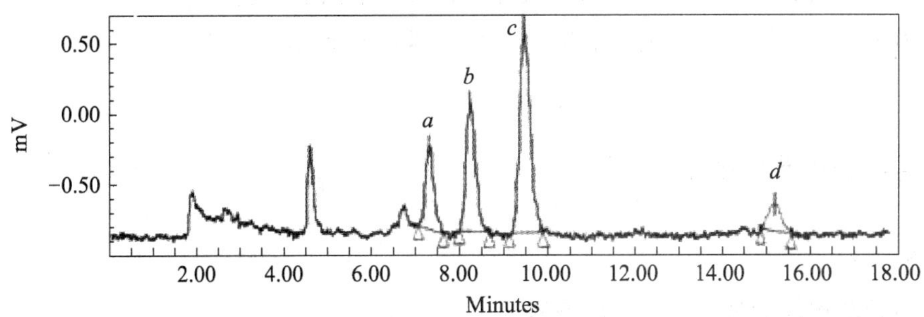

图 4-4　空白鸡蛋中添加环丙沙量、达氟沙量、恩诺沙量和沙拉沙量后的液相谱图

a—环丙沙星；b—达氟沙星；c—恩诺沙星；d—沙拉沙星，环丙沙星、恩诺沙星和沙拉沙星浓度为 10 μg/L，达氟沙星浓度为 2 μg/L

2. 注意事项

（1）本方法在鸡蛋中环丙沙星、恩诺沙星、沙拉沙星的检测限为 10μg/kg，达氟沙星的检测限为 2μg/kg。

（2）本方法的环丙沙星、恩诺沙星、沙拉沙星在 10 ~ 50μg/kg 添加浓度的回收率为 70 ~ 100%，达氟沙星在 2 ~ 10μg/kg 添加浓度的回收率为 70% ~ 100%。

（3）本方法批内相对标准偏差≤10%，批间相对标准偏差≤15 %。

3. 思考题

（1）本方法样品提取部分为什么要采用水饱和的正己烷而不是直接采用正己烷？

（2）HLB 柱有哪些特性？

实验五十四　高效液相法测定动物食品中氟喹诺酮类药物残留

一、实验目的

（1）学习动物食品中氟喹诺酮类药物的残留检测方法。

（2）掌握鸡肉中氟喹诺酮类（环丙沙星、达氟沙星、恩诺沙星和沙拉沙星）残留量的 HPLC 分析方法。

（3）了解固相萃取柱净化原理。

二、实验原理

采用磷酸盐提取液提取匀浆后的鸡肉样品中的氟喹诺酮类药物，再经 HLB 固相萃取柱净化，30%乙腈-磷酸/三乙胺溶液洗脱，供高效液相色谱（荧光检测器）定量测定，外标法定量。

三、实验仪器和试剂

1. 仪　器

（1）高效液相色谱仪（配荧光检测器）。

（2）天平（感量 0.01 g）。

（3）均质机。

（4）旋转蒸发仪。

（5）漩涡混合器。

（6）固相萃取装置。

（7）离心机。

（8）pH 计。

（9）超声波清洗仪。

（10）聚四氟乙烯离心管（50 mL）。

（11）滤膜（有机相 0.2 μm）。

（12）长颈药匙。

（13）HLB 柱（60 mg/3 mL，或相当者）。

2. 试 剂

环丙沙星、达氟沙星、恩诺沙星、沙拉沙星（含量≥99 %）（也可使用标液）；乙腈（色谱纯）；甲醇（色谱纯）；正己烷（分析纯；三乙胺（分析纯）；氢氧化钠（分析纯）；磷酸二氢钾（分析纯；浓磷酸（分析纯）。

四、实验步骤

1. 试剂、标准品配制

（1）0.03 mol/L 氢氧化钠溶液：取氢氧化钠 0.6 g，加水稀释至 500 mL。

（2）6.0 mol/L 氢氧化钠溶液：取氢氧化钠 1.2 g，加水稀释至 5 mL。

（3）磷酸/三乙胺溶液 0.05 mol/L（pH 2.4）：取浓磷酸 3.4 mL，加水稀释至 1000 mL，搅拌均匀后滴加三乙胺，调 pH 至 2.4。

（4）乙腈(30%)-缓冲液：量取 30 mL 乙腈和 70 mL 的磷酸/三乙胺溶液 0.05 mol/L(pH2.4)，混合均匀。

（5）磷酸盐提取液：称取磷酸二氢钾 6.8 g，加水稀释至 500 mL，用 6.0 mol/L 氢氧化钠溶液调 pH 至 7.0。

（6）标准品制备：精密量取适宜体积的纯标准品溶液，置于 10 mL 棕色容量瓶中，加入 0.03 mol/L 氢氧化钠溶液定容至刻度，摇匀后配置成 10 μg/mL 的各标准品储备液。4 °C 下保存，一周内使用。

2. 样品制备

取适量新鲜鸡肉组织，去除脂肪、淋巴、筋膜后绞碎均质，装入样品瓶中，－20 °C 保存。

3. 样品提取

称取（2 ± 0.05）g 试样，置于离心管中，精确加入磷酸盐提取液 10.0 mL，匀浆 1 min，搅匀振荡混合 10 min，5000 r/min 下离心 10 min。上清液转入另一离心管。用 10.0 mL 磷酸盐缓冲液清洗刀头并转入离心管清洗残渣，振荡 10 min，5000 r/min 下离心 10 min。合并两次上清液，混合均匀为备用液。

4. 样品净化

HLB 柱（3 mL）依次用 2 mL 甲醇，2 mL 磷酸盐缓冲液预洗。备用液取 5.0 mL 过柱，水 2 mL 淋洗，真空抽干。加 2.0 mL30 %乙腈-磷酸/三乙胺溶液缓慢洗脱并收集洗脱液，过 0.22 um 微孔滤膜后上机分析。

5. 标准曲线制备

精密量取 10 μg/mL 的环丙沙星、达氟沙星、恩诺沙星、沙拉沙星标准储备液，配置成混合标准工作液适量，用乙腈(30%)-缓冲液稀释，配制成环丙沙星、恩诺沙星、沙拉沙星浓度为 5、10、20、50、100 μg/L 和达氟沙星浓度为 1、2、4、10、20 μg/L 的系列混合标准溶液，供高效液相色谱测定。以测得峰面积为纵坐标，对应的标准溶液浓度为横坐标，绘制标准曲线。求回归方程和相关系数。

6. 测　定

（1）色谱条件。

色谱柱：C_{18}（250 mm × 4.5 mm，粒径 5 μm），或相当者；

流动相：A：0.05 mol/L 磷酸/三乙胺　B：乙腈（A：B 89/11），等度洗脱。

流速 1 mL/min；柱温 30 °C；进样体积 20 μL

检测波长：激发波长 280 nm；发射波长 450 nm；

（2）测定法。

取试样溶液和相应的对照溶液，作单点或多点校准，按外标法，以峰面积计算。对照溶液及试样溶液中氟喹诺酮类药物响应值应在仪器检测的线性范围之内。在上述色谱条件下，对照溶液和试样溶液的高效液相色谱图见结果计算（2）。空白试验为除不加试料外，采用完全相同的步骤进行平行操作。

五、结果与讨论

1. 结果计算

（1）试料中氟喹诺酮类药物的残留量(μg/kg)按下式计算。

$$X=\frac{c\times V\times V_2}{m\times V_1}$$

式中　X——供试试料中相应的氟喹诺酮类药物的残留量，μg/kg；

c——试样溶液中相应的氟喹诺酮类药物浓度，μg/mL；

V——磷酸盐提取液体积，mL；

V_1——备用液过柱体积，mL；

V_2——腈(30%)-缓冲液洗脱液体积，mL；

m——供试试料质量，g。

注：计算结果需扣除空白值，测定结果用平行测定后的算术平均值表示，保留三位有效数字。

（2）对照品溶液色谱图。

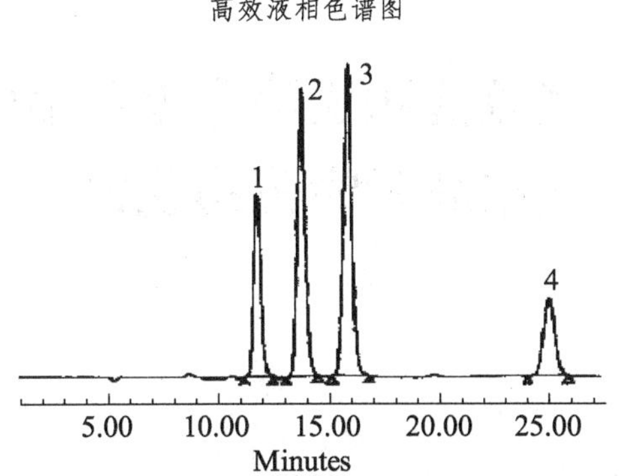

图 4-5 高效液相色谱图

1—环丙沙星；2—达氟沙星；3—恩诺沙星；4—沙拉沙星

2. 注意事项

（1）本方法在鸡肉中环丙沙星、恩诺沙星、沙拉沙星、达氟沙星的检测限为 20μg/kg。

（2）本方法环丙沙星、恩诺沙星、沙拉沙星、达氟沙星在 20 ~ 500μg/kg 添加浓度的回收率为 60 % ~ 100%。

（3）本方法的批内相对标准偏差≤15 %，批间相对标准偏差≤20 %。

3. 思考题

（1）本方法流动相中加入三乙胺的目的是什么？

（2）为什么采取乙腈(30%)-缓冲液配制标准曲线？

实验五十五　高效液相法测定水产品中孔雀石绿和结晶紫的药物残留

一、实验目的

（1）学习水产品中孔雀石绿和结晶紫残留量的测定方法。
（2）掌握水产品中孔雀石绿和结晶紫残留量的 HPLC 分析方法。
（3）了解孔雀石绿和结晶紫的检测原理。

二、实验原理

孔雀石绿（malachitegreen，MG）和结晶紫（crystal violet，CV）均属于碱性三苯甲烷类染料，结构类似，主要作为杀菌剂和抗寄生虫药用于水产养殖中防治各种鱼病。该类物质可长期残留于生物体内，并代谢为隐色孔雀石绿（LMG）和隐色结晶紫（LCV）。由于三苯甲烷具有致畸、致癌和致突变作用，目前欧美、中国和日本等国家均规定严禁在水产养殖中用孔雀石绿和结晶紫，同时明确规定孔雀石绿（含隐色孔雀石绿）和结晶紫（含隐色结晶紫）不得检出。本实验高效液相法测定水产品中孔雀石绿和结晶紫的药物残留，其原理基于：采用乙腈提取样品后，采用硼氢化钾将样品中残留的孔雀石绿及结晶紫还原为隐色孔雀石绿和隐色结晶紫，后又经乙腈、乙酸铵缓冲液提取，采用二氯甲烷萃取，固相萃取柱净化，供高效液相色谱定量（荧光检测器）测定，外标法定量。

三、实验仪器和试剂

1. 仪　器

（1）高效液相色谱仪（配荧光检测器）。
（2）天平（感量 0.01 g）。
（3）均质机。
（4）匀浆机。
（5）旋转蒸发仪。
（6）漩涡混合器。
（7）固相萃取装置。
（8）离心机。
（9）pH 计。

（10）超声波清洗仪。
（11）酸性氧化铝柱（500 mg/3 mL，或相当者）。
（12）PRS 柱（500 mg/3 mL，或相当者）。

2. 试　剂

（1）孔雀石绿、结晶紫（含量≥99 %）（也可使用标液）。
（2）乙腈（色谱纯）；甲醇（色谱纯）。
（3）二氯甲烷（分析纯）。
（4）硼氢化钾（分析纯）。
（5）无水乙酸铵（分析纯）。
（6）冰乙酸（分析纯）。
（7）氨水（分析纯）。
（8）二甘醇（分析纯）。
（9）盐酸羟胺（分析纯）。
（10）对-甲苯磺酸（分析纯）。
（11）聚四氟乙烯离心管（50 mL）。
（12）滤膜（有机相 0.22 μm）。

四、实验步骤

1. 试剂、标准品配制

（1）0.03 mol/L 硼氢化钾溶液：取硼氢化钾 0.405 g，加水稀释至 250 mL，现配现用。
（2）0.2 mol/L 硼氢化钾溶液：取硼氢化钾 0.54 g，加水稀释至 50 mL，现配现用。
（3）20 %盐酸羟胺溶液：溶解 12.5 g 盐酸羟胺于 50 mL 水中。
（4）0.05 mol/L 对-甲苯磺酸：称取 0.95 g 对-甲苯磺酸，用水稀释至 100 mL。
（5）0.1 mol/L 乙酸铵缓冲溶液：称取 7.71 g 无水乙酸铵溶液于 1000 mL 水中，氨水调 pH 至 10.0。
（6）0.125 mol/L 乙酸铵缓冲溶液：称取 9.64 g 无水乙酸铵溶液于 1000 mL 水中，冰乙酸调 pH 至 4.5。
（7）标准品制备：精密量取适宜体积的纯标准品溶液，置于 10 mL 棕色容量瓶中，加入乙腈定容至刻度，摇匀后配置成 10 μg/mL 的各标准品储备液。－18 °C 下保存，保质期三个月。

2 样品制备

鱼去鳞、去皮，取肌肉部分，均质混合，装入样品瓶中，－20 °C 保存。

3. 样品提取

称取 5.00 g 试样，置于离心管中，加入 10 mL 乙腈，10000r/min 匀浆 30 s，加入 5 g 酸性氧化铝，振荡 2 min，4000r/min 离心 10 min，上清液移入 125 mL 分液漏斗，分液漏斗中加入 2 mL 二甘醇，3 mL 0.2 mol/L 硼氢化钾溶液振荡 2 min。另取 50 mL 离心管加入 10 mL 乙腈清洗刀头 10 s，洗涤液加入前一离心管，加入 3 mL 0.2 mol/L 硼氢化钾溶液，搅匀振荡 1 min，静置 20 min，4000 r/min 离心 10 min，合并上清液于分液漏斗。

在离心管中继续加入 1.5 mL 盐酸羟胺、2.5 mL 对-甲苯磺酸、5.0 mL 乙酸铵（pH 4.5），振荡 2 min，再加入 10 mL 乙腈，振荡 2 min，4000 r/min 离心 10 min 上清液并入 125 mL 分液漏斗。重复上述步骤一次。分液漏斗中加入 30 mL 二氯甲烷，振摇 2 min，静置分层，下层溶液转移至 250 mL 茄形瓶中加入 5 mL 乙腈、10 mL 二氯甲烷，振摇 2 min 全部用 50 mL 离心管 4000 r/min 离心 10 min，下层溶液合并至 250 mL 茄形瓶，45 °C 旋蒸至近干，2.5 mL 乙腈溶解残渣。

4. 样品净化

上端酸性氧化铝柱（3 mL）接下端 PRS 柱（3 mL）用 5 mL 乙腈活化。备用液取 2.5 mL 过柱，再用 2.5 mL 乙腈洗茄形瓶 2 次过柱。取 PRS 柱真空抽干。加 3 mL 等体积混合的乙腈和乙酸铵（pH 10.0），收集洗脱液，乙腈定容至 3 mL，过 0.22 um 微孔滤膜后上机分析。

5. 标准曲线制备

精密量取 10 μg/mL 的孔雀石绿、结晶紫标准储备液适量，配置成混合标准工作液，加入 0.4 mL 0.03 mol/L 硼氢化钾溶液，用乙腈稀释，配制成浓度为 0.5、1、5、10、50、100 μg/L 的系列混合标准溶液，供高效液相色谱测定。以测得峰面积为纵坐标，对应的标准溶液浓度为横坐标，绘制标准曲线。求回归方程和相关系数。

6. 测　定

（1）色谱条件。

色谱柱：C_{18}（250 mm × 4.5 mm，粒径 5 μm），或相当者；

流动相：A：0.02 mol/L 乙酸铵，B：乙腈（A：B　30/70），等度洗脱

流速 1 mL/min；柱温 35 °C；进样体积 20 μL。

检测波长：激发波长 26 5 nm；发射波长 360 nm；

（2）测定法。

取试样溶液和相应的对照溶液，作单点或多点校准，按外标法，以峰面积计算。对照溶液及试样溶液中孔雀石绿及结晶紫类药物响应值应在仪器检测的线性范围之内。在上述色谱条件下，对照溶液和试样溶液的高效液相色谱图见结果计算。空白试验为除不加试料外，采用完全相同的步骤进行平行操作。

五、结果与讨论

1. 结果计算

（1）试料中孔雀石绿和结晶紫药物的残留量(μg/kg)按下式计算。

$$X = \frac{c \times V}{m}$$

式中：X——供试试料中相应的待测组分药物的残留量，μg/kg；

c——试样溶液中相应的氟喹诺酮类药物浓度，μg/mL；

V——洗脱液定容体积，mL；

m——供试试料质量，g。

注：计算结果需扣除空白值，测定结果用平行测定后的算术平均值表示，保留三位有效数字。

（2）孔雀石绿（MG）、结晶紫（GV）混合标准的液相色谱图。

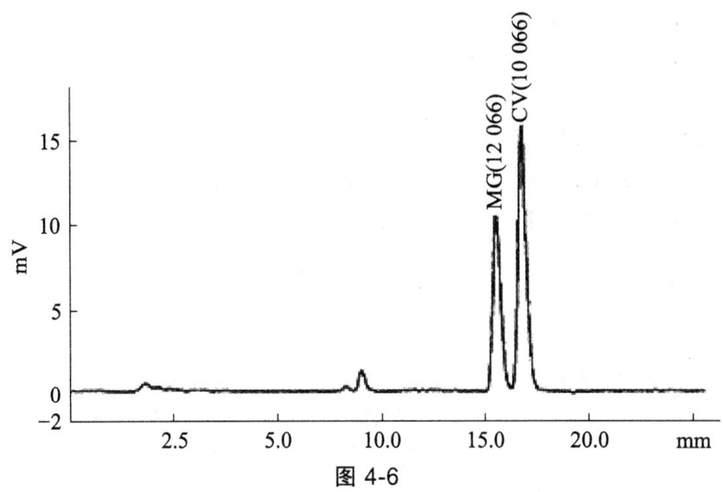

图 4-6

2. 注意事项

（1）本方法的孔雀石绿、结晶紫检测限为 0.5 μg/kg。

（2）本方法在 0.4 ~ 100 μg/kg 添加浓度的回收率为 70% ~ 110%。

（3）本方法的相对标准偏差≤15%。

3. 思考题

（1）本方法提取时为什么要加入硼氢化钾？

（2）本方法流动相加入乙酸铵的目的是什么？

实验五十六　双流向酶联免疫法（ELISA）测定乳制品中黄曲霉毒素 M_1

一、实验目的

（1）学习酶联免疫吸附检测方法。

（2）掌握生鲜乳中黄曲霉毒素 M_1 含量的 ELISA 分析方法。

（3）了解黄曲霉毒素 M_1 酶联免疫法检测的原理。

二、实验原理

黄曲霉素（Aflatoxin，AF）是食品中广泛存在的一种高致癌性真菌霉素，是 Asperillus flavus 和 Asperillus parasiticus 的二次代谢产物。黄曲霉素 M_1 是动物摄入黄曲霉素 B_1 后再体内经强击化而形成的产物，主要存在于动物可食部位，如乳、肝、蛋类中，以乳最常见。

对乳及乳制品中黄曲霉素 M_1 的检测方法主要有免疫亲和层析净化液相色谱法、免疫亲和层析净化液相色谱-串联质谱法、双流向酶联免疫法和免疫亲和层析净化荧光分光法等。本实验基于样品中残留的黄曲霉毒素 M_1 与定量特异性酶标抗体反应，多余的游离酶标抗体则与酶标板内包被的抗原结合的原理，通过流动洗涤，加入酶显色底物显色后，经酶标仪检测，通过测得的标准点和样品点的 OD 值进行定量定性比较。

三、实验仪器和试剂

1. 仪　器

（1）单通道移液枪（1 mL）。

（2）单通道移液枪（100 uL）。

（3）八通道移液枪（300 uL）。

（4）排枪加液槽。

（5）加热器。

（6）酶标仪。

（7）天平。

（8）离心机。

2. 试　剂

（1）洗涤液：用去离子水将浓缩洗涤液(10 X)按体积比 1∶9 进行稀释.

（2）乙腈（分析纯）。

（3）甲醇（分析纯）。

四、实验步骤

1. 样品制备

将新鲜样品置于加热器中在 25 °C 下放置 30 min，待样品充分回温后直接检测。

2. 检测步骤

（1）将回温后的样品进行充分摇匀。

（2）取出所需数量的微孔板，将多余的微孔板用锡箔袋连同干燥剂一起重新密封，保存于 2 ~ 8 °C。切勿冷冻保存。

（3）实验中微孔板及所用试剂、洗涤液、底物均需回温至 20 ~ 25 °C。

（4）将样本和标准品对应微孔板顺序编号，每个样本和标准品做 2 孔平行，并记录所在位置以免混淆。

（5）加标准品/样品：加入标准品/样品 50 μL 到对应微孔中，加入酶标物 50 μL/孔，轻轻振荡均匀，再加入抗试剂 50 μL/孔，轻轻振荡混匀后，置于 25 °C 避光环境下反应 30 min；

（6）洗板：将孔内液体甩干，用洗涤液 300 μL/孔，充分洗涤 4-5 次，每次间隔 10 s，用吸水纸拍干，孔内有气泡的可用未使用过的枪头戳破。注意甩干时需避免交叉污染。

（7）显色：加入底物 A50 μL/孔，再加入底物 B50 μL/孔，轻轻震摇，置于 25 °C 避光环境下反应 15 min。若温度较低，则延长反应时间，但不得超过 20 min，若温度较高则相反。不得在制冷或制热装置下操作。

（8）测定：加入终止液 50 μL/孔，轻轻振荡混匀，设定酶标仪 450 nm（双波长 450/630 nm），5 min 内测试完毕，读取 OD 值。

（9）取试样溶液和相应的对照溶液，作单点或多点校准，按外标法，以 OD 值计算。对照溶液及试样溶液中 OD 值应在标准品线性范围之内。空白试验为除不加试料外，采用完全相同的步骤进行平行操作。

五、结果与讨论

1. 结果计算

试料中黄曲霉毒素 M1 残留量(μg/kg)：以标准品 OD 值为纵坐标、标准品浓度为横坐标，绘制标准曲线图。将样本 OD 值带入曲线，得到标曲上读出的样本浓度值，乘以其对应的稀释倍数即为样品中黄曲霉毒素 M1 实际量。

注：计算结果需扣除空白值，测定结果用平行测定后的算术平均值表示，保留两位有效数字。

2. 注意事项

（1）试剂盒变异系数均<10 %。

（2）显色时，为什么须在避光条件下进行？

3. 思考题

（1）样品温度对酶联免疫法检测结果有什么影响？

实验五十七　酶联免疫吸附法检测动物组织中氯霉素残留量

一、实验目的

（1）学习酶联免疫吸附检测方法。
（2）掌握动物源食品中氯霉素残留量的酶联免疫吸附法。
（3）了解酶标仪的使用。

二、实验原理

氯霉素（chloramphenicol，CAP）是一种由委内瑞拉链丝菌产生的结晶广谱速效抗生素，属抑菌性抗生素，曾被临床医学和兽医学广泛采用。由于，氯霉素会导致人体再生障碍性贫血，这种毒性作用与剂量和疗程无关，引起许多国家和地区的重视，如美国仅允许 CAP 用于非食用动物，在动物性食品中不得检出；欧盟不允许 CAP 用于产奶母牛和产蛋。本实验测定氯霉素的原理如下：酶标板的微孔包被有偶联抗原与氯霉素标准品或样品中残留的氯霉素竞争加入氯霉素单克隆抗体，加入酶标记物，酶标记物与抗体结合。通过洗涤、显色、在 450 nm 处测定吸光度值，通过测得的标准点和样品点的吸光度值进行定量定性比较。

三、实验仪器和试剂

1. 仪　器

（1）酶标仪（配 450 nm 滤光片）。
（2）天平（感量 0.01 g）。
（3）均质机。
（4）旋转蒸发仪。
（5）振荡器。
（6）微量移液器（单道 20 μL、50 μL、100 μL、1000 μL；多道 250 μL）。
（7）氮吹仪。

2. 试　剂

（1）乙酸乙酯。
（2）乙腈。

（3）正己烷。

（4）亚硝基铁氰化钠[$Na_2Fe(CN)_5 \cdot NO \cdot 2H_2O$]。

（5）硫酸锌（$ZnSO_4 \cdot 7H_2O$）。

（6）氯霉素酶联免疫试剂盒（2 °C ~ 8 °C 保存）。

四、实验步骤

1. 试剂配制

（1）缓冲液工作液：将浓缩液（2 倍浓缩）50 mL，用水溶液并稀释至 100 mL。

（2）乙腈-水溶液：量取无水乙腈 84 mL，至玻璃瓶子，加水 16 mL 混合均匀。

（3）C 液：0.36 mol/L 硝基铁氰化钠 10.7 g，加水 50 mL 搅拌稀释，再加水定容至 100 mL。

（4）D 液：称取 1 mol/L 硫酸锌 28.8 g 加水 60 mL 搅拌溶，再加水定容至 100 mL。

（5）洗涤工作液：将浓缩洗涤液 40 mL（20 倍浓缩）用水稀释至 800 mL 备用。

（6）氯霉素抗体工作液：用缓冲工作液按 1∶10 的比例稀释氯霉素抗体浓缩液（如 400 μL 浓缩液+4 mL 的缓冲工作液，足够 4 个微孔板条 32 孔用）。

2. 样品制备

取样品肌肉组织 400 g，制成不大于（2.0 × 2.0 × 2.0）cm 方块，直接搅碎，高速匀浆机匀浆，装入样品瓶中，– 20 °C 保存。

3. 样品提取

称取试料(3.0 ± 0.01)g，于 50 mL 离心管中，加入乙酸乙酯 6 mL，振荡 10 min，室温 3800 r/min 以上离心 10 min，取出上清液（相当于 2 g 的样本），50 °C 下氮气吹干，加入正己烷 1 mL 溶解干燥的残留物，再加缓冲工作液 1 mL，强烈振荡 1 min，室温 3800 r/min 以上离心 15 min，取 50 μL 用于分析。稀释倍数为 0.5 倍。

4. 测　定

（1）从 4 °C 冷藏环境中取出所需试剂，置室温（20 °C ~ 25 °C）平衡 30 min 以上，注意每种液体试剂使用前均需摇匀。

（2）将样本和标准品对应微孔按顺序编号，每个样本和标准品做 2 孔平行，并记录标准孔和样本孔所在的位置。

（3）加入标准品或处理好的试样 50 μL 到各自的为微孔中，然后加入氯霉素抗体工作液 50 μL 到每个微孔中，用盖板膜盖板，轻轻振荡混匀，室温环境中反应 1 h。取出酶标板，将孔内液体甩干，加入洗涤液工作液 250 μL 到每个板孔中，洗板 4-5 次，用吸水纸拍干。

（4）加入酶标记物 100 μL 到每个为微孔中，用盖板膜盖板，室温反应 30 min。取出酶标板，将孔内液体甩干，加入洗涤工作液 250 μL 到每个板孔中，洗板 4-5 次，用吸水纸拍干。

（5）加入底物 A 液 50 μL 和底物 B 液 50 μL 到微孔中，轻轻振荡混匀，室温环境避光显色 30 min。

（6）加入终止液 50 μL 到微孔中，轻轻振荡混匀，设定酶标仪与 450 nm 处，立即测定每孔吸光度值。

（7）空白对照试验完全按照样品测定方法进行。

五、结果与讨论

1. 结果计算

（1）定性判定。

示例：以 0.45 μg/L 标准液的吸光度值为判定标准，样品吸光度值大于或等于改值为未检出，小于改值为可疑，建议采用确证法确证。

（2）定量测定。

$$相对吸光度=\frac{B}{B_0}\times 100\%$$

式中：B——标准溶液或样品的平均吸光度值；

B_0——0 浓度的标准溶液平均吸光度值。

将计算的相对吸光度值(%)对应氯霉素(ng/mL)的自然对数作半对数坐标系统曲线图，对应的试样浓度可从校正曲线算出，见下式。

$$X=\frac{A\times F}{m\times 1000}$$

式中：X——试样中氯霉素的含量，单位μg/kg；

A——试样中相对吸光度值(%)对应的氯霉素的含量，单位μg/L；

F——试样稀释倍数；

m——试样的取样量，单位 g。

计算结果表示到小数点后两位。

2. 注意事项

（1）试剂盒变异系数均<20%。

（2）具体操作及灵敏度应参考实际购买试剂盒中的使用说明书。

3. 思考题

（1）反应时间对酶联免疫法检测结果有什么影响？

（2）加入终止液后为什么须立即进行测定？如果延迟测定会有什么影响？

实验五十八　酶联免疫吸附法检测猪肉食品中四环素类残留量

一、实验目的

（1）学习酶联免疫吸附检测方法。

（2）掌握动物源食品中四环素类残留量的酶联免疫吸附法。

（3）了解四环素类药物残留酶联免疫法检测原理。

二、实验原理

四环素类抗生素(Tetracyclines,TCs)是由链霉菌产生的一类广谱抗生素，主要包括四环素(Tetracycline，TC)、金霉素(Chlortetracyline，CTC)、土霉素(Oxytetracycline，OTC)等，广泛应用于畜禽、水生动物和蜜蜂养殖中。长期食用含有此类药物的动物产品及其制品会严重危害人类健康。实验中，酶标板的微孔包被有偶联抗原与标准品或待测样品竞争加入四环素单克隆抗体，通过酶标记物，酶标记物与抗体结合。通过洗涤、显色过程，在 450 nm 处测定吸光度值，通过测得的标准点和样品点的吸光度值进行定量定性比较。

三、实验仪器和试剂

1. 仪　器

（1）酶标读数仪（配备 450 nm 滤光片）。

（2）分析天平（感量 0.01 mg）。

（3）漩涡混合器。

（4）离心机。

（5）pH 计。

（6）微量移液器：单道 50 μL、100 μL。

（7）多道 50 μL ~ 250 μL。

2. 试　剂

（1）氢氧化钠。

（2）三氯乙酸。

（3）无水甲醇。

（4）草酸。

（5）柠檬酸。

（6）磷酸氢二钠。

（7）乙二胺四乙酸二钠、分析纯。

四、实验步骤

1. 试剂配制

（1）草酸钾溶液（20 mmol/）：取草酸 1.8 g，加甲醇溶解并稀释至 1 000 mL。

（2）柠檬酸缓冲液：分别取柠檬酸 12.9 g，磷酸氢二钠 10.9 g，乙二胺四乙酸二钠 37.2 g，加水 900 mL 溶解，用 1 mol/L 氢氧化钠溶液调 pH 至 3.8，稀释至 1 000 mL。

（3）3 %三氯乙酸溶液：称取三氯乙酸 30 g，加水溶解并稀释至 1 000 mL。

（4）氢氧化钠溶液（1 mol/L）取氢氧化钠 4.0 g，加水溶解并稀释至 100 mL。

2. 样品制备

取样品肌肉组织 400 g，制成不大于(2.0 × 2.0 × 2.0)cm 方块，直接搅碎，高速匀浆机匀浆，装入样品瓶中，– 20 °C 保存。

3. 样品提取

称取 10 000 r/min 匀浆 1 min 的试料（1.0 ± 0.05）g，加 3 %三氯乙酸溶液（肌肉 4.0 mL，肝脏 9.0 mL），涡旋混匀，中速颠倒振荡 20 min，10 000 r/min 离心 10 min，取上清液 200 μL 于 1.5 mL 离心管中，加 1 mol/L 氢氧化钠溶液 20 μL，混匀，加缓冲液（肌肉 180 μL，肝脏 380 μL）混匀，10 000 r/min 离心 5 min，取上清液作为试样溶液。

4. 测　定

（1）测定条件。

四环素类药物检测试剂盒回温至 18 °C ~ 30 °C后使用，以下所有操作在 18 ~ 3 °C下进行。

洗液按 1 份洗液浓缩液+9 份水进行稀释。四环素标准溶液、抗四环素类药物抗体溶液、酶结合物、底物溶液等均按 1 份试剂+9 份缓冲液进行稀释和制备，稀释液均现用现配。

（2）测定法。

依次向微孔中加入标准溶液或试样溶液 50 μL，稀释的抗体 50 μL，置微型振荡器上振荡 30 s，用封口膜封好，孵育 1 h。弃去孔内液体，将酶联板倒置在吸水纸上拍打，使孔内没有残余液体。每孔加入洗液 250 μL，弃去孔内液体，再将酶联板倒置在吸水纸上拍打，重复洗版 3 次。每孔加入稀释的酶结合物 100 μL，孵育 30 min，按上述方法洗板 3 次。每孔加底物溶液 100μL，避光孵育 5 ~ 15 min。每孔加终止液 100 μL，在 450 nm 波长处测定吸光度值。

五、结果与讨论

1. 结果计算

$$相对吸光度=\frac{B}{B_0}\times 100\%$$

式中：B——标准溶液或样品的平均吸光度值；

B_0——0 浓度的标准溶液平均吸光度值。

以标准溶液中四环素浓度(μg/L)的常用对数为 X 轴，百分吸光度值为 Y 轴，绘制标准曲线。根据试样溶液测得的百分吸光度值从标准曲线上的得到相应的四环素类药物浓度，或用相应的软件计算，结果分别按下式计算猪肉中四环素类药物残留量。

$$X=\frac{c\times f}{n}$$

式中：X——试样中四环素类药物残留量，单位为μg/kg 或μg/L；

c——从标准曲线中得到试样中四环素类药物含量，单位为μg/kg 或μg/L；

f——试样稀释倍数；

n——交叉率。

表 4-2　不同药物的交叉反应率

药物	交叉反应率
四环素	100
金霉素	约 100
多西霉素	约 76
土霉素	约 58

注：不同品牌试剂盒中各种药物交叉反应率有所不同。

2. 注意事项

（1）试剂盒变异系数均<20 %。

（2）具体操作及灵敏度应参考实际购买试剂盒中的使用说明书。

3. 思考题

（1）柠檬酸缓冲液所起的主要作用是什么？

（2）洗板时怎么减少交叉污染？

实验五十九　液相色谱-串联质谱法检测动物肌肉和水产品中氯霉素残留量

一、实验目的

（1）学习内标法定量方法。

（2）掌握动物肌肉和水产品中氯霉素残留量的 LC-MS 分析方法。

（3）了解液相色谱-串联质谱的使用。

二、实验原理

在碱性条件下，采用乙酸乙酯提取样品中残留的氯霉素，提取液旋蒸后用水溶解残渣，并用水饱和的正己烷脱脂，供液相色谱-串联质谱仪检测，内标法定量。

三、实验仪器和试剂

1. 仪　器

（1）液相色谱—串联质谱仪（配有电喷雾离子源）。

（2）分析天平（感量 0.01 mg）。

（3）天平（感量 0.01 g）。

（4）离心机（4000r/min）。

（5）高速台式离心机（13000 r/min）。

（6）组织捣碎机。

（7）匀质机。

（8）旋转蒸发仪。

（9）超声波清洗器。

（10）漩涡混合器。

（11）鸡心瓶（25 mL）。

（12）比色管（50 mL）。

（13）聚丙烯离心管（50 mL、1.5 mL）。

（14）滤膜（有机相 0.22 μm）。

2. 试剂耗材

（1）氯霉素（含量≥99.5%）（也可用标液）。
（2）氘代氯霉素（含量≥99.5%，也可用标液）。
（3）无水硫酸钠（经 650 °C 灼烧 4 h，置干燥器中备用）。
（4）氢氧化铵（25% ~ 28%）。
（5）甲醇（色谱纯）。
（6）正己烷（分析纯）。

四、实验步骤

1. 试剂、标准品制备

（1）标准品储备液：10 μg/mL。准确吸取氯霉素（100 μg/mL）1 mL 置 10 mL 容量瓶中，用甲醇稀释至刻度，摇匀。保质期 6 个月。

（2）标准品工作液：1 μg/mL。准确吸取氯霉素标准储备液 1 mL 置 10 mL 容量瓶中，用甲醇稀释至刻度，摇匀。2 ~ 4 °C 以下保存，有效期 6 个月。

（3）内标标准储备溶液：1 mg/mL。准确吸取氘代氯霉素（10 mg/mL）1 mL 置 10 mL 容量瓶中，用甲醇稀释至刻度，摇匀。保质期 1 年。

（4）中间浓度内标溶液：20 ng/mL。准确吸取氘代氯霉素储备液 0.1 mL 置 50 mL 容量瓶中，用甲醇稀释至刻度，摇匀。现用现配。

2. 样品制备

取样品肌肉组织 400 g，制成不大于（2.0 × 2.0 × 2.0）cm 方块，直接搅碎，高速匀浆机匀浆，装入样品瓶中，– 20 °C 保存。

3. 样品提取

精密称取 5 ± 0.01 g 样品于 50 mL 聚丙烯离心管中，加入中间浓度内标溶液 75 μL，加入 15 mL 乙酸乙酯，0.45 mL 氢氧化铵，5 g 无水硫酸钠，匀质提取 30 s，4 000 r/min 离心 5 min，上清液转移至 50 mL 比色管中。另取一个 50 mL 离心管，加入 15 mL 乙酸乙酯，0.45 mL 氢氧化铵，洗涤匀质刀头 10 s，洗涤液移入第一支离心管中，用玻璃棒搅动残渣，涡旋 1 min，超提取 5 min，4 000 r/min 离心 5 min 上清液合并至 50 mL 比色管中。残渣再加入 15 mL 乙酸乙酯，重复上述操作，合并全部上清液至 50 mL 比色管中，用乙酸乙酯定容 50 mL。摇匀后移取 10 mL 乙酸乙酯提取液于 25 mL 鸡心瓶中，45 °C 旋转蒸发至干。

4. 样品净化

鸡心瓶中的残渣用 3 mL 水溶解，超声 5 min，加入 3 mL 正己烷涡旋 30 s，静置分层，弃掉上层正已烷，重复一次。移取 1 mL 水相于 1.5 mL 离心管中，以 13 000 r/min 离心 5 min，过 0.22 μm 滤膜，供高效液相色谱串联质谱分析。

5. 标准曲线制备

称取 5 ± 0.01 g 空白样品基质于 50 mL 离心管中，称取 8 份，按样品提取进行操作制备得到空白基质溶液。取 5 mL 离心管，精密加入适量标准工作液，氮气吹至近干后，精密加入 1 mL 上述制备而得的空白基质溶液使残渣溶解，配成浓度为 0.2、0.5、1、2、5、10 ng/mL 的系列空白基质标准溶液，其中内标氘代氯霉素的浓度为 1 ng/mL，涡旋，超声 5 min，溶液过 0.22 μm 滤膜，供液相色谱串联质谱分析。以测得峰面积为纵坐标，对应的标准溶液浓度为横坐标，绘制标准曲线。求回归方程和相关系数。

6. 测　定

（1）色谱条件。

色谱柱：C_{18}（150 mm × 2.1 mm，粒径 5 μm），或相当者；

流动相：甲醇+水（40+60，*V*/*V*）；

流速 0.3 mL/min；柱温 40 °C；进样量 20 μL。

（2）质谱条件。

离子源：电喷雾离子源；

扫描方式：负模式；

检测方式：多反应检测（MRM）；

电喷雾电压-1750 v；辅助气温度 500 °C；辅助气温度 500 °C；

雾化气、气帘气、辅助加热气、碰撞气为高纯氮气及其他适合气体，使用前应调节气体流量以使质谱仪灵敏度达到检测要求；

定性离子对、定量离子对、采集时间、去簇电压及碰撞能量见表 4-3。

表 4-3　氯霉素质谱条件（质谱参数）

所测指标及内标名称	定性离子对 (m/z)	定量离子对 (m/z)	采集时间 /ms	锥孔电压 (V)	碰撞能量 (eV)
氯霉素 (CAP)	320.9>152.0	320.9>152.0	200		− 26
	320.9>194.0			− 55	− 16
	320.9>257.0				− 16
氘代氯霉 ($CAP\text{-}d_5$)	325.9>156.849	325.9>157.0	200	− 55	− 26

（3）液相色谱-串联质谱测定。

定性判定：试样中的质量色谱峰保留时间与标准工作液一致，且同时检测到氯霉素相应化合物的三对离子、氘代氯霉素相应化合物的一对离子；样品中目标化合物氯霉素的三个离子的相对丰度比与浓度相应标准溶液的相对丰度比不超过表 4-4 的规定，则判断样品中存在目标化合物。

表 4-4　定性确证时相对离子丰度的最大允许偏差

相对离子丰度	>50%	>20%～50%	>10%～20%	≤10%
允许的相对偏差	±20%	±25%	±30%	±50%

定量判定：在仪器最佳工作条件下，取试样溶液和相应的标准溶液进样，以标准溶液中被测组分的峰面积和氘代氯霉素峰面积的比值为纵坐标，标准溶液中被测组分浓度与氘代氯霉素浓度的比值为横坐标绘制标准曲线，用标准工作曲线对样品进行定量，样品溶液中待测物的响应值均应在仪器测定的线性范围内。内标法定量。氯霉素的标准物质的多反应监测(MRM)色谱图见结果计算（2）。

五、结果与讨论

1. 结果计算

（1）试料中氯霉素的残留量(μg/kg)按下式计算。

$$X = c_s \times \frac{A}{A_S} \times \frac{c_i}{c_{si}} \times \frac{A_{si}}{A_i} \times \frac{V}{m} \times \frac{1}{1000}$$

式中：X——供试试料中氯霉素的残留量，μg/kg；

c_s——基质标准工作溶液中被测物的浓度，ng/mL；

A——试样被测物的色谱峰峰面积；

As——基质标准工作溶液的被测物的色谱峰面积；

c_i——试样溶液中内标物的浓度，ng/mL；

c_{si}——标准溶液中 4,4，-二硝基均二苯脲的浓度，μg/L；

A_{Si}——基质标准工作溶液内标物的色谱峰面积；

A_i——试样溶液中内标物的色谱峰面积；

V——样液最终定容体积，mL；

m——供试试料质量，g。

注：计算结果需扣除空白值。

（2）氯霉素、氘代氯霉素的多反应监测（MRM）色谱图。

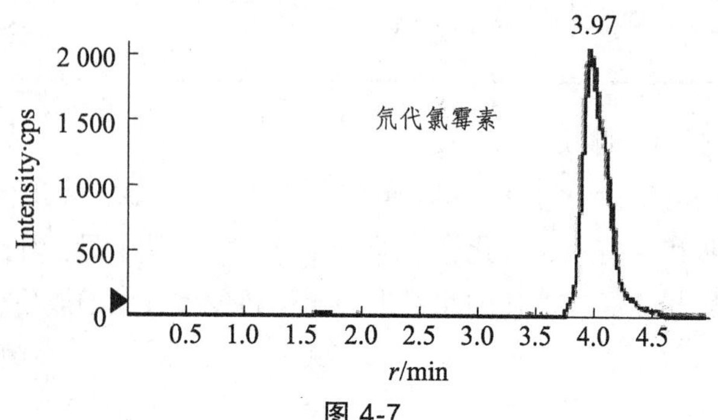

图 4-7

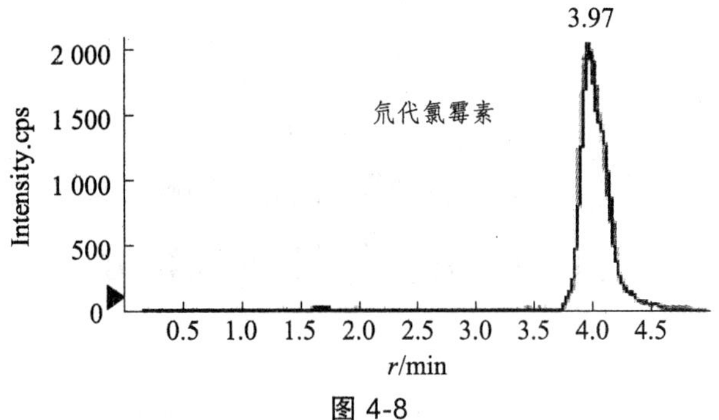

图 4-8

2. 注意事项

（1）本方法的检测限为 0.1 μg/kg。

（2）本方法在 0.1 ~ 1μg/kg 添加浓度水平上的回收率为 90% ~ 120%。

3. 思考题

（1） 本方法中加入内标溶液的作用是什么?

（2）样品提取时加入无水硫酸钠的作用是什么?

实验六十　分光光度法快速检测蔬菜中有机磷和氨基甲酸酯类农药残留量

一、实验目的

（1）学习蔬菜中农药残留快速检测方法。
（2）掌握分光光度计或专用农残速测仪使用。
（3）了解酶抑制法原理。

二、实验原理

在一定条件下，有机磷和氨基甲酸酯类农药对胆碱酯酶正常功能有抑制作用，其抑制率与农药的浓度呈正相关。正常情况下，酶催化神经传导代谢产物（乙酰胆碱）水解，其水解产物与显色剂反应，产生黄色物质，用分光光度计在 412 nm 处测定吸光度随时间的变化值，计算出抑制率，通过抑制率可以判断出样品中是否有高剂量有机磷或氨基甲酸酯类农药的存在。

三、实验仪器与试剂

1. 仪　器

（1）722 型分光光度计或专用农残速测仪。
（2）常量天平。
（3）恒温培养箱。
（4）可调移液枪（10 ~ 100 μL，1 ~ 5 mL）。
（5）微型样品混合器；冰箱。

2. 试　剂

（1）磷酸氢二钾。
（2）磷酸二氢钾。
（3）二硫代二硝基苯甲酸（DTNB，碳酸氢钠，硫代乙酰胆碱，乙酰胆碱酯酶。

四、实验步骤

1. 试剂配制

（1）pH 8.0 缓冲溶液：分别取 11.9 g 无水磷酸氢二钾与 3.2 g 磷酸二氢钾，用 1000 mL

蒸馏水溶解。

（2）显色剂：分别取 160 mg 二硫代二硝基苯甲酸（DTNB）和 15.6 mg 碳酸氢钠，用 20 mL 缓冲溶液溶解，4 °C 冰箱保存。

（3）底物：取 25.0 mg 硫代乙酰胆碱，加 3.0 mL 蒸馏水溶解，摇匀后置 4 °C 冰箱保存备用，保存期不超过两周。

（4）乙酰胆碱酯酶：根据酶的活性情况，用缓冲溶液溶解，3 min 的吸光度变化ΔA0 值应控制在 0.3 以上，摇匀后置 4 °C 冰箱保存备用，保存期不超过四天。

2. 样品处理

选取有代表性的蔬菜样品，冲洗表面泥土，剪成 1 cm 左右见方碎片，取样品 1 g，放入烧杯中，加入 5 mL 缓冲溶液，振荡 1 min ~ 2 min，倒出提取液，静置 3 min ~ 5 min，待用。

3. 对照溶液测试

先于试管中加入 2.5 mL 缓冲溶液，再加入 0.1 mL 酶液，0.1 mL 显色剂，摇匀后于培养箱中 37 °C 放置 15 min 以上（每批样品的控制时间应一致）。加入 0.1 mL 底物摇匀，此时检液开始显色反应，应立即放入仪器比色池中，记录反应 3 min 的吸光度变化值ΔA_0。

4. 样品溶液测试

先于试管中加入 2.5 mL 样品提取液，其他操作与对照溶液测试相同，记录反应 3 min 的吸光度变化值ΔA_t。

五、结果与讨论

1. 结果计算

抑制率(%)按下式计算。

$$\varpi = \rho \times (V_1 \times A \times V_2)/(V_2 \times As \times m)$$

式中 ΔA_0——对照溶液反应 3 min 吸光度的变化值；

ΔA_t——样品溶液反应 3 min 吸光度的变化值。

结果以酶被抑制的程度（抑制率）表示。当蔬菜样品提取液对酶的抑制率≥50%时，表示蔬菜中有高剂量有机磷或氨基甲酸酯类农药存在，样品为阳性结果；当蔬菜样品提取液对酶的抑制率<50%时，表示蔬菜中没有高剂量有机磷或氨基甲酸酯类农药存在，样品为阴性结果。

2. 注意事项

本方法只适用于有机磷类和氨基甲酸酯类农药残留的快速定性检测，不适用于有机氯类和拟除虫菊酯类农药残留。部分农药残留检测大致浓度范围如表 4-5：

表 4-5

农残类型	快速检测最小检出值(mg/kg)	定量检测最大限量值(mg/kg)
甲胺磷	2	0.05
乐果	3	1
氧乐果	0.8	0.02
敌敌畏	0.1	0.2
对硫磷	1	0.01
辛硫磷	0.3	0.1
马拉硫磷	4	8
敌百虫	0.2	0.1

3. 思考题

（1）影响抑制率的因素有哪些？

实验六十一　气相色谱法测定蔬菜和水果中有机磷类农药多残留

一、实验目的

（1）学习外标法定量方法。
（2）掌握蔬菜和水果中有机磷类农药多残留的检测方法。
（3）了解气相色谱仪的使用。

二、实验原理

采用乙腈提取试样中有机磷类农药，过滤提取溶液，用丙酮定容浓缩过的提取液，往气相色谱仪注入样品，经毛细管柱分离，用火焰光度检测器（FPD）磷滤光片检测，外标法定量。

三、实验仪器与试剂

1. 仪　器

（1）气相色谱仪。
（2）带有火焰光度检测器（FPD）。
（3）毛细管进样口。
（4）食品加工器。
（5）旋涡混合器。
（6）匀浆机。
（7）氮吹仪。
（8）电子天平（准确度 0.1 g）。

2. 试　剂

（1）乙腈（色谱纯）。
（2）丙酮（重蒸）。
（3）氯化钠（分析纯，140 °C 烘烤 4 h）。
（4）农药标准品，见表 4-6。

表 4-6　54 种有机磷农药标准品

序号	中文名	英文名	纯度	溶剂	组别
1	敌敌畏	Dichlorvos	≥96%	丙酮	Ⅰ
2	乙酰甲胺磷	Acephate	≥96%	丙酮	Ⅰ
3	百治磷	Dicrotophos	≥96%	丙酮	Ⅰ
4	乙拌磷	Disulfoton	≥96%	丙酮	Ⅰ
5	乐果	Dimethoate	≥96%	丙酮	Ⅰ
6	甲基对硫磷	Parathion-methyl	≥96%	丙酮	Ⅰ
7	毒死蜱	Chlorpyrifos	≥96%	丙酮	Ⅰ
8	嘧啶磷	Pirimiphos-ethyl	≥96%	丙酮	Ⅰ
9	倍硫磷	Fenthion	≥96%	丙酮	Ⅰ
10	辛硫磷	Phoxim	≥96%	丙酮	Ⅰ
11	灭菌磷	Ditalimfos	≥96%	丙酮	Ⅰ
12	三唑磷	Triazophos	≥96%	丙酮	Ⅰ
13	亚胺硫磷	Phosmet	≥96%	丙酮	Ⅰ
14	敌百虫	Trchlorfon	≥96%	丙酮	Ⅱ
15	灭线磷	Ethoprophos	≥96%	丙酮	Ⅱ
16	甲拌磷	Phorate	≥96%	丙酮	Ⅱ
17	氧乐果	Omethoate	≥96%	丙酮	Ⅱ
18	二嗪磷	Diazinon	≥96%	丙酮	Ⅱ
19	地虫硫磷	Fonofos	≥96%	丙酮	Ⅱ
20	甲基毒死蜱	Chlorpyrifos-methyl	≥96%	丙酮	Ⅱ
21	对氧磷	Paraoxon	≥96%	丙酮	Ⅱ
22	杀螟硫磷	Fenitrothion	≥96%	丙酮	Ⅱ
23	溴硫磷	Bromophos	≥96%	丙酮	Ⅱ
24	乙基溴硫磷	Bromophos-ethyl	≥96%	丙酮	Ⅱ
25	丙溴磷	Profenofos	≥96%	丙酮	Ⅱ
26	乙硫磷	Ethion	≥96%	丙酮	Ⅱ
27	吡菌磷	Pyrazophos	≥96%	丙酮	Ⅱ
28	蝇毒磷	Coumaphos	≥96%	丙酮	Ⅱ
29	甲胺磷	Methamidophos	≥96%	丙酮	Ⅲ
30	治螟磷	Sulfotep	≥96%	丙酮	Ⅲ
31	特丁硫磷	Terbufos	≥96%	丙酮	Ⅲ
32	久效磷	Monocrotophos	≥96%	丙酮	Ⅲ
33	除线磷	Dichlofenthion	≥96%	丙酮	Ⅲ
34	皮蝇磷	Fenchlorphos	≥96%	丙酮	Ⅲ

续表

序号	中文名	英文名	纯度	溶剂	组别
35	甲基嘧啶硫磷	Pirimiphos-methyl	≥96%	丙酮	Ⅲ
36	对硫磷	Parathion	≥96%	丙酮	Ⅲ
37	异柳磷	Isofenphos	≥96%	丙酮	Ⅲ
38	杀扑磷	Methidathion	≥96%	丙酮	Ⅲ
39	甲基硫环磷	Phosfolan-methyl	≥96%	丙酮	Ⅲ
40	伐灭磷	Famphur	≥96%	丙酮	Ⅲ
41	伏杀硫磷	Phosalone	≥96%	丙酮	Ⅲ
42	益棉磷	Azinphos-ethyl	≥96%	丙酮	Ⅲ
43	二溴磷	Naled	≥96%	丙酮	Ⅳ
44	速灭磷	Mevinphos	≥96%	丙酮	Ⅳ
45	胺丙畏	Propetamphos	≥96%	丙酮	Ⅳ
46	磷胺	Phosphamidon	≥96%	丙酮	Ⅳ
47	地毒磷	Trchloronate	≥96%	丙酮	Ⅳ
48	马拉硫磷	Malathion	≥96%	丙酮	Ⅳ
49	水胺硫磷	Isocarbophos	≥96%	丙酮	Ⅳ
50	喹硫磷	Quinalphos	≥96%	丙酮	Ⅳ
51	杀虫畏	Tertrachlorvinphos	≥96%	丙酮	Ⅳ
52	硫环磷	Phosfoian	≥96%	丙酮	Ⅳ
53	苯硫磷	EPN	≥96%	丙酮	Ⅳ
54	保棉磷	Azinphos-methyl	≥96%	丙酮	Ⅳ

四、实验步骤

1. 标准品配制

单一农药标准溶液配制：准确称取一定量（精确至 0.1 mg）某农药标准品，用丙酮做溶剂，逐一配制成 1 000 mg/L 的单一农药标准储备液，贮存在 – 18 °C 以下冰箱中。使用时根据各农药在对应检测器上的响应值，准确吸取适量的标准储备液，用丙酮稀释配制成所需的标准工作液。

农药混合标准溶液配制：将 54 种农药分为 4 组，按照表 4-6 中组别，根据各农药在仪器上的响应值，逐一准确吸取一定体积的同组别的单个农药储备液分别注入同一容量瓶中，用丙酮稀释至刻度，采用同样方法配制成 4 组农药混合标准溶液。使用前用丙酮稀释成所需质量浓度的标准工作液。

2. 试样制备

按 GB/T8855 抽取蔬菜、水果样品，取可食部分，经缩分后，将其切碎，充分混匀放入食品加工器粉碎，制成待测样。放入分装容器中，于 – 20 °C ~ – 16 °C 条件下保存，备用。

3. 提　取

准确称取 25.0 g 试样放入匀浆机中，加入 50.0 mL 乙腈，在匀浆机中高速匀浆 2 min 后用滤纸过滤，滤液收集到装有 5 ~ 7 g 氯化钠的 100 mL 具塞量筒中，收集滤液 40 ~ 50 mL，盖上塞子，剧烈震荡 1 min，在室温下静置 30 min，使乙腈相和水相分层。

4. 净　化

从具塞量筒中吸取 10.00 mL 乙腈溶液，放入 150 mL 烧杯中，将烧杯放在 80 °C 水浴锅上加热，杯内缓缓通入氮气或空气流，蒸发近干，加入 2.0 mL 丙酮，盖上铝箔，备用。

5. 测　定

（1）色谱柱。

预柱：1.0 m，0.53 mm 内径，脱活石英毛细管柱。

色谱柱：50 %聚苯基甲基硅氧烷柱，30 m × 0.5 3 mm × 1.0 μm。

（2）温度。

进样口温度：220 °C。

检测器温度：250 °C。

柱温：150 °C（保持 2 min），再以 8 °C/min 上升至 250 °C（保持 12 min）。

（3）气体及流量。

载气：氮气，纯度≥99.999 %，流速为 10 mL/min。

燃气：氢气，纯度≥99.999 %，流速为 75 mL/min。

助燃气：空气，流速为 100 mL/min。

（4）进样方式。

不分流进样。

（5）色谱分析。

分别吸取 1.0 μL 标准混合溶液和净化后的样品溶液注入色谱仪中，以保留时间定性，以样品溶液峰面积与标准溶液峰面积比较定量。

五、结果与讨论

1. 结果计算

（1）定性分析。

测得样品溶液中未知组分的保留时间（RT）与标准溶液在同一色谱柱上的保留时间（RT）

相比较，如果样品溶液中某组分的保留时间与标准溶液中某一农药的保留时间相差在 ± 0.05 min 内的可认定为该农药。

（2）定量结果计算。

试样中被测农药残留量以质量分数 ω 计，单位以 mg/kg 表示，按下列公式计算。

$$\varpi = \rho \times (V_1 \times A \times V_2)/(V_2 \times As \times m)$$

式中：ρ——标准溶液中农药的质量浓度，mg/L；

A——样品溶液中被测农药的峰面积；

As——农药标准溶液中被测农药的峰面积；

V_1——提取溶剂总体积，mL；

V_2——吸取出用于检测的提取溶液的体积，mL；

V_3——样品溶液定容体积，mL；

m——试样的质量，g。

2. 注意事项

（1）净化时，待测液只能蒸发近干，不能过干，否则会引起农药残留的损失。

（2）计算结果保留两位有效数字，当结果大于 1 mg/kg 时保留三位有效数字。

（3）本方法在 0.05 ~ 0.1 mg/kg 添加浓度水平上的回收率为 70% ~ 130%。

3. 思考题

（1）样品提取时为什么要加入 5 g ~ 7 g 氯化钠？

（2）滤液收集到具塞量筒中后为什么要剧烈震荡？

（3）混合农药标准溶液为什么要分组？

实验六十二　气相色谱法测定蔬菜和水果中有机氯类、拟除虫菊酯类农药多残留

一、实验目的

（1）学习蔬菜水果中多农残的检测方法。
（2）掌握蔬菜和水果中有机氯类、拟除虫菊酯类农药多残留的气相色谱检测方法。
（3）了解气相色谱仪的使用。

二、实验原理

有机氯类、拟除虫菊酯类农药是农业中常用的两类农药，残留在动植物体内的这些农药，特别是有机氯农药分解缓慢，易造成人体及有益生物的急性或慢性中毒。蔬菜在人们日常生活中不可或缺，对其农药的多残留检测尤为重要。目前，对有机氯、拟除虫菊酯类农药的检测主要采用气相色谱法。其原理是：采用乙腈提取试样中的农药分子，过滤提取溶液并浓缩，通过固相萃取柱分离、净化，淋洗液经浓缩后，注入气相色谱仪，经毛细管柱分离，用电子捕获检测器（ECD）检测，保留时间定性，外标法定量。

三、实验仪器与材料

1. 仪　器

（1）气相色谱仪。
（2）带有电子捕获检测器（ECD）。
（3）毛细管进样口。
（4）食品加工器。
（5）旋涡混合器。
（6）匀浆机。
（7）氮吹仪。
（8）电子天平（准确度 0.1 g）。

2. 试　剂

（1）乙腈（色谱纯）。
（2）丙酮（重蒸）。

（3）氯化钠（分析纯，140 °C 烘烤 4 h）。

（4）固相萃取柱（弗罗里矽柱，容积 6 mL，填充物 1000 mg）。

（5）铝箔。

（6）农药标准品，见表 4-7。

表 4-7　40 种有机氯农药及拟除虫菊酯类农药标准品

序号	中文名	英文名	纯度	溶剂	组别
1	α-666	α-BHC	≥96%	正己烷	Ⅰ
2	西玛津	Simazine	≥96%	正己烷	Ⅰ
3	莠去津	Atrazine	≥96%	正己烷	Ⅰ
4	δ-666	δ-BHC	≥96%	正己烷	Ⅰ
5	七氯	Heptachlor	≥96%	正己烷	Ⅰ
6	艾氏剂	Aldrin	≥96%	正己烷	Ⅰ
7	O,p’-DDE	O,p’-DDE	≥96%	正己烷	Ⅰ
8	p,p’-DDE	p,p’-DDE	≥96%	正己烷	Ⅰ
9	O,p’-DDD	O,p’-DDD	≥96%	正己烷	Ⅰ
10	p,p’-DDT	p,p’-DDT	≥96%	正己烷	Ⅰ
11	异菌脲	Iprodione	≥96%	正己烷	Ⅰ
12	联苯菊酯	Bifenthrin	≥96%	正己烷	Ⅰ
13	顺式氯菊酯	Cis-permethrin	≥96%	正己烷	Ⅰ
14	氟氯氰菊酯	Cyfluthrin	≥96%	正己烷	Ⅰ
15	氟胺氰菊酯	Tau-fluvalinate	≥96%	正己烷	Ⅰ
16	β-666	β-BHC	≥96%	正己烷	Ⅰ
17	林丹	γ-BHC	≥96%	正己烷	Ⅱ
18	五氯硝基苯	Pentachloronitrobenzene	≥96%	正己烷	Ⅱ
19	敌稗	Propanil	≥96%	正己烷	Ⅱ
20	乙烯菌核利	Vinclozolin	≥96%	正己烷	Ⅱ
21	硫丹	Endosulfan	≥96%	正己烷	Ⅱ
22	p,p’-DDD	p,p’-DDD	≥96%	正己烷	Ⅱ
23	三氯杀螨醇	Dicofol	≥96%	正己烷	Ⅱ
24	高效氯氟氰菊酯	Lambda-cyhalothrin	≥96%	正己烷	Ⅱ
25	氯菊酯	Permethrin	≥96%	正己烷	Ⅱ
26	氟氰戊菊酯	Flucythrinate	≥96%	正己烷	Ⅱ
27	氯硝胺	dicloran	≥96%	正己烷	Ⅱ
28	六氯苯	Hexachlorobenzene	≥96%	正己烷	Ⅲ
29	百菌清	Chlorothalonil	≥96%	正己烷	Ⅲ
30	三唑酮	Traidimefon	≥96%	正己烷	Ⅲ

续表

序号	中文名	英文名	纯度	溶剂	组别
31	腐霉利	Procymidone	≥96%	正己烷	Ⅲ
32	丁草胺	Butachlor	≥96%	正己烷	Ⅲ
33	狄氏剂	Dieldrin	≥96%	正己烷	Ⅲ
34	异狄氏剂	Endrin	≥96%	正己烷	Ⅲ
35	乙酯杀螨醇	Chlorobenzilate	≥96%	正己烷	Ⅲ
36	O,p'-DDT	O,p'-DDT	≥96%	正己烷	Ⅲ
37	胺菊酯	Tetramethrin	≥96%	正己烷	Ⅲ
38	甲氰菊酯	Fenpropathrin	≥96%	正己烷	Ⅲ
39	氯氰菊酯	Cypermethrin	≥96%	正己烷	Ⅲ
40	氰戊菊酯	Fenvalerate	≥96%	正己烷	Ⅲ
41	溴氰菊酯	deltamethrin	≥96%	正己烷	Ⅲ

四、实验步骤

1. 标准品配制

单一农药标准溶液配制：准确称取一定量（精确至 0.1 mg）某农药标准品，用正己烷做溶剂，逐一配制成 1000 mg/L 的单一农药标准储备液，贮存在 – 18 °C 以下冰箱中。使用时根据各农药在对应检测器上的响应值，准确吸取适量的标准储备液，用正己烷稀释配制成所需的标准工作液。

农药混合标准溶液配制：将 41 种农药分为 3 组，按照表 4-7 中组别，根据各农药在仪器上的响应值，逐一准确吸取一定体积的同组别的单个农药储备液分别注入同一容量瓶中，用正己烷稀释至刻度，采用同样方法配制成 3 组农药混合标准溶液。使用前用正己烷稀释成所需质量浓度的标准工作液。

2. 试样制备

按 GB/T8855 抽取蔬菜、水果样品，取可食部分，经缩分后，将其切碎，充分混匀放入食品加工器粉碎，制成待测样。放入分装容器中，于-20 °C ~ -16 °C 条件下保存，备用。

3. 提　取

准确称取 25.0 g 试样放入匀浆机中，加入 50.0 mL 乙腈，在匀浆机中高速匀浆 2 min 后用滤纸过滤，滤液收集到装有 5 ~ 7 g 氯化钠的 100 mL 具塞量筒中，收集滤液 40 ~ 50 mL，盖上塞子，剧烈震荡 1 min，在室温下静置 30 min，使乙腈相和水相分层。

4. 净　化

从 100 mL 具塞量筒中吸取 10.00 mL 乙腈溶液，放入 150 mL 烧杯中，将烧杯放在 80 °C

水浴锅上加热，杯内缓缓通入氮气或空气流，蒸发近干，加入 2.0 mL 正己烷，盖上铝箔，待净化。

将弗罗里矽柱依次用 5.0 mL 丙酮 + 正己烷（10 + 90）、5.0 mL 正己烷淋洗，当溶液面达到柱吸附层表面时，立即倒入上述待净化溶液，用 15 mL 刻度离心管接收洗脱液，用 5 mL 丙酮 + 正己烷（10 + 90）冲洗烧杯后淋洗弗罗里矽柱，并重复一次。将盛有淋洗液的离心管置于氮吹仪上，在水浴温度 50 °C 条件下，氮吹蒸发至小于 5 mL，用正己烷定容至 5.0 mL，在旋涡混合器上混匀，分别移入两个 2 mL 自动进样器样品瓶中，待测。

5. 测　定

（1）色谱柱。

预柱：1.0 m，0.25 mm 内径，脱活石英毛细管柱；

分析柱：100%聚甲基硅氧烷（DB-1 或 HP-1）柱，30 m × 0.25 mm × 0.25 μm。

（2）温度。

进样口温度：200 °C；

检测器温度：320 °C；

柱温：150 °C（保持 2 min），以 6 °C/min 上升至 270 °C（保持 8 min，测定溴氰菊酯保持 23 min）。

（3）气体及流量。

载气：氮气，纯度≥99.999%，流速为 1 mL/min；

辅助气：氮气，纯度≥99.999%，流速为 60 mL/min。

（4）进样方式。

分流进样，分流比 10∶1。

（5）色谱分析。

分别吸取 1.0 μL 标准混合溶液和净化后的样品溶液注入色谱仪中，以保留时间定性，以样品溶液峰面积与标准溶液峰面积比较定量。

五、结果与讨论

1. 结果计算

（1）定性分析。

测得样品溶液中未知组分的保留时间（RT）与标准溶液在同一色谱柱上的保留时间（RT）相比较，如果样品溶液中某组分的保留时间与标准溶液中某一农药的保留时间相差在 ± 0.05 min 内的可认定为该农药。

（2）定量结果计算。

试样中被测农药残留量以质量分数 ω 计，单位以 mg/kg 表示，按下列公式计算。

$$\varpi = \rho \times (V_1 \times A \times V_3)/(V_2 \times As \times m)$$

式中：ρ——标准溶液中农药的质量浓度，mg/L；

A——样品溶液中被测农药的峰面积；

As——农药标准溶液中被测农药的峰面积；

V_1——提取溶剂总体积，mL；

V_2——吸取出用于检测的提取溶液的体积，mL；

V_3——样品溶液定容体积，mL；

m——试样的质量，g。

2. 注意事项

（1）计算结果保留两位有效数字，当结果大于 1 mg/kg 时保留三位有效数字。

（2）本方法在 0.05 ~ 0.1 mg/kg 添加浓度水平上的回收率为 70% ~ 130%。

（3）净化时，弗罗里硅柱在未使用前不能受潮，否则影响净化效果。净化洗脱时，柱子也要随时保持液面高于填充物，否则影响回收率。

3. 思考题

（1）弗罗里硅柱淋洗时为什么当淋洗液面达到柱吸附层表面时，立即倒入待净化溶液？

实验六十三　原子荧光光谱分析法测定农产品中的总汞

一、实验目的

（1）学习原子荧光光谱仪的基本结构及操作流程。

（2）掌握原子荧光光谱法测定农产品中总汞含量的原理和方法。

（3）了解样品处理的过程及注意事项。

二、实验原理

一般食品中含汞量很少，但由于含汞农药的大量使用、农田灌溉水被汞污染、土壤中汞也与日俱增而使农作物含汞量增高。被汞污染的农产品无论洗、烘、炒、蒸、煮都很难将汞除去，故汞成为农产品卫生检测的重要项目之一。不过，汞极易挥发，本实验采用原子荧光光谱法测定农产品中汞的含量，原理如下：试样经酸加热消解后，在酸性价值中，试样中汞被硼氢化钾还原成原子态汞，由载气氩气带入原子化器中，在汞空心阴极灯照射下，基态汞原子被激发至高能态，在由高能态回到基态时，发射出特征波长的荧光，其荧光强度与汞含量成正比，与标准系列溶液比较定量。

三、实验仪器与试剂

1. 仪　器

（1）原子荧光光谱仪。

（2）控温电热板 50 °C ~ 200 °C。

（3）天平：感量为 1 mg。

（4）组织匀浆机。

（5）高速粉碎机。

2. 试　剂

（1）硝酸（优级纯）。

（2）硫酸（优级纯）。

（3）重铬酸钾（优级纯）。

（4）硼氢化钾（分析纯）。

（5）氢氧化钾（优级纯）。

（6）汞元素标准贮备液（1 mg/mL）。

四、实验步骤

1. 试剂配制

（1）硝酸溶液（1+9）：量取 50 mL 硝酸，缓缓加入 450 mL 水中，混匀。

（2）硝酸溶液（5+95）：量取 5 mL 硝酸，缓缓加入 95 mL 水中，混匀。

（3）重铬酸钾的硝酸溶液（0.5 g/L）：称取 0.05 g 重铬酸钾溶于 100 mL 硝酸溶液（5+95）中。

（4）氢氧化钾溶液（5 g/L）：称取 5.0 g 氢氧化钾，溶于水并稀释至 1000 mL。

（5）硼氢化钾溶液（20 g/L）：称取硼氢化钾 20.0 g，溶于 1000 mL 5 g/L 氢氧化钾溶液中，混匀。

（6）汞标准中间液（10 μg/mL）：吸取 1.00 mL 汞标准储备液（1 mg/mL）于 100 mL 容量瓶中，用重铬酸钾的硝酸溶液（0.5 g/L）稀释至刻度，混匀，于 4 °C 冰箱中避光保存，可保存 2 年。

（7）汞标准使用液（50 ng/mL）：吸取 0.50 mL 汞标准中间液（10 μg/mL）于 100 mL 容量瓶中，用重铬酸钾的硝酸溶液（0.5 g/L）稀释至刻度，混匀，现用现配。

所有玻璃器皿量具均需以 20%硝酸溶液浸泡 24 h，用水反复冲洗，最后用去离子水冲洗干净。

2. 试样消解

称取 10.000 g 经粉碎均匀的样品，置于消化装置中的锥形瓶，加玻璃珠数粒，加 45 mL 硝酸，10 mL 硫酸，转动锥形瓶防止局部炭化，装上冷凝管后，小心火加热，待开始发泡即停止加热，发泡停止后，加热回流 2 小时。如加热过程中溶液变棕色，再加 5 mL 硝酸，继续回流 2 h，放冷后从冷凝管上端小心加 20 mL 水，继续加热回流 10 min，放冷，用适量水冲洗冷凝管，洗液并入消化液中，将消化液经玻璃棉过滤于 100 mL 容量瓶内，用少量水洗锥形瓶，滤器，洗液并入容量瓶内，加水至刻度混匀待测，取与消化样品相同量的硝酸、硫酸，按同一方法做试剂空白试验。

3. 测　定

（1）标准曲线制作。

分别吸取 50 ng/mL 汞标准使用液 0.00 mL、0.20 mL、0.50 mL、1.00 mL、1.50 mL、2.00 mL、2.50 mL 于 50 mL 容量瓶中，用硝酸溶液(1+9)稀释至刻度，混匀。各自相当汞浓度为 0.00 ng/mL、0.20 ng/mL、0.50 ng/mL、1.00 ng/mL、1.50 ng/mL、2.00 ng/mL、2.50 ng/mL。

（2）试样溶液的测定。

设定好仪器最佳条件，连续用硝酸溶液（1+9）进样，待读数稳定之后，转入标准系列测量，绘制标准曲线。转入试样测量，先用硝酸溶液（1+9）进样，使读数基本回零，再分别测定试样空白和试样消化液，每测不同的试样前都应清洗进样器。

（3）仪器参考条件。

光电倍增管负高压：240 V；汞空心阴极灯电流：30 mA；原子化器温度：300 °C；载气

流速：500 mL/min；屏蔽气流速：1000 mL/min。

五、结果与讨论

1. 结果计算

试样中汞含量按下式计算。

$$X=[(c-c_0)\times V\times 1000]/(m\times 1000\times 1000)$$

式中：X——试样中汞的含量，mg/kg；

c——测定样液中汞含量，ng/mL；

c_0——空白液中汞含量，ng/mL；

V——试样消化液总体积，mL；

1000——换算系数；

m——试样质量，g。

计算结果保留两位有效数字。

2. 注意事项

（1）消解时注意控制加热温度。

（2）在重复性条件下获得的两次独立测定结果的绝对差值不得超过算术平均值的 20 %。

（3）本方法检出限为 0.003 mg/kg，方法定量限为 0.010 mg/kg。

3. 思考题

（1）消化过程中加玻璃珠的作用是什么？

（2）试样中加硫酸时为什么要防止局部炭化？

实验六十四　氢化物发生原子荧光光谱法测定农产品中的总砷

一、实验目的

（1）学习原子荧光光谱仪的原理和操作。

（2）掌握原子荧光光谱法测定农产品中总砷含量的原理和方法。

（3）了解影响砷含量测定的因素。

二、实验原理

砷是目前公认的对人体有害的元素，本文采用氢化物发生-原子荧光光谱法测定农产品中总砷的含量：即样品经湿法消解后，加入硫脲使五价砷预还原为三价砷，加入硼氢化钾进一步使其还原生成砷化氢，再由氩气载入石英原子化器中被分解为原子态砷，在高强度砷空心阴极灯的发射光激发下产生原子荧光，其荧光强度在固定条件下与被测液中砷浓度成正比，采用外标法定量即可得出样品中砷含量。

三、实验仪器与试剂

1. 仪　器

（1）原子荧光分光光度计。

（2）控温电热板（50 °C ~ 200 °C）。

（3）天平：感量为 1 mg。

（4）组织匀浆机。

（5）高速粉碎机。

2. 试　剂

（1）硝酸（优级纯）。

（2）硫酸（优级纯）。

（3）高氯酸（优级纯）。

（4）硫脲（分析纯）。

（5）抗坏血酸（优级纯）。

（6）硼氢化钾（分析纯）。

（7）氢氧化钾（优级纯）。

（8）砷标准贮备液（100 mg/L）。

四、实验步骤

1. 试剂、标准品配制

（1）硫酸溶液（1+9）：量取 100 mL 硫酸，在不断搅拌下缓缓加入 900 mL 水中，混匀。

（2）硝酸溶液（2+98）：量取 20 mL 硝酸，在不断搅拌下缓缓加入 980 mL 水中，混匀。

（3）重铬酸钾的硝酸溶液（0.5 g/L）：称取 0.05 g 重铬酸钾，加硝酸溶液（5+95）溶解，并定容至 100 mL。

（4）氢氧化钾溶液（5 g/L）：称取 5.0 g 氢氧化钾，溶解于水并稀释至 1000 mL。

（5）硼氢化钾溶液（20 g/L）：称取硼氢化钾 20.0 g，溶于 1 L 5 g/L 氢氧化钾溶液中，混匀。

（6）硫脲 + 抗坏血酸溶液：称取 10.0 g 硫脲，加约 80 mL 水，加热溶解，待冷却后加入 10.0 g 抗坏血酸，稀释至 100 mL，现用现配。

（7）砷标准使用液（1.00 mg/L）：准确吸取 1.00 mL 砷标准储备液（100 mg/L）于 100 mL 容量瓶中，用硝酸溶液（2+98）稀释至刻度，现用现配。

所有玻璃器皿量具均需以 20%硝酸溶液浸泡 24 h，用水反复冲洗，最后用去离子水冲洗干净。

2. 试样消解

称取 5.000 g 粉碎均匀的样品，置于 100 mL 锥形瓶中，同时做两份试剂空白，加 20 mL 硝酸，4 mL 高氯酸，1.25 mL 硫酸，混匀，放置过夜。次日置于电热板上加热消解。若消解液处理至 1 mL 左右时仍有未分解物质或色泽变深，取下放冷，补加硝酸 5 ~ 10 mL，再消解至 2 mL 左右，如此反复两三次，注意避免炭化。继续加热至消解完全后，再持续蒸发至高氯酸的白烟散尽，硫酸的白烟开始冒出。冷却，加水 25 mL，再蒸发至冒硫酸白烟。冷却，用水将内容物转入 25 mL 容量瓶中。加入硫脲+抗坏血酸溶液 2 mL，补水至刻度，混匀，放置 30 min，待测。按同一操作方法作空白试验。

3. 测　定

（1）标准曲线制作。

分别吸取 1 mg/L 砷标准使用液 0.00 mL、0.10 mL、0.25 mL、0.50 mL、1.50 mL、3.00 mL 于 25 mL 容量瓶中，加硫酸溶液（1+9）12.5 mL，硫脲 + 抗坏血酸溶液 2 mL，补加水至刻度，混匀后放置 30 min 后测定。各自相当砷浓度为 0.0 ng/mL、4.0 ng/mL、10 ng/mL、20 ng/mL、60 ng/mL、120 ng/mL。

仪器预热稳定后，将试剂空白、标准系列溶液依次引入仪器进行原子荧光强度的测定。以原子荧光强度为纵坐标，砷浓度为横坐标绘制标准曲线，得到回归方程。

（2）试样溶液的测定。

相同条件下，将样品溶液分别引入仪器进行测定。根据回归方程计算出样品中砷元素的浓度。

（3）仪器参考条件。

光电倍增管负高压：260V；砷空心阴极灯电流：50 ~ 80 mA；载气流速：500 mL/min；屏蔽气流速：800 mL/min。

五、结果与讨论

1. 结果计算

试样中砷含量按下式计算。

$$X=[(c-c_0)\times V\times 1000]/(m\times 1000\times 1000)$$

式中：X——试样中砷的含量，mg/kg；

c——测定样液中砷含量，ng/mL；

c_0——空白液中砷含量，ng/mL；

V——试样消化液总体积，mL；

1000——换算系数；

m——试样质量，g。

计算结果保留两位有效数字。

2. 注意事项

（1）在重复性条件下获得的两次独立测定结果的绝对差值不得超过算术平均值的 20 %。

（2）本方法检出限为 0.010 mg/kg，方法定量限为 0.040 mg/kg。

3. 思考题

（1）消化过程中消化液呈现什么颜色说明消化已完全？

（2）本方法中加入硫脲 + 抗坏血酸溶液的作用是什么？

（3）测定农产品中的总砷有何意义？

实验六十五　石墨炉原子吸收光谱法测定农产品中的铅

一、实验目的

（1）学习石墨炉原子吸收光谱仪的操作流程。
（2）掌握石墨炉原子吸收光谱法测定农产品中铅含量的原理和步骤。
（3）了解石墨炉原子吸收光谱仪的基本构造及原理。

二、实验原理

农产品中的重金属是引发人体重金属含量蓄积的主要因素之一，其中最主要的重金属就是铅、隔。铅、隔的蓄积可引起骨痛病、贫血、泌尿系统疾病、神经机能失调等疾病，测定农产品中的铅、隔含量对防治人类疾病及环境污染检测等方面具有十分重要的意义。本实验采用微波消解技术消解样品，通过石墨炉将消化液原子化，原子吸收分光光度计测定吸光值并，根据吸光值与浓度关系，外标法定量，即可得到样品中的铅含量。

三、实验仪器与试剂

1. 仪　器

（1）原子吸收光谱仪（附石墨炉及铅空心阴极灯）。
（2）控温电热板（50 °C ~ 200 °C）。
（3）天平（感量为 1 mg）。
（4）组织匀浆机。
（5）高速粉碎机。

2. 试　剂

（1）硝酸（优级纯）。
（2）高氯酸（优级纯）。
（3）铅标准贮备液（1.0 mg/mL）。

四、实验步骤

1. 试剂、标准品配制

（1）硝酸溶液（0.5 mol/L）：量取 3.2 mL 硝酸，在不断搅拌下慢慢加入到 50 mL 水中，再加水稀释至 100 mL。

（2）混合酸：硝酸 + 高氯酸（9 + 1）：取 9 份硝酸与 1 份高氯酸混合。

（3）铅标准使用液：每次吸取铅标准储备液 1.0 mL 于 100 mL 容量瓶中，加硝酸(0.5 mol/L)至刻度，如此经多次稀释成每 1mL 含 10.0 ng、20.0 ng、40.0 ng、60.0 ng、80.0 ng 铅的标准使用液。

所有玻璃仪器均用 20%硝酸浸泡 24 小时，再洗涤备用。

2. 试样消解

称取经粉碎均匀的试样 3 g（精确到 0.001 g）于锥形瓶中，放入数粒玻璃珠，加 10 mL 硝酸+高氯酸（9+1），加盖浸泡过夜，加一小漏斗于电炉上消解，若变棕黑色，再加硝酸+高氯酸（9+1），直至冒白烟，消化液呈无色透明或略带黄色，待放冷，用滴管将试样消化液洗入或过滤入（视消化后试样的盐分而定）50 mL 容量瓶中，用水少量多次洗涤锥形瓶，洗液合并于容量瓶中并定容至刻度，混匀备用；同时作试剂空白。

3. 测　定

（1）仪器条件。

根据各自仪器性能调至最佳状态。参考条件为波长 283.3 nm，狭缝 0.2 ~ 1.0 nm，灯电流 5 ~ 7 mA，干燥温度 120 °C，20 s；灰化温度 450 °C，持续 15 s ~ 20 s，原子化温度：1700 ~ 2300 °C，持续 4 ~ 5 s，背景校正为氘灯或塞曼效应。

（2）标准曲线绘制。

分别吸取 10.0 ng/mL，20.0 ng/mL，40.0 ng/mL，60.0 ng/mL，80.0 ng/mL 的铅标准使用液各 10 μL，注入石墨炉，测得其吸光值并求得吸光值与浓度关系的一元线性回归方程。

（3）试样测定。

分别吸取样液和试剂空白液各 10 μL，注入石墨炉，测得其吸光值，代入标准系列的一元线性回归方程中求得样液中铅含量。

五、结果与讨论

1. 结果计算

试样中铅含量按下式计算。

$$X=\left[\left(c-c_0\right)\times V\times 1000\right]/\left(m\times 1000\times 1000\right)$$

式中：X——试样中铅的含量，mg/kg；

c——测定样液中铅含量，ng/mL；

c_0——空白液中铅含量，ng/mL；

V——试样消化液总体积，mL；

1000——换算系数；

m——试样质量，g。

计算结果保留两位有效数字。

2. 注意事项

（1）为排除试剂干扰，实验中务必设置试剂空白实验。

（2）实验中所用的试剂尽量采用优级纯。

（3）实验最后采用的酸量要尽量保存一致且尽可能少，因为酸不仅影响溶液的粘度还会使石墨炉寿命缩短。

3. 思考题

（1）对有干扰的试样，如何消除干扰？

（2）列举可能影响实验结果的主要因素？

实验六十六　石墨炉原子吸收光谱法测定农产品中的镉

一、实验目的

（1）学习石墨炉原子吸收光谱仪的使用。

（2）掌握石墨炉原子吸收光谱法测定农产品中镉含量的原理和步骤。

（3）了解农产品中的镉含量测定的方法。

二、实验原理

隔是一种可蓄积的有害元素。农产品中的隔主要来源于土壤和灌溉水，可通过食物链的生物富集作用危害人类健康。联合国粮食和农业组织及世界卫生组织规定人体每周摄入的格含量约为 0.3 ~ 0.4 mg，我国国家标准，绿色食品及无公害食品标准对各类农产品中的隔也有严格的限量。为此，隔在食品认证体系中一直是严控指标。食品中的隔含量很低（10^{-9}数量级），很难用化学方法测出，故常采用仪器法测定。常用的仪器法有火焰原子吸收光谱法、氢化物原子荧光法、石墨原子吸收光谱法、双硫腙比色法等，而石墨原子吸收光谱法由于简便快速、灵敏度高等又最常用。当样品经灰化或酸消解后，取适量消解液注入原子吸收分光光度计中的石墨炉内，经电热原子化后吸收 228.8 nm 共振线，在一定浓度范围内，其吸光度值与镉含量成正比，再采用标准曲线法定量。

三、实验仪器与试剂

1. 实验仪器

（1）原子吸收光谱仪（附石墨炉及铅空心阴极灯）。

（2）控温电热板（50 °C ~ 200 °C）。

（3）天平（感量为 0.1 mg 和 1 mg）。

（4）组织匀浆机。

（5）高速粉碎机。

2. 试　剂

（1）硝酸（优级纯）。

（2）高氯酸（优级纯；镉标准贮备液（1000 mg/L）。

四、实验步骤

1. 试剂配制

（1）硝酸溶液（1 %）：精确量取 10.0 mL 硝酸，在搅拌中缓缓加入 100 mL 水中，再用水稀释至 1 L。

（2）混合酸：硝酸 + 高氯酸（9 + 1）：取 9 体积硝酸与 1 体积高氯酸混匀。

（3）镉标准使用液（100.0 ng/mL）：吸取镉标准储备液 10.0 mL 于 100 mL 容量瓶中，用硝酸（1%）定容至刻度。

所有玻璃仪器均用 20 %硝酸浸泡 24 h，再洗涤备用。

2. 试样消解

将干、鲜试样粉碎均匀，分别称取 0.5 g（精确至 0.000 1 g）和 2 g（精确到 0.001 g）于锥形瓶中，放入数粒玻璃珠，加入 10 mL 硝酸+高氯酸混合溶液（9+1），加盖浸泡过夜，加一小漏斗在电热板上消化，若变棕黑色，再加硝酸，直至冒白烟，消化液呈无色透明或略带微黄色。放冷后将消化液移入 25 mL 容量瓶中，用少量硝酸溶液（1%）洗涤锥形瓶 3 次，洗液合并于容量瓶中并用硝酸溶液（1 %）定容至刻度，混匀备用；同时做试剂空白试验。

3. 测　定

（1）仪器参考条件。

根据各自仪器性能调至最佳状态。参考条件为波长 228.8 nm，狭缝 0.2 ~ 1.0 nm，灯电流 2 ~ 10 mA，干燥温度 105 °C，20 s；灰化温度 400 ~ 700 °C，持续 20 ~ 40 s，原子化温度：1300 ~ 2300 °C，持续 3 ~ 5 s，背景校正为氘灯或塞曼效应。

（2）标准曲线绘制。

准确吸取上面配制的镉标准使用液 0 .00 mL、0.50 mL、1.0 mL、2.0 mL、3.0 mL，于 100 mL 容量瓶中，用硝酸溶液（1 %）定容至刻度，即得到含镉量分别为 0.0 ng/mL、0.5 ng/mL、1.0 ng/mL、1.5 ng/mL、2.0 ng/mL、3.0 ng/mL 的标准系列溶液，注入石墨炉，测得其吸光值并求得吸光值与浓度关系的一元线性回归方程。

（3）试样测定。

分别吸取样液和试剂空白液各 20 μL，注入石墨炉，测得其吸光值，代入标准系列的一元线性回归方程中求得样液中镉含量。

五、结果与讨论

1. 结果计算

试样中镉含量按下式计算。

$$X=[(c-c_0)\times V\times 1000]/(m\times 1000\times 1000)$$

式中　X——试样中镉的含量，mg/kg；

c——测定样液中镉含量，ng/mL；

c_0——空白液中镉含量，ng/mL；

V——试样消化液总体积，mL；

1000——换算系数；

m——试样质量，g。

计算结果保留两位有效数字。

2. 注意事项

（1）在重复性条件下获得的两次独立测定结果的绝对差值不得超过算术平均值的 20 %。

（2）以重复性条件下获得的两次独立测定结果的算术平均值表示。

3. 思考题

（1）氘灯扣背景与赛曼效应扣背景有何区别？

（2）简单说明农产品中隔得测定方法有哪些？本实验采用了什么方法，阐述其原理？

附录　相关现代大型仪器的使用及操作

附录 A　发射光谱仪

一、仪器简介

ICPE-9000 发射光谱仪是应用领域非常广阔的分析仪器，具有 ppb 级的高灵敏检测能力，可体测 70 种元素，分析浓度的动态宽为 5 ~ 6 个数量级，可同时分析多种元素。它既可用于研发中高精度元素分析，还可用于要求高精度分析测评的应用领域，包括产品控制中重要元素的分析，及环境管理分析，如水质监控、超痕量元素分析与高浓度组分分析。

主要技术参数

型号：全谱直读型 ICPE-9000。

波长范围：167 ~ 800 nm。

光学系统：中阶梯分光器。

真空此外区元素对应：真空型分光器。

分光器温度：恒温控制。

检测器：半导体检测器 CCD，100 万像素。

BF 高频发生器：晶体振荡型。

频率：27.12 mHz。

观测方向：轴向观测、纵向观测切换。软件：波长自动选择功能、共存元素信息自动生成、定性分析、定量分析、保存全波长区域数据。

三、操作规程

（1）依次打开稳压器电源开关，打开主机电源开关。

（2）打开排风扇电源开关，打开氩气钢瓶主阀门，余压不低于 1 mPa，减压阀出口压力 0.451 mPa。

（3）打开高频线圈冷却循环水及 CCD 检测器用冷却水装置电源开关。

（4）打开显示器、打印机及计算机主机开关。

（5）点击桌面“CPEsolutionLauncher”的图标，再点击画面中的“分析 Analysis”项观察屏幕右侧出现“Instrumentmoniytor”画面。

（6）在仪器状态检查画面“Instrumentmoniytor”确认各部为“OK”状态。

（7）点火：点击画面左侧“分析 Analysis”项，在出现的“New Analysis”画面点击相应的定性或定量分析方法，然后点击画面左侧“on”图标，随后仪器进行自动点火。

（8）点燃等离子体，待 CCD 温度（－15 °C）、真空度稳定后，点击画面左侧的“仪器校正”图标，进行波长校正（仪器校正）。

（9）分析参数设置与调用。根据分析方式可以进行样品分析。选择“method”菜单中的“Analysis”登记分析元素与波长项，选择所要分析的元素与波长。

（10）点击“method”菜单中的登记标准样品，选择标准样品的个数及登记相应浓度。

（11）样品吸样管放入相应样品内后，点击画面左侧“start”按钮，进行测定。

（12）待分析完毕后，点击画面左下角的“Plasma OFF”按钮，在出现的熄火条件选择菜单中，自动熄火，并同时关闭真空泵电源。

（13）关闭氩气钢瓶总阀，按与开机相反的顺序关闭各部分的电源开关。

（14）清理好实验台，登记测试样品数目、测量种类及仪器状况。

四、注意事项

（1）仪器点火前应特别注意等离子炬上方不能有遮盖物品，否则严禁点火。

（2）每月清洗一次透镜、雾化器、进样器吸管，平时发现沾污应及时清洗。

（3）在点火以前应先通上气观察雾化器的情况，当雾化器出气不畅时，应先处理，后点火。

（4）当样品分析过程中，雾化器被堵时，应先熄火，处理完后再点火分析。

附录 B　高效液相色谱仪

一、仪器简介

高效液相色谱是目前应用最多的色谱分析方法，由储液器、泵、进样器、色谱柱、检测器、记录仪等几部分组成。储液器中的流动相被高压泵打入系统，样品溶液经进样器进入流动相，被流动相载入色谱柱（固定相）内，由于样品溶液中的各组分在两相中具有不同的分配系数，在两相中做相对运动时，经过反复多次的吸附-解吸的分配过程，各组分在移动速度上产生较大的差别，被分离成单个组分依次从柱内流出，通过检测器时，样品浓度被转换成电信号传送到记录仪，数据以图谱显示。由于 HPLC 具有高分辨率、高灵敏度、速度快、色谱柱可反复利用，流出组分易收集等优点，其已被广泛应用到生物化学、食品分析、医药研究、环境分析、无机分析等各种领域。Ultimate3000 高效液相色谱仪多用于食品、药品中多种成分的定性定量分析。

二、主要技术参数

规格型号：Ultimate3000（带 DAD、FLD、ELSD）。

四元高压输液泵：0.1 ~ 62 mPa。

自动进样器：0.01 ~ 100Ul。

柱温箱：5 ~ 100 °C。

FLD 检测器：发射波长 265 ~ 650。

ELSD 检测器：噪音<0.1 mV。

DAD 检测器：波长范围 190 ~ 800 nm。

三、操作规程

（1）打开仪器各部电源线下方的电源开关，开机自动自检。

（2）打开电脑，单击“启动仪器控制器”，激活服务管理器。

（3）双击电脑桌面的“Chromeleon7”图标，进入变色龙软件。

（4）创建仪器方法：单击菜单项下“创建”键，选择“仪器方法”，输入运行时间单击“下一步”，设置压力参数后单击“下一步”，进入泵流速梯度表设置时间、流速参数后单击“下一步”，进行自动进样器冲洗设置，选择所需冲洗模式后单击“下一步”，再单击下一步进行柱温箱设置，勾选使用温度控制，设置所需温度后单击“下一步”，再单击“下一步”，进入检测器设置界面，设置所需波长后单击“下一步”，再单击“下一步”然后单击完成，点击左上角“保存”键，输入方法名称，保存方法。

（5）创建序列：单击菜单项下“创建”键，选择“序列”，然后选择 U3000 单击下一步，设置进样量、进样位置后单击下一步，选择仪器方法单击下一步，单击完成，输入序列名称，保存序列。

（6）序列样品进样。

（7）数据处理。

（8）实验完毕，关掉检测器的灯。

（9）冲洗色谱柱。

（10）退出系统→关闭计算机→关闭所有仪器电源。

四、注意事项

（1）若实验中使用了缓冲盐或其他电解质，在做完实验后，系统和色谱柱一定要充分清洗。

（2）若当天不再使用仪器，可以将检测器的灯设定为 off。若当天还需要继续使用仪器，建议不要关闭检测器的灯。

（3）每次进样后用过的样品瓶需要清洗，以方便重复使用。一般可将几次使用过的样品瓶累积起来，用去离子水（少许甲醇）加洗洁精超声 30 ~ 60 分钟后，用去离子多次清洗干净后，干燥箱中干燥即可。样品盖最好一般不要放在干燥箱中高温干燥，容易变形（可以将样品盖放蒸发皿中，再将蒸发皿放在干燥箱的顶盖上，烘干的余热可将样品盖烘干）。

（4）特别是比较粘稠的样品（如中药等），每天做完样后一定要洗针。

（5）放置了一天或以上的水相或含水相的流动相如需再用，需用微孔滤膜重新过滤。

（6）使用快速清洗阀时，只能逐个通道的排气泡，不得将几个通道同时按比例排气泡，比例阀的快速切换易导致损坏。

（7）流动相一定要过滤和超声脱气。

（8）样品必须要使用相应的微孔滤膜过滤，以免堵塞进样器的针头或色谱柱。

（9）柱温箱使用温控过程中，尽量不要打开前门，否则传感器会报警出故障

（10）柱温箱一旦发生报警，一定要及时找到原因。若实验室湿度太高，则需采取相应的除湿措施。若柱温箱中发生漏液现象，则需及时拧紧色谱柱并擦干漏液，长时间的漏液极易损坏柱温箱中的传感器。

（11）各部分电源关机后再开间隔时间不易过短，应至少 15 s，检测器至少 15 min。

附录 C　原子吸收光谱仪

一、仪器简介

原子吸收光谱仪可测定多种元素，火焰原子吸收光谱法可测到 10 ~ 9 g/mL 数量级，石墨炉原子吸收法可测到 10 ~ 13 g/mL 数量级，其氢化物发生器可对 8 种挥发性元素汞、砷、铅、硒、锡、碲、锑、锗等进行微痕量测定。其机理在于仪器从光源辐射出具有待测元素特征谱线的光，通过试样蒸气时被蒸气中待测元素基态原子所吸收，由辐射特征谱线光被减弱的程度来测定试样中待测元素的含量。因原子吸收光谱仪的灵敏、准确、简便等特点，现已广泛用于冶金、地质、采矿、石油、轻工、农业、医药、卫生、食品及环境监测等方面的常量及微痕量元素分析。

二、主要技术参数

型号：安捷伦 280Duo

波长范围：185 ~ 900 nm，自动选择波长。

波长扫描速度：2000 nm/min。

狭缝切换：自动狭缝切换，0.2、0.5、1.0 nm 及高低档。

灯座：固定 8 灯座，旋转镜面，自动快速选择元素灯。

检测器：宽范围光电倍增管。

背景校正：高强度氘灯背景校正，可校正到 2.5 Abs 的背景，响应时间为 2 ms，准确校

正实际背景；带有自动衰减的调节功能。

精度：5 ppm，铜吸光度值大于 0.9Abs。

精密度：RSD 小于 0.5%。

三、操作规程

1. 火焰原子吸收（280FS）

（1）打开空压机，出口压力调节到 350 kPa 左右；打开乙炔瓶，出口压力调节到 75 kPa 左右（如乙炔气压如低于 700 kPa，请更换钢瓶，防止丙酮溢出）。

（2）打开通风系统，打开仪器电源，打开计算机，进入操作系统，输入电脑密码。

（3）启动 SpectrAA 软件，进入仪器页面，单击“工作表格”→“新建…”出现新工作表格窗口，在此输入方法名称，并按确定，进入工作表格的建立页面。

（4）按添加方法，在添加方法窗口里，选择你要分析的元素（注意方法类型），按确定。重复此步，直到选择完所有待分析元素。

（5）按编辑方法，进入方法窗口：在类型/模式中，将每一个元素进样模式选为手动。并注意火焰类型是否为软件默认类型，否则需更改与仪器使用的火焰一致（从窗口下边进行元素切换）；在光学参数中，设定并对应好每一个元素的灯位（从窗口下边进行元素切换）；在标样中，输入每一个元素的标样浓度（从窗口下边进行元素切换）；按确定，结束方法编辑。

（6）如果以多元素快速序列分析，按“快速多元素 FS…”，进入 FS 向导，一直按“下一步”，直至“完成”。

（7）按分析进入工作表格的分析页面。

（8）按选择，选择你要分析的样品标签（使要分析的标签变红），此时，“开始”或“继续”按钮将变实。再按“选择”，确认所选择的内容。

（9）按优化，选择你要优化的方法后按确定，并按提示进行操作，确保每一个元素灯安装和方法设定一致。优化完毕后，按取消换成优化。

（10）按“开始”，按软件提示进行点火，检查，并按软件提示安装灯，切换灯位以及提供空白，标样和样品溶液。直至完成分析。

（11）报告：“单击视窗”→“报告”，进入报告工作窗口的工作表格页面；选择刚才分析的方法表格名称，按下一步进入选择页面；选择你所分析的标签范围，按下一步进入设置页面；设置你所需要报告的内容，再按下一步进入报告页面。

（12）关机：样品昨晚后，吸蒸馏水 3 ~ 5 min，清洗雾化器系统；关闭乙炔气瓶阀（若火焰已经熄灭，则按点火按钮，让火焰自然熄灭，将管路中的乙炔放掉）；关闭空压机；关闭所有被打开的窗口并退出 SpectrAA 软件；关闭仪器电源盒计算机；关闭通风系统；如有必要，清空废液容器，按照相应手册拆卸、清洗并维护附件。

2. 石墨炉原子吸收(208Z)

（1）打开冷却水系统，水温 20 °C（冬天），水温 25 °C（夏天），压力在 30 psi 左右；打开氩气或氮气瓶，出口压力调节到 140 ~ 200 kPa。

（2）打开通风系统，打开附件和外设电源，打开仪器电源，打开计算机，进入操作系统，输入系统密码。

（3）启动 SpectrAA 软件，进入仪器页面，单击“工作表格”→“新建…”，出现新工作表格窗口，在此输入方法名称，并按确定，进入工作表格的建立页面。

（4）按添加方法，在添加方法窗口里，选择你要分析的元素（注意方法类型），按确定。重复此步，知道选择完所有待分析元素。

（5）按编辑方法，进入方法窗口：在光学参数中，设定并对应好每一个元素的灯位（从窗口下边进行元素切换）；在标样中，输入每一个元素的标样的浓度（从窗口下边进行元素切换）；在进样器中，指定每一个元素的母液位置，制备液位置和母液浓度，并观察标样浓度表中是否有红色的进样器不能配制出浓度，如有，按更新方法浓度，再按是；按确定，结束方法编辑。

（6）按分析进入工作表格的分析页面。

（7）按选择，选择你要分析的样品标签（使要分析的标签变红），此时，开始或继续按钮将变实。再按选择，确定所选择的内容。

（8）按优化，选择你要优化的方法后按确定，并按提示进行操作,确保元素灯安装和方法设定一致。优化完毕后，按取消完成优化。

（9）按开始，按软件提示进行检查，并按提示提供空白，标样和样品溶液，直至完成分析。

（10）报告：“单击视窗”→“报告”，进入报告工作窗口的工作表格页面；选择刚才分析的方法表格名称，按下一步进入选择页面；选择你所分析的标签范围，按下一步进入设置页面；设置你所需要报告的内容，再按下一步进入报告页面；按打印报告…，打印完毕，按关闭，返回工作报告窗口。

（11）关机：关闭氩气或氮气，关闭冷却水系统，关闭所有被打开的窗口并退出 SpectrAA 软件，关闭所有附件电源，关闭仪器电源和计算机，关闭通风系统。

四、注意事项

（1）采用火焰原子吸收光谱法测定时的注意事项：①检查雾室的废液是否畅通无阻，如果有水封，一定要设法排除后再进行点火； ②防止“回火”点火的操作顺序为先开助燃气，后开燃气；熄灭顺序为先关燃气，待火熄灭后再关助燃气。一旦发生“回火”，应镇定地迅速关闭燃气，然后关闭助燃气，切断仪器的电源。若回火引燃了供气管道及附近物品时，应采用 CO_2 灭火器灭火。

（2）石墨炉原子吸收光谱法测定时的注意事项：①平台石墨管的加热温度最高不能超过 2600 °C，原子化温度高于 2400 °C 的元素应采用不带平台的石墨管；②安装新石墨管后，应进行高温空烧处理 3 ~ 4 次；③使用石墨炉前，检查氩气出口压力是否达到规定压力，否则易造成石墨炉体打不开和石墨管不能夹紧，接触不良。冷却水流量一般为 1 ~ 2 L/min,，水压应≥ 0.2 mpa。若冷却水压力不够，须加装加压泵；④酸基体对石墨管寿命有害，在制备试样溶液时应尽可能驱尽试液中的强酸和氧化剂，高氯酸和硫酸应尽可能不加或少加。

附录 D　紫外分光光度计

一、仪器简介

紫外可见分光光度计是每个化学分析实验室必备的常用仪器设备之一，在各种定量和定性分析中得到了广泛的应用。岛津的 UV-2550 型紫外可见双光束分光光度计测量范围广，可广泛应用于生命科学领域（可对从生命体内得到的微量样品进行测试）、积分球测试（可以对浑浊样品和粉末状的样品进行测试）及反射测定（可以对光学材料进行相对反射和绝对反射的测定）。其性能卓越且操作简单方便。

二、主要技术参数

型号：日本岛津 UV-2550 型。
波长范围：190 ~ 900 nm，双光束。
谱带宽度 0.1 ~ 5 nm。
分辨率：0.1 nm。
杂散光：0.0003%以下。
工作温度：25 °C。

三、操作规程

（1）开机及仪器自检：插电源，打开稳压器，打开紫外分光光度计的电源，预热半小时后，开启电脑，点击“UV Probe”图标，点击页面下端的“连接”，等待仪器自检（全部指标变绿），点击“确定”按钮，进入操作界面。

（2）扫描光谱：选定“光谱”模块，进行方法的编辑，设置波长范围；将两个比色皿放入空白试样，分别放在样品池和空白池，将比色皿透光面放在光直入面，点击“基线”进行基线校正；保持空白池比色皿不变，将样品池比色皿取出，润洗后换成样品液，放入样品池，关上盖板，点击“开始”，仪器开始扫描光谱，界面显示设定好的波长范围，然后点击“确定”；

点击“峰值检测”图标，显示峰值数据；保存测定结果：点击“文件”→“另存为”，点击“数据打印表”图标，保存至相应的文件夹。

（3）吸光度测定：点击“光度测定”图标，设置参数波长值；将两个比色皿放入空白试样，分别放在样品池和空白池，将比色皿透光面放在光直入面，点击“基线”进行基线校正；输入样品信息，检测；保持空白池比色皿不变，将样品池比色皿取出，润洗后换成样品液，放入样品池，点击“标准表”，输入标准样品“ID、浓度”后按“回车键”，点击“读取 Std”，就显示出测定结果的吸光度。重复以上步骤至标准曲线绘制完成。点击“样品表”，输入样品“ID”后按“回车键”，点击“读取 UNK”，就显示出测定结果的吸光度；保存测定结果：点击“文件”→“另存为”，找到所存入的“××”文件名保存。

（4）关机：测试完成后，取出比色皿，洗净，关上主机盖板；关闭电脑，关闭仪器，再关闭稳压器，拔出电源插头，盖好仪器防尘罩。

四、注意事项

（1）设定的参数不恰当会导致测定的结果和图谱不佳，如狭缝太宽使吸收值降低，分辨率下降；狭缝太窄则出现过大的噪声，使读数不准确等。

（2）测定时样品室应关严，否则过多的杂散光进入样品室会导致测定的吸光度失真。

（3）绘制标准曲线时，测定的样品溶液浓度应依次由低到高。

附录 E　红外分光光度计

一、仪器简介

傅里叶红外光谱仪是基于对干涉后的红外光进行傅里叶变换的原理而开发的红外光谱仪，主要由红外光源、光阑、干涉仪(分束器、动镜、定镜)、样品室、检测器以及各种红外反射镜、激光器、控制电路板和电源组成。可以对样品进行定性和定量分析，广泛应用于医药化工、地矿、石油、煤炭、环保、海关、宝石鉴定、刑侦鉴定等领域。

二、主要技术参数

光谱范围：4000 ~ 400 cm^{-1}。

最高分辨率：0.5 cm^{-1}。

信噪比：40000∶1(P-P)。

分束器：溴化钾镀锗。

检测器：通用 ATR。

光源：空冷陶瓷光源。

环境条件：仪器供电电压为 220 V ± 10%，频率 50 Hz ± 10%；室内温度 18 °C ~ 25 °C，相对湿度≤60%。

三、操作规程

（1）插上仪器电源，同时插上电脑电源。

（2）打开仪器电源按钮，开机，稳定半小时，使得仪器能量达到最佳状态。

（3）打开电脑，并打开仪器操作平台 Spectrum 软件，此时弹出进入窗口，输入用户名及密码，进入操作界面。

（4）设置实验参数并检查仪器稳定性，点击右上图标“仪器”，出现参数界面，设置开始波数为“4000”，结束波数为“650”，并把分辨率设置为“4”。

（5）根据样品特性以及状态，制定相应的制样方法并制样，液体样品选择液膜法，固态样品选择 KBr 压片法，并用压片机进行压片。

（6）扫描背景谱图：液膜法进行背景扫描时，空气就作为背景试样，关上盖板，点击“基底”进行基线扫描；用纯 KBr 压得的制片放入样品曹，关上盖板，在电脑界面点击“基底”进行基线扫描；KBr 压片法进行测样时，纯的 KBr 片样作为背景，点击“基底”进行扫描，抠除背景。

（7）样品检测：将样品放入样品池中，点击“扫描”，待扫描完毕，点击左上图标“处理”→“标准化”，然后弹出新界面，点击“确定”。

（8）保存：选择“文件”→“另存为”→对样品命名→保存类型选择“逗号分隔的符号”栏，选择文件夹点“保存”。

（9）关机：点击左上“文件”→“退出”弹出新界面，点击“是”，退出软件；先关闭电脑，再关仪器电源，关闭稳压器，拔出插头；将样品池清理干净，关上盖板，罩上仪器罩，防尘；保持室内除湿机开放。

四、注意事项

（1）为保证仪器达到较高的控温精度，应保证稳定室温。

（2）样品室窗门应轻开轻关，避免仪器振动受损。

（3）在仪器使用过程中，请经常检查仪器内部的湿度指示，干燥剂湿度是否过关，若干燥剂颜色变浅，请及时将干燥剂在烘箱里烘干。

（4）每次做完样品后，在样品仓内放一杯干燥硅胶，以保持样品仓的干燥。

（5）仪器长时间不使用时，间隔几天开启仪器一段时间，使仪器处于通电状态，可防止仪器受潮。

（6）每次做完试验，用布罩将仪器盖好。

附录 F　马弗炉

一、仪器简介

陶瓷纤维马弗炉是一种通用的加热设备，是分析实验室样品干法前处理，冶金实验室做熔融实验，热处理部门做退火、淬火等实验以及其他需要高温的场合必不可少的，应用广泛。现多用于：水泥、建材行业小型工件的热加工或处理；药品的检验、医学样品的预处理等；水质分析、环境分析、油分析等领域的样品处理；煤质分析，测定水分、灰分、挥发份、灰熔点分析、灰成分分析、元素分析等。

二、主要技术参数

型号：TM-0914P。

炉型：9 L。

温度上升时间：100 ~ 1400°C<40 min。

电源类型：AC220V 16A。

功率（KW）：3。

发热体类型：电阻丝。

传感器类型：S。

炉膛类型（W × D × H）：200 × 300 × 150 mm。

炉体尺寸（W × D × H）：550 × 580 × 460 mm。

净重（kg）：65。

三、操作规程

（1）通电前，先检查马弗炉电气性能是否完好，接地线是否良好，并应注意是否有断电或漏电现象。

（2）接通电源，打开电源开关。

（3）按 SEL 键，进入参数设置。将温度、时间设定到所需值。

四、注意事项

（1）工作时，防止炉子急冷急热。

（2）可能膨胀和液化的样品不能在密闭容器内加热。

（3）当打开炉门时，保护自己不要被烫伤。

（4）确定样品不会产生易燃或对人体有害气体。

（5）禁止带电维修、维护。

附录 G　显微镜

一、仪器简介

多用途生物显微镜是一种光学仪器，主要用于放大微小物体，使人肉眼能清晰看到，目前被广泛用于科研单位、高等学校、医院、药检及工厂等部门作生物学、细菌学、药物化学等学科研究。光学显微镜可把物体放大 1600 倍，分辨的最小极限达 0.1 μm。

二、主要技术参数

平场消色差物镜：2.5X。

半平场消色差物镜：10X、40X、100X。

平场目镜：10X、16X。

数值孔径：1.3 NA。

总放大倍数：25X-1600X。

调焦范围：16 mm；微动格值：0.002 mm。

纵向移动范围：50 mm；游标格值：0.1 mm。

三、操作规程

（1）打开防尘罩，把显微镜置于光线明亮的地方，离桌缘约 10 cm 处，镜臂应靠近胸前。

（2）对光，上升聚光镜到载物台水平，打开光栏至最大限度，再将低倍镜转至镜筒的正下方，使对准载物台上的透光孔，然后转动反光镜直至镜中出现一明亮而均匀的视野为止。

把被观察的标本片置于载物台上，通过调节升降旋钮后物镜聚光装置，先在低倍镜下选择物像，移至视野中心，换转高倍镜，应能看到欲观察之物象，用细调节手轮使之图像清晰，调节至载物清晰，记录，做保洁，罩上防尘罩。

（3）装片，将欲观察的标本片置于载物台上，通过调节升降旋钮及物镜聚光装置使标本对准透光孔的中央。

（4）调节焦距，从侧面注视接物镜与标本片之间的距离，向外旋转粗调节手轮，使镜筒慢慢下降，直至物镜几乎与标本片相接触，但切勿触及标本片，以免造成镜头与标本片的损坏。自目镜向下观察，同时向内旋转粗调节手轮，使物镜慢慢上升，直至在视野中看到清楚的物象为止。

（5）当在低倍镜下选择物像后换转高倍镜，调节细调节手轮使图像清晰。

（6）结束后，做好保洁，罩上防尘罩。

四、注意事项

（1）取拿显微镜时，必须一手握住镜臂，一手托住镜座，轻取轻放，防止因撞击使镜头内各组透镜脱胶而影响观察的清晰度。

（2）每次观察标本片时，必须先用低倍镜观察，看清物象后，再换高倍镜。

（3）要注意保持显微镜的干燥和清洁，使用前后，均需将显微镜擦干净，注意镜头要用擦镜纸或绸巾单向擦拂，切勿用手、手帕或纸片等去擦，观察临时制片时，要防止水分或药液外溢以致沾污镜头及其他部分。

附录H　原子荧光光谱仪

一、仪器简介

原子荧光光谱法是通过测量待测元素的原子蒸气在辐射能激发下产生的荧光发射强度，来确定待测元素含量的方法。原子荧光光度计利用惰性气体氩气作载气，将气态氢化物和过量氢气与载气混合后，导入加热的原子化装置，氢气和氩气在特制火焰装置中燃烧加热，氢化物受热以后迅速分解，被测元素离解为基态原子蒸气，其基态原子的量比单纯加热被测元素生成的基态原子高几个数量级。原子荧光光谱分析法具有设备简单、灵敏度高、光谱干扰少、工作曲线线性范围宽、可以进行多元素测定等优点。在地质、冶金、石油、生物医学、地球化学、材料和环境科学等各个领域内获得了广泛的应用。

主要技术参数

型号：AFS-230E 型。

光源：特制空心阴极灯，电调制，两灯交替短脉冲供电。

光学系统：短焦距透镜聚光，无色散光系统。

氢化物发生装置：130 位自动进样器，双泵断续流动氢化物发生及气液分离系统，屏蔽式石英炉原子化器，全新阀阵列式自动流量。

检测能力：

检测元素砷	硒、铋、锑、铅	汞
检出限	≤0.07 ng/mL	≤0.02 ng/mL
精密度	优于 1%（50 倍检出限浓度水平溶液测定 RSD）	
线性范围	三个数量级	

工作环境：温度 15 ~ 35 °C；湿度≤75%。

电力要求：电源 220V ± 10%；主机功率≤400 W；自动进样器≤100 W；断续流动系统≤60 W；计算机功率≤250W；打印机功率≤20 W

三、操作规程

（1）开机前先打开氩气阀，次级压力表调节至 0.25 ~ 0.3 mpa。

（2）如要更换元素灯，则必须在关机状态下进行。

（3）依次打开通风机、打印机、计算机、仪器主机的电源，观察元素灯是否被点亮。若不亮用点火器激发至亮(特别是汞灯)。更换过元素灯后，要用调光器将灯光斑调至中心，之后一定要把调光器从原子化器上取下。

（4）待仪器复位后，双击软件图标。进入软件后首先出现“元素表”窗口，选择相应元素灯，单击“确定”。

（5）连接或生成新的数据，并自检，自检包括载气、屏蔽器控制电路、断续流动电路系统和自动进样器电路。

（6）单击“点火”，将原子化器炉丝点亮，静态测试 30 min，调整压块松紧使进样通畅。

（7）单击“条件”出现输入窗口，选择各项条件。单击其中的“测量条件”选择重复测量次数，若重校标准曲线选“yes”项，则需选择标准曲线校准点，读数时间可根据峰形略做调整，其他选项建议用默认值。

（8）单击“标准品参数”出现输入窗口，输入标准系列各点浓度值，最多为 9 个，且必须由小到大顺序输入，不得有间隔，否则仪器会给出提示或对空白值不进行测量；若选择自动稀释标准曲线，不输入零点。

（9）单击“自动进样器参数”输入标准溶液和样品位置。

（10）单击“运行”输入“样品参数”，输入样品名称和起止行序号或者手动输入标识名称。

（11）点击“清洗”按钮开始清洗管路。

（12）单击“空白”进行“标准空白”测试后，点击“标准”测试标准曲线。

（13）单击“空白”进行“样品空白”测试后，点击“样品”开始样品测试，样品测试必须在标准曲线测量后检测。

（14）测量过程中可急停、重测、选择开始位置及改变测量顺序，测量后可查看或打印数据、报告和工作曲线。

（15）检测完毕，清洗管路，可依次用载流、纯水、空气分别清洗 2 ~ 3 次。

（16）最后，单击“熄火”，关闭氩气，打开蠕动泵的压块，放松泵管。

（17）退出软件，关闭仪器主机电源，关闭打印机和计算机电源，关闭通风机电源。

（18）清理自动进样器、样品盘和操作台，填写仪器使用记录。

四、注意事项

（1）仪器开启前，一定要开通载气。

（2）更换元素灯时一定要关机操作，要确保灯头插针和灯座上的插孔完全吻合。

（3）定期向泵管和压块间、采样臂滑轨、臂升降机构处滴加硅油，以防漏气和摩擦过大。

（4）长期不使用时，至少每周要开机 1 h。

（5）从自动进样器上取下样品盘，清洗样品管及样品盘，防止样品盘被腐蚀。

（6）实验时注意气液分离器中不要有积液，以防溶液进入原子化器。

附录I　离子色谱仪

一、仪器简介

分离的原理是基于离子交换树脂上可离解的离子与流动相中具有相同电荷的溶质离子之间进行的可逆交换和分析物溶质对交换剂亲和力的差别而被分离。适用于亲水性阴、阳离子的分离。离子色谱主要用于环境样品的分析，包括地面水、饮用水、雨水、生活污水和工业废水、酸沉降物和大气颗粒物等样品中的阴、阳离子，与微电子工业有关的水和试剂中痕量杂质的分析。另外在食品、卫生、石油化工、水及地质等领域也有广泛的应用。检测的常见离子有：阴离子：F^-、Cl^-、Br^-、NO_2^-、PO_4^{3-}、NO_3^-、SO_4^{2-}、甲酸、乙酸、草酸等；阳离子：Li^+、Na^+、NH^{4+}、K^+、Ca^{2+}、Mg^{2+}、Cu^{2+}、Zn^{2+}、Fe^{2+}、Fe^{3+}等。

二、主要技术参数

型号：CIC-100 型；

工作环境：电源 AC 220 ± 22 V 50 Hz；最佳环境温度 15 ~ 30 °C；环境湿度 5 ~ 85%；

离子色谱泵：高压双柱塞串联往复平流泵；泵耐压范围≥40MPa；流量范围 0.001 ~ 9.999 mL/min。

三、操作规程

（1）打开稳压器电源开关，打开仪器主机、电脑、 显示器，主机预热 10 min。打开色谱工作站，设置好“工作目录”。

（2）用真空脱气泵将去离子水脱气：真空泵脱气 3-5 min。

（3）配制淋洗液：阴离子淋洗液：量取 10 mL 碳酸钠储备液（0.24 m）和 4 mL 碳酸氢钠储备液（0.30 m），用脱气去离子水定容成 1000 mL；阳离子淋洗液：量取 10 mL 甲烷磺酸储备液（0.15 m），用去离子水定容成 500 mL。

（4）通淋洗液，选择量程档 1，启动泵，开启“远程启动”按钮（即主机上红色键）。等待基线平稳。

（5）通淋洗液走稳后，按下“手动停止”按钮（即工作站中的红色按钮），于弹出对话框中点击“取消”按钮。

（6）进样分析，方法如下。

① 用去离子水将进样器、针头清洗干净。

② 用盛去离子水的洗瓶将进样口清洗 2 ~ 3 次。

③ 将阀打到“进样”位置，用注射器依次吸取 1 ~ 2 mL 去离子水、淋洗液、样品液注入将定量环清洗 3 次。再吸取 1 ~ 2 mL 样品注入，迅速将阀打至“分析”位置，仪器开始自动采集谱图，并分析样品。

④ 样品图谱采集完毕，点击“手动停止”按钮，更改图谱文件名，将图谱保存。

⑤ 针对不同的样品，重复上诉操作。

（7）所有样品图谱采集完毕后，继续通淋洗液至基线平稳，然后将色谱柱卸下密封保存。

（8）停泵，关电流，将滤头放于去离子水中，启动泵。通水 30 min 后停泵，关主机。将图谱进行处理，计算，生成打印报告，打印，存盘。关闭电脑。切断电源。离开实验室。

四、注意事项

（1）进样过程中手不要触及针头。

（2）长时间不使用时，要定期（10 天左右）开机一次，配置淋洗液，只开泵，流量 0.5 mL/min，冲 2 h 即可，经常使用时，只需要在做完实验后再通半小时时淋洗液即可。

（3）保护柱和色谱柱要定期维护和更换。

附录 J　气相色谱仪

一、仪器简介

气相色谱仪是一种多组分混合物的分离、分析工具，它是以气体为流动相，采用冲洗法的柱色谱技术。当多组分的分析物质进入到色谱柱时，由于各组分在色谱柱中的气相和固定液相间的分配系数不同，因此各组分在色谱柱的运行速度也就不同，经过一定的柱长后，顺序离开色谱柱进入检测器，经检测后转换为电信号送至数据处理工作站，从而完成了对被测物质的定性定量分析。气相色谱法应用于气体试样、易挥发或可转化为易挥发物质的液体和固体，只要沸点低于 500 °C，热稳定性良好，相对分子质量在 400 以下的物质。不适用难挥发和热不稳定的物质。

二、主要技术参数

型号：岛津 GC-2014 型；

工作环境：电源 AC 220 ± 22 V 50 Hz；最佳环境温度 15 ~ 30 °C；环境湿度 5 ~ 85%

离子色谱泵：高压双柱塞串联往复平流泵；泵耐压范围≥40 mPa；流量范围0.001 mL/min ~ 9.999 mL/min。

操作规程

1. FID 检测

（1）根据所测样品选择色谱柱，将色谱柱正确安装至柱箱。

（2）开启载气(N_2)、燃气(H_2)、助燃气（压缩空气）钢瓶阀门，减压阀上，一次压力表指示出高压钢瓶内贮气压力，当压力不足时应更换气瓶。

（3）旋转减压调节螺杆，使二次压力表指示到要求的压力数。载气约 0.7 mpa，燃气和助燃气 0.3 mpa。

（4）开启主机电源总开关，主机的触摸式荧光屏显示仪器正在自检，柱室内鼓风马达运转。

（5）打开与气相色谱仪连接的电脑，并运行气相色谱仪工作软件。

（6）待软件与仪器连接成功后，在控制面板上分别设定分流模式、分流比、载气流量、检测器温度、进样口的温度，柱箱的初始温度及升温程序，运行时间等。

（7）设定完后，运行系统，各区温度开始朝设定值上升，当温度达到设定值时，READY 灯亮，点火。（注意：柱箱温度应等检测器温度上升到一定时再升温，检测器温度要大于进样口和柱箱温度）

（8）面板参数设置好后，将参数读取到软件。

（9）查看仪器基线是否平稳，待基线平直后，即可运行单次进样测试，使用微量注射器将样品由进样口注入，按“START”开始检测。

（10）实验完毕后，先关闭检测器，再将检测器、进样口、柱温设置恢复至室温，待色谱柱、进样口的温度降至 100 °C 以下时，依次关闭色谱仪电源开关，计算机电源，最后关闭各气瓶总阀。

（11）登记仪器使用情况，做好实验室的整理和清洁工作，并检查好安全后，方可离开实验室。

2. ECD 检测

（1）将色谱柱安装至 ECD 检测器端口，另一端不使用时须封上。

（2）开启载气钢瓶总阀，调节二次压在 0.7 mpa。ECD 检测不用燃气。

（3）开启主机电源，连接软件与仪器。

（4）在控制面板上选择流路设置，将流路设置到 ECD 检测器，其余设置同 FID 检测。

（5）设定完后，运行系统，各区温度开始朝设定值上升，当温度达到设定值时，READY 灯亮。

（6）余下操作同 FID 检测。

3. 测试条件的设定

色谱条件的设定要根据不同化合物的不同性质选择柱子，一般情况极性化合物选则极性柱。非极性化合物选择非极性柱。色谱柱柱温的确定主要由样品的复杂程度决定。对于混合物一般采用程序升温法。柱温的设定要同时兼顾高低沸点或熔点化合物。以下提供几种方法，仅供参考。

（1）柱温 60 ~ 80 °C 恒温 5 min 升温速率 10 ~ 15 °C/min 最终温度 200 °C 进口温度 200 °C 检测温度 220 °C。

（2）柱温 100 ~ 160 °C 速率不变最终温度 230 °C。

进样口温度 250 °C 检测器温度 250 °C。

（3）对于高沸点（高熔点）的化合物可采用柱温 200 °C。

四、注意事项

（1）操作过程中，一定要先通载气再加热，以防损坏检测器。

（2）检测器温度不能低于进样口温度，否则会污染检测器，进样口温度应高于柱温的最高值，同时化合物在此温度下不分解。

（3）含酸、碱、盐、水、金属离子的化合物不能分析，要经过处理方可进行。

（4）进样器所取样品要避免带有气泡以保证进样重现性。

（5）取样前用溶剂反复洗针，再用要分析的样品至少洗 2 ~ 5 次以避免样品间的相互干扰。

参考文献

[1] 国家环境保护局. GB7477-87 钙和镁总量的测定 EDTA 滴定法[S].

[2] 国家环境保护总局. 水质和废水监测分析方法（第四版）（增补版）[M]. 北京：中国环境出版社，2013.

[3] 环境保护部. HJ 535-2009 氨氮的测定 纳氏试剂分光光度法[S]. 北京：中国环境科学出版社.

[4] 国家环保局. GB11914-89 化学需氧量的测定 重铬酸盐法[S].

[5] 环境保护部. HJ 505-2009 五日生化需氧量（BOD_5）的测定 稀释与接种法[S]. 北京：中国环境科学出版社.

[6] 环境保护部. HJ503-2009 挥发酚的测定 4-氨基安替比林分光光度法[S]. 北京：中国环境科学出版社.

[7] 国家环保局. GB 11893-89 钼酸铵分光光度法 总磷的测定[S].

[8] 国家环保局. GB 7475-87 铜、铅、锌、镉的测定 原子吸收分光光度法.

[9] 国家环境保护总局. 水质和废水监测分析方法（第四版）（增补版）[M]. 北京：中国环境出版社，2013.

[10] 环境保护部. HJ700-2014n 电感耦合等离子体质谱法. 北京：中国环境科学出版社.

[11] 环境保护部. HJ/T84-2001 无机阴离子的测定 离子色谱法. 北京：中国环境科学出版社.

[12] 国家环保局. GB7484-87 氟化物的测定 离子选择电极法.

[13] 中华人民共和国卫生部、中国国家标准化管理委员会. GB/T 5750. 9-2006 生活饮用水标准检验方法 农药指标[S]. 北京；中国环境科学出版社，2006.

[14] 中华人民共和国卫生部、中国国家标准化管理委员会. 生活饮用水标准检验方法 农药指标 GB/T 5750. 9-2006[S]. 北京：中国环境科学出版社，2006.

[15] 环境保护部. HJ700-20142 电感耦合等离子体质谱法. 北京：中国环境科学出版社.

[16] 环境保护部. HJ637-2012 石油类和动植物油的测定 红外光光度法. 北京：中国环境科学出版社.

[17] 国家环境保护总局. HJ/T 347-2007 水质粪大肠菌群的测定 多管发酵法和滤膜法. 北京：中国环境科学出版社.

[18] 环境保护部. HJ/T 43-1999 固定污染源排气中氮氧化物的测定 盐酸萘乙二胺分光光度法. 北京：中国环境科学出版社.

[19] 环境保护部. HJ 482-2009 二氧化硫的测定 甲醛吸收-副玫瑰苯胺分光光度法. 北京：中

国环境科学出版社.

[20] 环境保护部. HJ618-2011 环境空气 PM_{10}和 $PM_{2.5}$的测定重量法. 北京：中国环境科学出版社.

[21] 中华人民共和国卫生部. GB5009. 5-2010 食品安全国家标准食品中蛋白质的测定[S]. 北京：中国环境科学出版社，2010：1-3.

[22] 李俊. 生物化学实验[M]. 第 5 版. 北京：科学出版社，2014：60-63.

[23] 中华人民共和国国家卫生和计划生育委员会、国家食品药品监督管理总局. GB 5009. 6-2016 食品安全国家标准食品中脂肪的测定[S]. 北京：中国环境科学出版社，2016：1-2.

[24] 高彦屏，李咏红. 索氏抽提法测定食品脂肪含量[S]. 品牌与标准化，2011. 57-57.

[25] 董彩霞. 索氏提取法测定食品脂肪含量应注意的问题[S]. 中国质量技术监督，2014. 73-73.

[26] 张俊浩，冯会敏，温雅婷，等. 酸水解法与自动索氏抽提法测定人造奶油脂肪含量的差异研究和方法改进[J]. 中国油脂，2017，42（5）：136-139.

[27] 中华人民共和国卫生部. GB 5009. 12-2010 食品安全国家标准食品中铅的测定-石墨炉原子吸收法[S]. 北京：中国标准出版社，2010：1-3.

[28] 吉礼，车振明，夏云空. 微波消解-火焰原子吸收法测定膨化食品中铅的含量[J]. 食品研究与开发，2009，30（1）：98-100.

[29] 张克义，朱娜. 石墨炉原子吸收光谱法测定铅应注意的问题[J]. 食品质量安全与检测，2009：74-75.

[30] 中华人民共和国国家卫生部和计划生育委员会、国家食品药品监督管理总局. GB5009，28-2016 食品安全国家标准食品中苯甲酸、山梨酸和糖精钠的测定-液相色谱法[S]. 北京：中国标准出版社，2016：1-4.

[31] 高云. 食醋和酱油中苯甲酸钠和山梨酸钾含量的高效液相色谱法测定[J]. 科技创新导报，2013：124-125.

[32] 中华人民共和国卫生部、中国国家标准化管理委员会. GB/T5009. 37-2003 食用植物油的卫生标准分析方法[S]. 北京：中国标准出版社，2003：305-306.

[33] 中华人民共和国卫生部. GB 5009. 4-2010 食品安全国家标准食品中灰分的测定[S]. 北京：中国环境科学出版社，2010：1-2.

[34] 吴时敏，徐婷. 食品分析与检验实验教程[M]. 北京：科学出版社，2012.

[35] 中华人民共和国卫生部、中国国家标准化管理委员会. GB/T 5009. 39-2003 酱油卫生标准的分析方法[S]. 北京：中国标准出版社，2003：319-320.

[36] 章银珠，赵春玲，沙晨. 影响酱油中氨基酸态氮含量测定空白值得因素[J]. 食品研究与开发，2014，35（1）：82-83.

[37] 刘永华. 酱油中氨基酸态氮测定方法的探讨[J]. 中国医药指南，2012，36（10）：330-330.

[38] 中华人民共和国国家质量监督检验检疫总局、中国国家标准化管理委员会. gB/T15038-2006 葡萄酒、果酒通用分析方法[S]. 北京：中国标准出版社，2006：5-6.
[39] 杨艳彬，宋于洋，颜海洋. 葡萄酒中还原糖含量测定方法的研究[J]. 酿酒，2000，(6)：89-90.
[40] 国家药典委员会. 中华人民共和国药典 2015 年版一部[S]. 北京：中国医药科技出版社，2010：58，151，221，257，305.
[41] 黄建明. 药用植物学与生药学实验指导书[M]. 上海：复旦大学出版社，2012.
[42] 国家药典委员会. 中华人民共和国药典 2015 年版一部[S]. 北京：中国医药科技出版社，2010.
[43] 郑俊华. 生药学实验指导[M]. 北京：北京医科大学出版社，2001.
[44] 毕志明. 生药学实验与指导[M]. 北京：中国医药科技出版社，2007：12-17.
[45] 国家药典委员会. 中华人民共和国药典中药材薄层色谱彩色图集 2009 年版[S]. 人民卫生出版社，2009.
[46] 黄建明. 药用植物学与生药学实验指导书[M]. 上海：复旦大学出版社，2012：66-67.
[47] 李薇，肖翔林，张丹雁. 常用中药薄层色谱鉴定[M]. 化学工业出版社，2005：34-38.
[48] 方涛，朱开贤. 用紫外光谱鉴别天麻真伪[J]. 山西中医，1991，7（1）：28-29.
[49] 汪群红，胡敏，天麻的真伪鉴别[J]. 中国药业，2013，22（12）：154-155.
[50] 毕志明. 生药学实验与指导[M]. 北京：中国医药科技出版社，2007：162- 166.
[51] 俞信真. 牛黄解毒片中黄芩苷含量测定方法的改进[J]. 中国药物与临床 2004，4（10）：803-804.
[52] 徐岳鑫，董赛文，张雪峰. 高效液相色谱法测定维 C 银翘片中维生素 C 含量[J]. 中国药业，2008，17（10）：40-41.
[53] 孙艳丽. 2，4-二硝基苯肼法测定维 C 银翘片中维生素 C 的含量[J]，广州化工，2013，40（13）：200-201.
[54] 鲍士旦. 土壤农化分析（第三版）[M]. 北京：中国农业出版社，2010.
[55] 杜 森，高祥照. 土壤分析技术规范（第二版）[M]. 北京：中国农业出版社，2006.
[56] 辛景树，田有国. 土壤肥料检测指南[M]. 北京：中国农业出版社，2007.
[57] 杜子森，高祥照. 土壤分析技术规范（第二版）[M]. 北京：中国农业出版社，2006.
[58] 农业部、国家卫生和计划生育委员会. GB 29691-2013 食品安全国家标准 鸡可食性组织中尼卡巴嗪残留量的测定 高效液相色谱法. 北京：中国标准出版社.
[59] 农业部、国家卫生和计划生育委员会. GB 29694-2013 食品安全国家标准 动物性食品中 13 种磺胺类药物多残留的测定 高效液相色谱法. 北京：中国标准出版社.
[60] 农业部. 农业部 781 号公告-6-2006 国家标准 鸡蛋中氟喹诺酮类药物残留量的测定 高效液相色谱法. 北京：中国标准出版社.
[61] 农业部. 农业部 1025 号公告-14-2008 国家标准 动物性食品中氟喹诺酮类药物残留量

的测定 高效液相色谱法. 北京：中国标准出版社.

[62] 国家质量监督检验检疫总局、国家标准化管理委员会. GB/T 20361-2006 国家标准 水产品中孔雀石绿和结晶紫残留量的测定 高效液相色谱荧光检测法. 北京：中国标准出版社.

[63] 卫生部. GB 5413. 37-2010 食品安全国家标准 乳和乳制品中黄曲霉毒素 M1 的测定 双流向酶联免疫法. 北京：中国标准出版社.

[64] 农业部. 农业部 1025 号公告-26-2008 国家标准 动物源食品中氯霉素残留检测 酶联免疫吸附法. 北京：中国标准出版社.

[65] 农业部. 农业部 1025 号公告-20-2008 国家标准 动物性食品中四环素类药物残留检测 酶联免疫吸附法. 北京：中国标准出版社.

[66] 国家质量监督检验检疫总局、国家标准化管理委员会. GB/T 20756-2006 国家标准 可食动物肌肉、肝脏和水产品中氯霉素、甲砜霉素和氟苯尼考残留量的测定 液相色谱—串联质谱法. 北京：中国标准出版社。

[67] 农业部. NY/T 448-2001 农业行业标准 蔬菜上有机磷和氨基甲酸酯类农药残留快速检测方法. 北京：中国农业出版社.

[68] 农业部. NY/T 781-2008 农业行业标准 蔬菜和水果中有机磷、有机氯、拟除虫菊酯和氨基甲酸酯类农药多残留的测定. 北京：中国农业出版社.

[69] 国家卫生和计划生育委员会. GB 5009. 17-2014 食品安全国家标准 食品中总汞及有机汞的测定. 北京：中国标准出版社.

[70] 国家卫生和计划生育委员会. GB 5009. 11-2014 食品安全国家标准 食品中总砷及无机砷的测定. 北京：中国标准出版社.

[71] 卫生部. GB 5009. 12-2010 食品安全国家标准 食品中铅的测定. 北京：中国标准出版社.

[72] 国家卫生和计划生育委员会. GB 5009. 15-2014 食品安全国家标准 食品中镉的测定. 北京：中国标准出版社.